2015 世界载人航天十大事件

（按时间顺序）

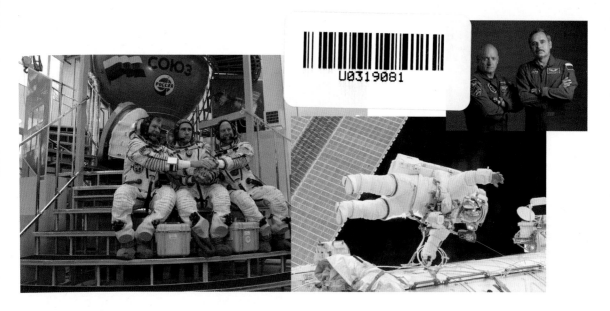

国际空间站上首次开展一年期驻站任务

3月，美国航天员斯科特·凯利和俄罗斯航天员米哈伊尔·尼延科开始执行为期一年的国际空间站长期考察团任务，任务的主要目的是更好地了解人体应对太空恶劣环境的反应和适应性，所获得的数据将被用来降低未来长期载人飞行任务的风险。

长征5号、7号运载火箭完成技术验证

2015年，中国长征5号、7号运载火箭完成了系列技术验证，有望于2016年进行首次发射。

国际空间站货运任务两次失利

　　4月，俄罗斯"联盟"号火箭携带"进步"M-27M货运飞船从拜科努尔发射场成功发射升空，但火箭第三级分离后飞船出现故障，"进步"M-27M货运飞船损毁；6月，SpaceX公司的"猎鹰"9火箭搭载"龙"货运飞船在卡纳维拉尔角空军基地发射升空，火箭在起飞后约2分19秒时忽然发生爆炸，"龙"飞船也随之在空中解体。

NASA公布新版技术路线图和火星"三步走"设想

　　5月，美国国家航空航天局（NASA）在其网站公布《2015 NASA技术路线图》草案报告，该路线图是在2012年版《NASA技术路线图》基础上的进一步完善，更为详细地介绍了未来20年（2015—2035年）NASA所需的任务能力和技术发展的需求；10月，NASA公布《NASA火星之旅：开拓太空探索新篇章》，进一步明确美国载人火星探索的"三步走"发展设想。

俄罗斯组建国家航天集团公司

7月，俄总统普京签署了关于建立俄罗斯航天国家集团公司的总统令。该联邦法律旨在完善航天领域管理系统，保持和发展导弹航天工业单位的科研和生产能力，目的在于加强国防建设，保障国家安全。

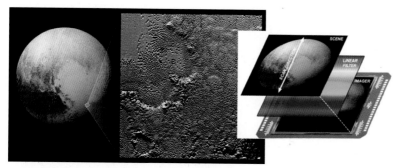

"新视野"近距离掠过冥王星

在飞行了十年之久后，"新视野"号飞行器在2015年7月完成了对矮行星冥王星的历史性飞越，成为人类太空探索距离最远的一次任务。"新视野"号飞行器利用NASA的深空网络将数据传回地球，数据包括冥王星及其卫星的前所未有的清晰图像。

美国 SLS 火箭通过关键设计评审

10月，美国SLS火箭的关键设计评审结果显示整个火箭的设计和研制符合项目预算和进度要求，这意味着NASA朝着SLS首飞和载人深空探测的目标又进了一步。

国际空间站迎来人类连续驻留 15 周年

11 月，国际空间站实现载人飞行 15 周年，NASA 总结并发布了国际空间站运行以来所取得的在医疗、环境及教育等领域的十五项科学与技术突破。其主要成员国在 2015 年相继表态支持国际空间站运行至 2024 年。

"猎鹰" 9 火箭首次第一级回收试验成功

12 月，美国 SpaceX 公司 "猎鹰" 9 火箭从卡拉维拉尔角发射将 11 颗小卫星成功送入轨道，同时顺利实现火箭一级的完整垂直陆地回收，这是人类第一次完整地回收执行完轨道发射任务的火箭，标志着火箭重复使用技术发展的巨大进步。

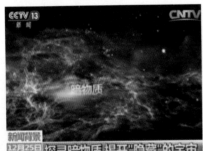

"悟空" 成功发射

2015 年 12 月 17 日 8 时 12 分，中国在酒泉卫星发射中心用长征二号丁运载火箭成功将科学卫星系列首发星——暗物质粒子探测卫星 "悟空" 发射升空，卫星顺利进入预定转移轨道。这标志着中国空间科学探测研究迈出重要一步。

2015 世界载人航天发展报告

中国载人航天工程办公室

国防工业出版社

·北京·

内 容 简 介

本书在全面跟踪2015年世界载人航天活动及技术发展的基础上,以独特的视角展现了年度主要国家载人航天领域的发展动态与趋势。该书重点深入研究了美国载人航天未来技术体系及战略选择,详尽梳理了美国商业航天项目的运作及实施效果,提炼了国外主要航天国家重大项目进展情况,深刻分析了其研发思路和发展特点,总结了围绕新型空间运输系统研制的重点技术验证活动,阐述了技术应用前景及对未来产生的影响。同时,报告按照载人运载器、载人航天器、航天员、空间科学与应用系统,对国外2015年的发展概况进行了综述。

本书力求覆盖世界载人航天领域2015年发展全貌,内容具体全面,分析深入浅出,适合本领域工程管理人员、相关专业工程技术人员和航天爱好者阅读。

图书在版编目(CIP)数据

2015 世界载人航天发展报告/中国载人航天工程办公室编. —北京:国防工业出版社,2016.4
ISBN 978 - 7 - 118 - 10924 - 5

Ⅰ. ①2… Ⅱ. ①中… Ⅲ. ①载人航天—研究
报告—世界—2015 Ⅳ. ①V4

中国版本图书馆 CIP 数据核字(2016)第 121959 号

※

*国防工业出版社*出版发行
(北京市海淀区紫竹院南路23号 邮政编码100048)
三河市腾飞印务有限公司
新华书店经售
*
开本 787×1092 1/16 印张 18½ 字数 232 千字
2016年4月第1版第1次印刷 印数 1—1500 册 定价 98.00 元

(本书如有印装错误,我社负责调换)

国防书店:(010)88540777   发行邮购:(010)88540776
发行传真:(010)88540755   发行业务:(010)88540717

《2015 世界载人航天发展报告》
撰 稿 人

（按姓氏拼音排列）

范唯唯	管春磊	郭丽红	郭世杰
郭筱曦	韩 淋	黄长梅	廖小刚
刘 爽	龙雪丹	强 静	曲 晶
宋 尧	汪 琦	王岩松	王 霄
王海名	魏晨曦	谢晓芳	杨 开
杨 帆	张 蕊	张绿云	张智慧
张 峰	赵 晨		

前　言

2015 年,世界载人航天继续在探索中前行。作为人类在太空有史以来最大的建筑物,国际空间站迎来了航天员连续驻留 15 周年,书写了人类探索太空的新篇章。美俄等国一致同意将国际空间站延寿至 2024 年,期间将继续作为诸多国家开展载人航天活动的平台。与此同时,SpaceX 公司成功实现"猎鹰"9 号运载火箭一子级地面垂直回收,近地空间商业航天力量日益凸显,这必将对载人航天发展模式带来巨大变革。人类的努力并未止步于此。美国 SLS 重型运载火箭和"猎户座"飞船研制不断取得新进展,将载人航天的脚步投向了月球以远。此外,火星上发现了液态水的证据,进一步拉近了人类和深空的距离,人类登陆火星或将不再是遥不可及的目标。

2015 年,中国载人航天正在为空间实验室阶段 4 次密集的飞行任务做冲刺准备。全新研制的长征七号运载火箭正在进行总装,天宫二号空间实验室、神舟十一号载人飞船以及配套的长征二号 F 运载火箭正在进行总装测试,货运飞船已基本完成研制,正在进行第一艘货运飞船——天舟一号的总装测试。空间站研制建设任务也在紧锣密鼓向前推进,计划于 2018 年左右发射试验核心舱,2022 年左右完成本体建设,中国载人航天正步入全新的发展阶段。

今年的《世界载人航天发展报告》(以下简称《发展报告》)共分三篇。其中,专题篇重点就 2015 年主要国家载人航天领域发展规划、主要器型研制、开展重要活动,以及有关领域方面的发展战略、组织管理、活动效益、专题报告等进行了研究分析;综述篇总结了

2015 年载人航天运载器、航天器、航天员和空间科学应用等领域的发展动态;附录篇盘点了 2015 年载人航天领域的大事要事,摘录了 NASA 发布的 2015 版技术路线图。

参加《发展报告》编撰的单位有:中国国防科技信息中心、北京跟踪与通信技术研究所、中国航天员科研训练中心、北京特种工程设计研究院、中国科学院文献情报中心、北京航天长征科技信息研究所和北京空间科技信息研究所等,在此一并表示感谢!

中国载人航天工程办公室
2016 年 3 月

目　次

专　题　篇

综　述　篇

附 录 篇

专 题 篇

2015 国外载人航天发展综合分析

摘要:2015 年,国外主要航天国家依据本国国情,持续推进载人航天活动。本文综述了 2015 年国外载人航天领域的动态,梳理了国际空间站及深空探索领域的系列成就,分析了新型航天运输系统的研制进展及商业航天的发展趋势,以期为相关研究人员提供借鉴和思考。

2015 年,世界主要航天国家依据本国国情和相应的发展规划稳步、持续推进载人航天活动。美国加大载人航天活动经费投入,完善载人航天技术顶层规划,并宣告开始"火星之旅",这些表明美国依旧将载人航天长远发展作为国家发展战略的关键组成部分,要确保美国在载人航天和深空探索领域的技术优势,保持全球领先地位。俄罗斯在面临日益严峻的经济形势情况下,进一步修订了载人航天未来发展方向,并将航天工业改革持续深入,这些重大改变涉及面广且意义深远,这是俄罗斯确保航天优势地位、重塑航天强国的重要举措。欧、日、印也在积极推进其下一代运载火箭、新型飞船及地面设施的研发工作,以期未来在载人航天领域扮演重要角色。

这一年里,载人航天活动虽有多次事故发生,但同时各领域也取得了多项显著成就,如航天发射系统(SLS)通过关键设计评审,"猎户座"飞船通过一系列研制试验,意味着美国国家航空航天局(NASA)朝着 SLS 首飞和载人深空探索的目标又迈进一步;以空间探索技术公司为代表的商业航天继续得到政府扶持并保持迅猛发展势头;俄罗斯独立承担载人航天运输任务,不负众望保持了很高的成功率;国际空间站延寿已成定局,站上载人航天活动依然活跃,空间站作为技术验证和科学实验平台为近地空间载人航天技术的成熟完善和载人航天由近地走向深空提供助力。

一、持续加强载人航天发展规划以进一步明确发展重点

2015 年,美国先后公布新版技术路线图、载人火星探索的"三步走"规划、载人小行星任务方案等,明确未来技术发展重点、火星任务节点与主要工作以及"小行星重定向任务"实施方案等,为未来登陆火星做准备;俄罗斯在国家经济极度困难的情况下,着手调整《2016—2025 年联邦航天计划》,选择重点开展载人航天活动,并积极推进航天机构改革,以期重塑航天领域优势。

(一)美国更新技术发展路线图,发布载人火星探索规划

为实现载人登陆火星的长远目标,NASA 积极发展载人航天创新技术,以推动国家航天探索整体能力提升。2015 年 5 月,NASA 在其网站公布《2015 NASA 技术路线图》草案报告(以下简称《技术路线图》)。该《技术路线图》是在 2012 年版《NASA 技术路线图》基础上的进一步完善,重点关注 NASA 为实现载人登陆火星未来 20 年及更长时期应重点发展的技术方向,详细列出了发射推进、空间推进、空间动力、载人目的地等 15 个技术领域的 1273 项重要候选技术。NASA 通过定期发布和更新《技术路线图》,详细规划与指导具体技术的研发与投资,加强技术发展的顶层规划,从而确保美国在载人航天和深空探索领域的技术优势,保持全球领先地位。

为实现向载人火星探索任务的逐步过渡,NASA 于 3 月明确给出了"小行星重定向任务"的方案,将于 2020 年发射"小行星转向航天器"到一颗较大的小行星(直径数百米),计划从其表面抓取一块

直径为 4 米的岩石, 并于 2025 年前将其移至月球轨道; 随后再由航天员对岩石进行采样并返回。"小行星重定向任务"是美国载人火星探索计划中的重要一步, 该任务中的很多技术和概念方案都可扩展应用于载人火星探索。

2015 年 10 月, NASA 公布《NASA 火星之旅: 开拓太空探索新篇章》报告, 进一步明确美国载人火星探索的"三步走"规划: 第一阶段——"地球依赖"阶段主要在国际空间站(ISS)上开展科学研究, 为深空探索任务做准备; 第二阶段——"试验场"阶段侧重于在深空环境中(如地月空间)开展复杂操作的试验与研究, 验证人类火星探索任务所需要的能力, 重点工作包括试验新型 SLS/"猎户座"飞船、实施"小行星重定向任务"等; 第三阶段——"地球独立"阶段将载人飞船送入火星轨道, 最终将航天员送到火星表面。该报告的发布, 标志着 NASA 载人登陆火星战略框架的初步形成, 该框架既能在 2030 年左右实现登陆火星的长远目标, 又能适用预算变化、政府更迭等不利因素影响, 同时满足科学发现、技术变革等需求。依靠当前国际空间站及地面实验室中正在进行的科学和技术研究活动, NASA 正在积极向最终目标——登陆火星前进。

2015 年 12 月, 美国国会通过 2016 财年拨款法案为 NASA 拨款 192.85 亿美元, 比 2 月份 NASA 提交的预算申请多出 7.56 亿美元。其中, 受益最大的项目之一是航天发射系统(即 SLS 重型火箭), 获得 20 亿美元的投资, 2 月份申请的预算为 13.6 亿美元; NASA 的行星科学项目也得到较大增加, 获得经费 16.31 亿美元, 比申请额高出 2.7 亿美元; NASA 的商业载人运输计划也获得 12.438 亿美元的全额拨款, 以确保由波音公司和 SpaceX 公司开发的商业载人运输系统能够在 2017 年投入使用。此次拨款的大幅度增长, 表明美国意欲加强新型 SLS 火箭的研制进度, 确保在 2018 年实现首飞发射无人"猎户座"飞船, 2021 年执行载人环月飞行试验; 通过大力扶持并推动商业航天的发展, 满足美国自身的需要、形成全球竞争力, 加强美国在新兴市场和创新驱动型企业中的领导地位,从而保持在载人航天领域的领导地位。

(二) 俄罗斯公布未来 10 年发展规划,持续改革意欲重塑航天强国优势

2015 年 2 月,俄罗斯联邦航天局制定了《2030 年前及以远载人航天发展构想》,该构想提出支持国际空间站运行至 2024 年,随后在与国际空间站分离的模块基础上建成本国轨道基础设施。多用途试验舱、节点舱及"科学动力"号舱段将为俄罗斯建成轨道空间站和进入太空提供有力保障。俄政府希望通过延长国际空间站寿命,大力推进航天技术世界领先水平,而后建立本国空间站,并以此为跳板实现俄罗斯深空探索目标。

受到卢布贬值和国际油价持续下跌的影响,俄航天局 2015 年对《2016—2025 年联邦航天计划》进行了修订,预算总额暂定为 1.4 万亿卢布,这个数值仍然是上个 10 年预算的 2 倍,但比年初上报的预算(2 万亿卢布)减少了许多。该预算大幅缩减了载人登月项目,将"绕月"探测的时间从 2025 年推迟到 2025—2030 年,首次载人月球任务从 2030 年推迟至 2035 年。未来 10 年俄罗斯将重点完成以下工作:进行"安加拉"火箭携带新一代载人飞船的飞行试验;确保俄"东方"航天发射场从 2023 年起承担国际空间站发射任务;参与维护国际空间站运行等。

为扭转俄罗斯航天工业逐步削弱、人才流失严重、航天工业监管不到位、航天事故频发的现状,俄罗斯再次启动航天领域的全面改革。7 月 13 日,普京总统签署了关于建立俄罗斯航天国家集团公司的总统令,将俄联邦航天局与联合火箭航天集团合并成立俄罗斯航天国家集团,同时组建国家载人航天中心,该中心包括现在联邦航天局下属的航天员训练中心、载人航天项目办公室,以及科罗廖夫能源航天集团等单位。该中心计划打造一个类似 NASA 约翰逊航天中心的机构,既负责保障 NASA 的载人飞行任务,也兼具了载

人飞船研制、航天员选拔和训练、飞行计划的制定及飞行任务控制等职能。俄罗斯此番改革,希望通过大幅度削减管理机构,将管理和生产职能集中化以提升航天工业效率,解决航天工业目前存在的诸多问题。

二、新一代载人航天系统研发进展顺利

2015 年,美国新型 SLS 重型火箭通过关键设计评审(CDR),标志着新航天发射系统符合设计要求,将进入生产制造阶段。俄罗斯未来将重点发展"安加拉"火箭和新型飞船。美国、欧洲、日本和印度还相继投入资金发展新型运载火箭系统,提升本国的航天发射能力。

(一)主要航天国家积极推进新型运载火箭研制

2015 年 7 月,NASA 完成了对 SLS1 型重型火箭的关键设计评审。这次评审是在 SLS 全面制造之前,NASA 对火箭的设计与开发所进行的最后一次全面审查。通过此次评审的是 SLS 火箭三种构型中的第一个:火箭高约 98 米,起飞质量约 2500 吨,低地球轨道运载能力 70 吨。此次评审表明,SLS 火箭的设计满足系统要求,可继续进行全面生产、组装、集成以及测试工作,为 2018 年执行首飞发射铺平了道路。

俄罗斯《2016—2025 年联邦航天计划》将把研制、试验和发射"安加拉"5V 型载人火箭作为重点。载人型"安加拉"火箭计划2021 年进行无人飞行试验,2024 年进行首次载人发射。"安加拉"5、"安加拉"1.2 火箭将分别于 2016 年底、2016—2017 年完成搭载真实有效载荷的飞行试验,此前两型火箭已成功完成模拟载荷的发射。俄罗斯联邦航天局评估,俄研制重型运载火箭及其基础设施建设需耗资近 1 万亿卢布,包括在 RD‑170 发动机(推力为 800 吨)的基础上研制 RD‑175 发动机(推力为 1000 吨)所需的费用。在联邦航天计划中,俄罗斯拟研制新型"联盟"5 系列运载火箭替代现有

的"联盟"号火箭,"联盟"5系列火箭包含中型"联盟"5.1、大型"联盟"5.3及重型三种构型,采用模块化设计,推进剂采用液氧/甲烷,由"东方"发射场发射。"联盟"5.1采用两级构型,使用"弗雷盖特"上面级,起飞质量约269吨,最大长度50.1米,低地球轨道运载能力为9吨。"联盟"5.3采用三级构型,使用"弗雷盖特"SBU上面级,捆绑2枚芯级助推器,起飞质量约690吨,最大长度56.7米,低地球轨道运载能力24吨,可用于发射载人和载货飞船、卫星。

欧洲航天局(ESA)8月向空客赛峰集团售出24亿欧元的"阿里安"6火箭研制合同,标志着该型火箭研制工作正式启动,并将于2020年实现首飞,逐步替代现役"阿里安"5大型火箭。

日本航空航天探索局(JAXA)7月宣布已经开始研发新型H-3火箭,计划于2020年首次发射升空。H-3火箭的总研发费用预计为1900亿日元,旨在扩大其在全球火箭市场的地位。

印度空间研究组织研制的"地球同步轨道卫星运载火箭"-MK3(GSLV-MK3)也实现重要里程碑,其大推力低温火箭发动机CE20成功实现连续635秒的热试车,这次热试车成功对于印度航天运载能力的发展具有重要意义。

(二)新型飞船研制成果显著

近年来,美、俄竞相研制新型飞船,新型飞船具备运载能力大、用途广泛、可靠性高等特点,可高效、安全地将航天员送入近地、月球、小行星及火星等预定目的地。

2015年,"猎户座"飞船成功完成了一系列技术研制:8月对飞船结构、火药燃烧、发射中止系统、软件、导航与控制等进行关键设计评审;9月通过关键决策点——C里程碑,同时开始"猎户座"飞船主结构的焊接工作,表明飞船结构设计已足够成熟,可以进行全规模的制造、装配、集成与测试。该飞船将在2018年执行"探索任务"-1任务。

俄罗斯新型载人飞船PTK NP的研制工作持续跟进。2015年俄罗斯公布新型飞船将选择改进型"销钉—锥孔"对接系统,该系统已在国际空间站俄罗斯舱段和俄现有货运、载人飞船上得到验证。由俄罗斯能源导弹航天集团研制的新型载人飞船能够运送6人到低地球轨道或者4人到达月球,其研制工作从2009年开始,无人和载人发射计划分别于2021年和2024年进行。

欧洲航天局最后一艘自动货运飞船(ATV)于2月结束太空使命,欧洲航天局及其欧洲工业合作伙伴在设计、建造和运行5艘ATV期间收获的知识和经验,为欧洲参与美国"猎户座"飞船服务舱的建造打下重要基础。

(三)面向长期飞行任务的航天员系统研究全面展开

2015年3月,美国航天员斯科特·凯利和俄罗斯航天员米哈伊尔·尼延科开始执行为期一年的国际空间站长期考察团任务。任务期间,航天员将开展72项共计688次实验,重点关注的是长期空间飞行认知和心理,以及隔离、疲劳、昼夜循环交替的影响。开展一年期任务的主要目的是更好地了解人体应对太空恶劣环境的反应和适应性,所获得的数据将被用来降低未来长期载人飞行任务的风险,为未来人类探索低地球轨道以远的长期飞行任务提供参考。

此外,面向未来载人深空探索的航天员及其装备研究也在有条不紊地展开。2月,7名航天员在美国犹他州火星沙漠研究站进行为期2周的模拟登陆火星演练。演练的重点是原位资源利用技术,学习如何在远离地球的其他星球上自给自足,其中3D打印技术将起到重要作用。7月,NASA派遣NASA极端环境任务实施(NEEMO-20)国际探险队,在大西洋底完成14天的海下任务,为未来的深空任务做准备。NEEMO-20的重点是评估用于未来太空行走的工具和技术,测试将在模拟小行星、火星卫星和火星等不同的表面和重力水平下进行。俄罗斯开展了名称为"月球-25"的模拟绕月飞行的隔离试验,这是一项研究女性机体对隔离条件适应的心理、生理学试验,有6名年龄在25~34岁的女性组成了试验乘组,她们在封闭舱内度过 8 个昼夜。这些极端环境模拟试验所取得的成果将帮助人类向适应更长期的航天飞行任务迈进。

三、以国际空间站为代表的载人航天活动依然活跃

2015 年,各国共执行了 14 次运输任务到国际空间站,俄罗斯发射了 5 艘货运飞船(1 次失败)和 4 艘载人飞船,美国商业公司发射 4 艘货运飞船(1 次失败),日本发射了 1 艘货运飞船。国际空间站上的航天员共进行了 6 次出舱活动,完成了架设电缆、清理安装设备等任务。

(一)完成大量的技术验证工作

2015 年,国际空间站继续进行大量的技术试验,以应用于未来载人火星探索并有效降低任务成本。3 月,NASA 喷气动力实验室首次使用 OPALS 演示验证了空间站激光信号可聚焦到地面的单模激光光纤上,单模激光光纤在通信工业的标准宽度只有人类头发的四分之一,这项技术可用于未来空间的高速互联网连接。6 月,ESA 利用即时视频和力反馈进行了首次天地远程控制试验验证(Haptics - 2 试验),验证了通信网络、控制技术和天地连接软件。7 月,NASA 重启"机器人在轨燃料加注任务"(RRM),测试了一种新型、多功能检测工具。9 月,国际空间站上的航天员通过触觉感知技术对地球上的机器人进行远程遥控,该技术有巨大的应用前景,人类可通过触觉感知的方式在复杂的任务中指导机器人。

(二)国际空间站载人飞行 15 年成效显著

11 月 2 日,国际空间站实现载人飞行 15 周年,标志着其在轨运行进入一个新的阶段。据 NASA 发布的第二版《空间站造福人类》报告称,国际空间站在轨 15 年来,取得了丰富的科学、技术和教育成果,这些成果已经或者将对地球生活产生影响。国际空间站为开展多学科研究与应用发展提供了理想的实验平台,对长期空间飞行

和未来深空探测任务提供了有力支持;空间站作为开展地球科学研究的理想观测平台,其长期飞行条件可提供空间观测数据;利用空间站微重力条件开展微重力科学研究,有可能实现基础理论突破、发现物质新特性及潜在应用前景。

(三)美、俄均已同意将国际空间站延寿至 2024 年

继美国 2014 年提出将国际空间站延寿至 2024 年的建议之后,俄罗斯政府于 2015 年 7 月正式批准了国际空间站延寿的联合提案,美国国会于 11 月正式批准国际空间站延寿,由于美国和俄罗斯作为国际空间站最主要的成员国都已同意延寿(日本和加拿大也同意延寿),国际空间站基本确定将使用至 2024 年。国际空间站的再次延寿将使其应用潜力实现最大化,并带来更多经济效益和社会效益,同时也为商业航天的发展带来更多机遇。

四、商业航天取得长足进展

经过十几年的发展,美国的商业航天已经取得显著效果,目前已经具备可靠的低地球轨道货物运输能力,开始承担国际空间站的货运补给任务,并将于 2017 年具备乘员运送能力。2015 年,美国政府继续大力扶持商业航天发展,通过立法为商业航天发展营造良好环境;尽管"猎鹰"9 火箭的爆炸事故引发公众对商业航天安全性的担忧,但"猎鹰"9 火箭 6 个月之内就实现复飞,并成功回收火箭一子级,标志着以 SpaceX 公司为代表的商业航天企业技术水平不断提高,美国的商业航天处于快速发展的新阶段。

(一)美国通过立法为商业航天发展扫清障碍

2015 年,美国国会通过《鼓励私营航空航天竞争力与创业法》,明确要求为商业载人航天飞行提供第三方信用担保、发射强制竞争等良好的政策环境;11 月,美国总统奥巴马签署《美国商业航天发射竞争法》,明确授权美国公民、商业公司或机构享有从小行星和其他地外天体开采的水、矿产资源的所有、使用及出售等权力,从法律

层面为未来的商业空间采矿扫清障碍。该法的颁布将进一步激发商业公司开展深空探测的兴趣,彻底解决美国商业公司进行星际开发的"后顾之忧",将可能实质性开启美国商业公司开展星际采矿的大门。

(二)"猎鹰"9火箭发射爆炸引发对商业航天安全性的担忧

6月,SpaceX的"猎鹰"9火箭发射后发生爆炸并解体,事故初步调查是因为火箭贮箱内的支架质量不过关导致事故。此次事故对SpaceX公司产生严重负面影响,极大影响了"猎鹰"9火箭在2015年的发射任务;同时也不利于国际空间站的长期运营,许多科学实验不得不推迟或取消。在不到8个月的时间之内,美国商业载人航天发展接连遇挫(2014年10月"安塔瑞斯"火箭发生爆炸、"太空船2号"商业飞船飞行测试时坠毁),频发的商业航天事故给美国商业航天发展泼了冷水,也引发各方对此前一直快速发展的商业航天的担忧。尽管美国发展商业航天的决心和信心不会因为一两次事故而发生改变,但考虑到未来将由商业航天公司承担载人发射任务,因此美国政府预计将加强监管力度,进一步严格要求,确实保证商业航天发射特别是载人发射任务的安全性和可靠性。

(三)商业载人航天继续高速发展商业航天仍然面临广阔的发展前景

NASA继续推进商业载人航天项目。在2014年选定波音公司和SpaceX公司为商业载人运输服务之后,2015年NASA分别授予上述两家公司承担载人运输任务的合同,这两家公司将于2017年利用各自的飞船首次将航天员送至国际空间站。7月,NASA宣布已选出4名航天员作为2017年美国商业太空飞行的首个乘组。继商业货运补给任务之后,低地球轨道的人员运输任务也将由商业公司承担,标志着商业航天的发展迈上了一个新台阶。

以SpaceX公司、蓝源公司为代表的商业航天公司不断推进轨道、亚轨道航天系统的研发,多个系统取得显著性成果。美国SpaceX 公司 5 月首次试验第二代载人"龙"飞船的发射中止系统,证明了"龙"飞船具备在发射台出现危及生命的情况下能够将航天员运送到安全地点的能力,标志着"龙"飞船在迈向载人道路上实现的一个里程碑。蓝源公司 11 月完成首次火箭软着陆试验,成为全球第一家将火箭发射至"卡门线"(高度约 100 千米)后又完好无损地返回地面的公司。12 月,SpaceX 公司"猎鹰"9 火箭顺利实现火箭一级的完整垂直回收,这是人类第一次完整地回收执行轨道发射任务的火箭,标志着火箭重复使用技术发展的巨大进步。

在遭遇火箭发射失败之后,轨道 ATK 公司和 SpaceX 公司于2015 年 12 月先后实现了复飞。轨道 ATK 公司的"天鹅座"飞船搭乘"宇宙神"-5 火箭于 12 月发射,执行第四次国际空间站货运补给任务,成功与国际空间站对接,运输共 3.5 吨的货物。SpaceX 公司于 12 月底利用"猎鹰"9 火箭成功将 11 颗小卫星送入低地球轨道。此次使用的"猎鹰"9 的 1.2 型火箭是由 6 月发生事故的火箭改进而来,推力更大、性能更可靠。

在具备可靠的低地球轨道运输能力之后,商业航天正在向低地球轨道以远拓展,NASA 目前正在考虑与私营公司合作开展深空探索,如月球探索、小行星探索等。在确保安全的前提下,NASA 在未来的载人空间探索任务中将大力发展与商业公司的合作,将相关的运营管理、研制等工作移交商业公司,降低自身成本,提高任务效率,自身将更多的精力投入更长远、更复杂的深空载人航天探索活动,促进载人航天事业的更快、更好发展。

五、结束语

展望 2016 年,美国在获得更多财政经费的支持下将继续保持强劲发展势头,"小行星重定向任务"和"火星任务"继续持续推进,多种新型载人航天系统如"猎鹰"重型运载火箭和"追梦者"可重复使用轨道飞行器都将进行首次飞行试验;俄罗斯航天领域将打破传统的"套娃"管理模式,体制革新对载人航天发展产生的影响或将初现成效;国际空间站即将完成的为期一年的航天员驻站研究任务将为更长期载人航天飞行任务提供重要支撑;中国将开始实施载人航天空间实验室任务,天宫二号将升空成为低地球轨道另一载人航天活动的重要平台,世界载人航天领域将呈现出崭新的局面。

（中国国防科技信息中心）

解读《2015 NASA 技术路线图》

摘要:2015 年 5 月,NASA 公布了《2015 NASA 技术路线图》,全文共分 16 个分报告,概述了各技术领域中最先进的技术能力、目标性能及推荐技术,同时介绍了各技术潜在影响。本文在概述报告内容的基础上,提出几点看法,对分析与预测 NASA 未来技术发展,乃至未来开展的火星任务具有借鉴意义。

2015 年 5 月 11 日,美国国家航空航天局(NASA)在其网站公布《2015 NASA 技术路线图》草案报告(以下简称《路线图》)。该《路线图》是在 2012 年版《NASA 技术路线图》基础上的进一步完善,更为详细地介绍了未来 20 年(2015—2035 年)NASA 所需的任务能力和技术发展的需求。

一、《路线图》研究制定情况

该《路线图》由 NASA 首席技术专家办公室联合 NASA 各研究中心及其他政府部门历时近 2 年共同完成。

(一)组织机构

《路线图》的研究制定由 NASA 首席技术专家办公室组织实施,每个领域由一个专家组负责,专家组设 2 名主席,包括 8 ~ 10 名领域专家(主要来自 NASA 下属的研究中心和 NASA 的首席技术专家办公室)。在制定过程中,专家组还得到 NASA 的载人探索与运行任务部(HEOMD)、空间技术任务部(STMD)、科学任务部(SMD)和

15

航空研究任务部（ARMD）的技术支持。

（二）制定过程

2013 年 6 月，NASA 召开由科研院所、工业界以及其他政府部门参加的技术交流会议，建议对 2012 年版技术路线图进行修订。2014 年，NASA 组建了各个领域专家组，开始《路线图》的起草工作。在各领域专家组于 2014 年完成初稿后，NASA 组织了《路线图》的内部评审，其下属 10 大研究中心也分别对《路线图》的候选技术进行补充与调整；2015 年春，《路线图》进行公示，征求其他政府部门、商业企业、学术机构和公众意见。

（三）制定依据

《路线图》制定的依据主要有两个：一是基于载人探索与运行任务部、空间技术任务部、科学任务部和航空研究任务部提供的未来 20 年 NASA 将要执行和可能执行的所有飞行试验任务，其中包括 8 项载人探索任务、38 项科学任务以及 16 项航空战略任务，各领域专家组据此提出各个领域完成上述试验任务所需要的能力，并基于对目前的能力缺陷与弥补缺陷所需要的潜在技术进行研究，最终确定了 15 大技术领域的候选技术。二是基于"NASA 的能力驱动框架"确定非航空领域的候选技术。该框架主要用于指导除航空领域以外其余的 14 个技术领域研究工作的开展，其关注的是一系列核心的能力而非某个特定的飞行任务，其目标是通过渐进的方式实现载人登陆火星的终极目标。

（四）主要用途

NASA 发布《路线图》主要基于现实目的和理想意义两点考虑。最直接的现实目的是，该《路线图》可帮助指导 NASA《战略空间技术投资计划》（SSTIP）的制定。《战略空间技术投资计划》是 NASA 为完成其任务、使命和国家目标，根据其技术发展战略制定的行动计划，将具体确定技术路线图中各项技术发展的优先顺序以及具体技术的投资数额。间接的理想意义则是希望《路线图》的发布，可以增强公众对 NASA 未来技术发展的认知度,创造出更多、更具创新性的解决方案,不仅帮助 NASA 发展更强大的空间探索和科学发现的能力,更是鼓励更多机构和人员参与美国未来的航天项目。

鉴于当今技术的快速发展以及 NASA 的需要变化,《战略空间技术投资计划》每两年更新一次。《战略空间技术投资计划》的下一次修订将包括 NASA 所有技术领域以及更新后的技术路线图,并且将改名为 NASA《战略技术投资计划》(STIP)。《路线图》将成为《战略技术投资计划》的基本组成部分。

二、《路线图》主要内容

《路线图》侧重于技术的应用研究和研发活动,而不涉及基础研究,全文共分 16 个分报告。第一分报告为概述,包括《路线图》的总论、交叉技术与索引等内容,简要介绍了《路线图》的产生的背景、目的及形成过程,并重点阐释了一些涉及多个技术领域的交叉技术。第二至第十六分报告分别对应 15 个一级技术领域,每个一级技术领域的路线图自成一章,分别概述了各技术领域中最先进的技术能力、目标性能及推荐技术,并介绍了各技术的潜在影响并给出了各项技术所能应用的任务列表。

(一) 技术领域增加到 15 个

《路线图》采用"技术领域分解框架"对每个技术领域进行具体技术的组织与细化工作,分为 4 层结构:第一层为各个技术领域(也称 1 级技术);第二层为该技术领域的下属子领域(也称 2 级技术);第三层为各个子领域下属的技术集(也称 3 级技术);最底层为各项具体的候选技术(也称 4 级技术)。每项候选技术都是一项独立的、具有支持 NASA 未来 20 年各个飞行任务的潜力技术,在其候选技术简介包含以下三方面信息:技术简介,包括技术描述、技术挑战、附属技术、最先进的技术水平和技术性能目标;能力简介,包括能力描述,最先进的能力水平及其对应的目标性能;相关联的任务,任务对技术的需求时间,以及技术预计成熟时间。

在 2012 年版技术路线图的基础上,2015 年版《路线图》新增航空技术领域(这主要是因为航空领域也属于 NASA 的研究范围),这样 1 级技术就从 14 个增加到 15 个。除增加 1 项 1 级技术外,同时还新增 2 级技术 7 项、3 级技术 66 项、4 级技术 1273 项。其中 4 级技术在 2012 年版中并未出现,此次是全新增加。

15 个技术领域(1 级技术)分别为:发射推进系统;空间推进系统;空间动力与能源储存;机器人与自主系统;通信、导航、轨道碎片与编目系统;人员健康、生命保障与居住系统;载人探索目的地系统;科学仪器、观测与传感器系统;进入、下降及着陆系统;纳米技术;建模、仿真、信息技术与处理;材料、结构、机械系统与制造;地面与发射系统;热管理系统;航空。

(二)关注交叉技术领域的候选技术分析

在对 2012 年版技术路线图的评审过程中,美国国家研究委员会认为,很多候选技术可以属于多个技术领域,只将其划分为一个技术领域是不完整的。针对国家研究委员会的评审意见,《路线图》专门设立交叉技术领域章节,首先确定出 9 个跨多技术领域的交叉技术领域,然后详细分析每个交叉技术领域的技术特征,并详细列出了哪些候选技术可支持该交叉技术领域。这 9 个交叉技术领域分别为:自主系统与人工智能技术、航空电子、出舱活动、信息技术、原位资源利用技术、轨道碎片、辐射与空间气象、传感器、热防护系统。

根据作用的发挥,支持特定交叉领域的候选技术还分为两类:一类是使能技术,即该技术可满足任务需要,并符合特定飞行试验任务的成本与时间进度要求;另一类是增强技术,即不直接服务某个特定任务,但可极大提高整体的技术状态与水平。

(三)重点关注支持"渐进火星行动"的候选技术

"渐进火星行动"(EMC)是 NASA 正在开展的一系列系统分析,以确定人类登陆火星所需的能力,实现人类在 21 世纪 30 年代登陆火星。这些系列分析将有助于制定更灵活的、与能力发展和科学发现以及不断变化的政策环境相适应的发展战略。表1列出了各候选技术领域中支持"渐进火星行动"的关键技术组合。

表1　各候选技术领域中支持"渐近火星行动"的关键技术组合

候选技术领域	支持 EMC 的关键技术组合
发射推进系统	先进、低成本重型运载火箭发动机技术；下一代助推器(固体或液体)
空间推进系统	液氧/液态甲烷推进系统；液氧/甲烷反应控制发动机；电推进与电源处理；太空低温液体的制备
空间动力与能源储存	10~100 千瓦级高强度/高硬度、可展开太阳能阵列；可自主展开的 300 千瓦太空阵列；用于执行火星表面任务的裂变发电；再生燃料电池，燃料电池与电解剂；高比能电池；长寿命电池
机器人与自主系统	自主载具系统管理；近地轨道外航天员自主性；近地轨道外任务控制的自动化技术；精确着陆与危险规避；空间机器人遥操作系统延时控制；可与航天员并肩工作的机器人；机器人在火星表面的机动能力；空间自动/自主交会/对接，近距操作和目标的相对导航
通信、导航、轨道碎片与编目系统	高速率正向链路通信；高速率、自适应、可接入互联网的近距通信；在太空中的授时与自主导航；光通信
人员健康、生命保障与居住系统	长时间太空飞行状态下的医疗护理；长时间太空飞行状态下的行为健康与执行能力；应对长时间太空飞行微重力状态的生物医学措施；应对微重力的生物医学措施——最佳训练装备；深空任务中的人类因素和可居住性；可长期保存的食品；更高闭合性的、高可靠性生命保障系统；飞行中的环境监测；深空飞行用航天服；行星表面登陆用航天服；防火、探测与减压；人体的银河系宇宙辐射防护；人体的太阳粒子事件的辐射防护；辐射照射防护

（续）

候选技术领域	支持 EMC 的关键技术组合
载人探索目的地系统	火星原位资源利用技术：从大气中制取氧气；从星体表层土中萃取氧气/水；执行 μ-G 表面任务的锚固技术与出舱活动工具；航天服接口；粉尘治理
科学仪器、观测与传感器系统	无相关的 EMC 关键技术
进入、下降及着陆系统	进入、下降及着陆技术——火星探索任务
纳米技术	无相关的 EMC 关键技术
建模、仿真、信息技术与处理	先进软件开发/先进软件工具；通用航空电子器件
材料、结构、机械系统与制造	用于充气式太空舱的结构和材料；轻质高效的结构与材料；可执行长时间深空任务的机械装置
地面与发射系统	地面系统：低损耗地面低温系统的贮存和输送
热管理系统	太空中低温推进剂的贮存；热控制；强大的烧蚀隔热罩——热防护系统
航空	无相关的 EMC 关键技术

三、几点看法

为支持美国"登陆火星"的目标，NASA 积极发展载人航天创新技术，推动国家航天探索整体能力提升。为加强技术发展的顶层规划，NASA 通过定期发布和更新技术路线图，详细规划与指导具体技术的研发与投资。相比 2012 年的技术路线图，2015 版《路线图》不仅在内容上进行较大的调整和充实，其指导 NASA 未来技术研发工作如何开展的意义更大。

一是《路线图》介绍的候选技术不仅全面而且更加具体，不仅涵盖了 NASA 未来发展的所有技术领域，而且从多维度、多层次阐述候选技术。《路线图》首次从交叉技术领域、"渐进火星行动"等维度对各个候选技术进行阐述。同时，首次详细对外公布 1273 项候选技术（四级技术），包括技术描述、技术成熟度、能力目标等相关内容，便于公众和各研究机构更充分了解 NASA 未来的技术研发，使得整个《路线图》更具可操作性和可实施性。

二是《路线图》战略指导性更加明确,《路线图》的制定原则明确是以任务为牵引、能力为基础,关注的是美国未来 20 年及更长时期重点发展的技术方向。《路线图》中所有候选技术都是可以帮助完成 NASA 的 2015—2035 年的飞行试验任务,同时又可以提高 NASA 的核心探索能力,以最终实现载人登陆火星这一终极目标。

三是《路线图》的引领作用更强,能够确保美国民用航天技术未来的正确发展方向。《路线图》是以 NASA 为主导,充分吸纳其他政府机构、科研机构、大型企业等意见形成的,未来还会通过美国国家研究委员会组织的独立评审,因此能够确保继续引领美国民用航天技术未来的发展方向。

综上所述,由于《路线图》制定依据非常清晰,对 NASA 未来实际工作的指导意义十分明确,且介绍的候选技术更加全面和详细,对于分析与预测 NASA 未来技术发展,乃至 NASA 未来开展的火星探测活动、星际殖民等活动具有巨大的借鉴意义,应继续予以密切跟踪研究,为我发展提供参考。

（中国国防科技信息中心）

NASA 创新空间技术管理与计划研究

摘要:随着美国将发展先进技术作为保持空间领导地位的重要推动力量,并随后实施能力驱动战略,美国国家航空航天局采取一系列措施推动发展创新技术,于 2010年至 2015 年连续出台了一系列技术发展路线与投资举措,成立 NASA 空间技术任务部,管理、研发、投资创新技术,实施创新技术开发计划,带动空间探索技术的革命性变化。

美国国家航空航天局(NASA)的创新技术开发计划促成了许多重要的空间科学和探索任务,满足了其他政府机构的需求,培育了商业宇航企业,形成了以技术为基础的美国经济。展望未来,NASA 必须继续开拓空间科学和探索的道路,提高国家创新能力和经济增长速度,主要通过为 NASA 发展方向和美国航天企业提供基础能力的技术开发活动实现。随着 NASA 承担越来越多富有挑战性的空间探索任务,明确和发展可以提高任务可负担性、安全性、可行性并最终使得人类能够探索从未到达过的目的地的技术至关重要。

为提高未来载人航天任务的经济性、安全性、应用性和创新性,确保美国空间探索事业的可持续发展,美国重视技术创新水平,于2010 年至 2015 年相继出台了《NASA 一体化空间技术路线图草案》、《NASA 空间技术路线图与优先级:重塑 NASA 的技术优势,为空间新纪元铺平道路》、NASA《战略空间技术投资规划》及《2015

NASA 技术路线图》(草案)等一系列技术发展路线与投资举措,并于 2013 年成立 NASA 空间技术任务部,管理、研发、投资创新技术,确定 NASA 未来优先发展和重点投资的技术领域,带动空间探索技术的革命性变化。

一、NASA 创新空间技术发展战略演变

美国始终将确保全球领导地位作为国家首要目标,在空间探索领域,NASA 此前一直以任务驱动发展,在经历一系列政策演变后,NASA 重新审视发展战略。由于资金不足和缺乏突破性技术,美国于 2010 年 2 月取消了"星座"计划,此后在奥巴马"太空探索新构想"和《美国国家航天政策》中均将开发创新型技术作为未来发展重点,强调可持续发展能力。为此,美国开展了技术路线的系统研究并制定了技术投资规划,形成了清晰的技术发展战略和技术体系。

(一)重新梳理技术体系,完成路线图草案

2010 年,NASA 首席技术专家办公室出台了《NASA 一体化空间技术路线图草案》,梳理出由 14 个技术领域组成的综合技术路线图,既考虑技术牵引,又注重技术推动,并研究了提高当前空间能力的技术途径。该技术路线图涵盖 140 项挑战、320 项技术,跨度横跨 20 年,4 年更新一次。在出台此路线图草案前,NASA 没有制定过全面的技术研发规划,《NASA 一体化空间技术路线图草案》是 NASA 首次对未来技术发展路线的顶层清晰规划,充分体现其技术研发战略从任务型到能力驱动型的重大转变。

(二)依托外部专家咨询,评定出技术优先级

为进一步完善路线图,提高其全面性、适用性和指导性,2010 年 6 月,NASA 委托美国国家研究委员会(NRC)开展路线图的优先级评价和咨询工作,为 NASA 形成最终路线图提供参考咨询。国家研究委员会是美国国家科学院和工程院下属的机构,可为政府部门提

供战略咨询和评估,但不具有法律效力。

针对该项工作,美国国家研究委员会对 14 个领域的路线图进行研究和评审,于 2012 年 2 月出台《NASA 空间技术路线图与优先级:重塑 NASA 的技术优势,为空间新纪元铺平道路》最终报告。此次出台的技术路线图优先级涵盖 100 项挑战、83 项高优先技术、16 项最高优先技术,4 年更新一次。

2015 年,NASA 出台《2015 NASA 技术路线图》。相比上一版,2015 版路线图有如下几个特点:一是技术更加全面,技术领域达到15 个,增加航空领域,同时新增 2 级技术 7 项、3 级技术 66 项、4 级技术 1273 项,首次从交叉技术领域、火星扩展任务角度分析候选技术;二是所有候选技术都用于实现 NASA 2015—2035 年的空间探索任务,以实现载人登陆火星这一长远目标。

(三) 指导未来投资重点,出台空间技术战略投资规划

经过对 NASA 路线图优先级评估的进一步研究后,NASA 于2013 年 2 月公布了 NASA《战略空间技术投资规划》(SSTIP)。SSTIP 是一份全面的战略规划,把对完成 NASA 任务和国家目标至关重要的空间技术进行了优先级的划分。规划为 NASA 未来 4 年内的空间技术投资指明了方向,提供了可影响今后 20 年的有重点的投资方法。该规划 2 年更新一次。

该技术投资途径集中于 3 级投资,以引导未来空间技术的开发成本。这 3 级投资分别为核心技术投资、邻近技术投资和补充技术投资。核心技术投资是 NASA 技术投资的中心,未来 4 年内 NASA约 70% 的投资都属于核心技术投资。邻近技术投资代表了其他的高优先级投资领域,未来 4 年内 NASA 约 20% 的投资都属于邻近技术投资。补充技术投资代表着广度,而核心和邻近技术投资代表着深度。补充技术投资占 NASA 总投资的 10%。这些投资并不会马上起到作用,而只可能在 20 年内产生影响。

二、NASA 创新空间技术组织管理和研发体系

（一）成立空间技术任务部，组合开发先进空间技术

为满足自身和国家发展需要，NASA 大力投资空间技术，并于 2013 年 2 月成立空间技术任务部（STMD）。该部领导开发 NASA 当前及未来任务所需的跨领域技术、先进技术和前沿技术，以维护 NASA 在空间领域的领导地位并促进美国经济发展。NASA 将针对现有的空间技术项目突出领导职责，提升对跨机构关键技术投资活动的沟通、管理与审计能力。

空间技术任务部采取基于业绩的竞争模式，利用投资组合式方式，开展一系列学科领域和技术成熟度评估研究。相关研究与技术开发工作将在 NASA 各中心、学术界和工业界内开展，并将充分利用其他政府部门及国际合作伙伴关系。通过投资当前工业界无法解决的前沿的、可广泛应用的颠覆性技术，空间技术任务部寻求发展完善用于 NASA 未来科学和探索任务的技术并为其他政府机构和商业航天活动验证能力并降低成本。其主要职责包括：加速技术应用与转化，为各类用户提供解决方案；基于各自的技术优势，在学术界、工业界和 NASA 中心之间选定最佳研究成果；在其他政府机构、学术界和工业合作伙伴之间权衡技术投资；协调与内外部利益相关者的关系，包括学术界、工业界和其他政府机构；以服务国家未来需求为目标，形成新发明、新能力并培育创新者的成长途径；培育国家创新型经济模式，创造高技术就业岗位。该部未来工作的重点是在跨领域技术和转型技术方面的投资。

（二）设立空间技术专项经费，年度预算逐年上涨

NASA 2011 财年预算申请中新增"空间技术"项目，旨在资助与技术转移及商业应用、跨领域空间活动和探索任务相关的空间技术，具体包括小企业创新研究（SBIR）/小企业技术转移（STTR）、跨领域空间技术（CSTD）和探索技术开发三部分。

从近几年 NASA 预算可以看出，空间技术领域投资呈逐年上涨趋势，重视程度加大（见表 1）。预算中重点提出要加大对关键和前沿空间技术的投资，这些技术将提高人类在太空的活动能力，降低探索成本，为其他政府和商业航天活动铺平道路。其中 2014—2016 年探索技术研发投入占空间技术领域投入的 50% 左右，可见探索领域先进技术开发是 NASA 技术开发的重点。探索技术开发计划正在开发近地轨道以远载人探索所需的支撑技术，尤其重视需要长期开发的先进技术，包括太阳能电推进，环控生保系统，原位资源利用，进入、下降与着陆，低温燃料在太空中的贮存和运输以及机器人系统等。

表 1 2010—2016 年 NASA 载人航天相关预算（单位：百万美元）

领域	2010 财年（实际）	2011 财年（实际）	2012 财年（实际）	2013 财年（实际）	2014 财年（实际）	2015 财年（授权）	2016 财年（申请）
空间技术	275.2	456.3	575.0	614.5	576.0	596.0	724.8
探索	3625.8	3821.2	3711.0	3705.5	4113.2	4356.7	4505.9
空间运行	6141.8	5146.3	4194.4	3724.9	3774.0	3827.8	4003.7
NASA 总经费	18724.3	18448.0	17770.0	16865.2	17646.5	18010.2	18529.1

（三）实施研发投资组合，设立 9 类研发投资计划

空间技术任务部设立 9 类研发投资计划，分别是：技术验证任务（TDM）、小卫星技术计划（SST）、改变游戏规则计划（GCD）、NASA 创新性先进概念（NIAC）计划、空间技术研究资助（STRG）、中心创新基金（CIF）、百年挑战（CC）、飞行机会（FO）和小企业创新研究/小企业技术转移（SBIR/STTR）计划。上述计划中，除 SBIR/STTR 计划外，均属于跨领域空间技术开发（CSTD）计划，其中百年挑战和技术验证任务还属于探索技术开发（ETD）计划。

这些空间技术计划具有以下特点：①遵循基于利益相关者的投资战略，包括：NASA 战略规划、NASA 空间技术路线图/美国国家科学研究委员会报告和战略空间技术投资规划。②投资综合性研发

投资组合:覆盖低到高技术成熟度、学生奖学金、助学金、有奖竞赛、样机研制、技术验证。③提高变革性的和跨领域技术:使得这些技术能直接用于未来任务。④基于业绩的竞争:向学术界、工业界、NASA 中心和其他政府机构开放。⑤按照结构性流程执行计划:清晰的起止日期,明确的预算和计划,确定的里程碑事件,以及项目授权和问责。⑥了解承担的风险:加速技术成熟,尽快了解风险承受力。⑦NASA 在前沿技术中的定位:形成新创意、新能力,培养创新人才。

根据技术发展的成熟度和发展方向,可将上述 9 类计划分为 3 大类:营造创新环境和市场、概念创新和发展创新团体、技术转移和跨领域技术突破(见表 2)。

表 2　NASA 创新空间技术研发投资计划

3 大类别	9 类计划	主要内容
营造创新环境和市场	百年挑战	向宇航领域以外的个人和研发团队提供竞赛奖励。该计划于 2005 年启动,用于鼓励公众参与先进技术开发,并对为 NASA 和国家技术发展提供关键支撑的个人和团队提供奖励。该计划从非传统的多种渠道寻求创新思路,政府不出资支持竞争者,仅出资最终实现挑战目标的个人或团队
	小企业创新研究/小企业技术转移计划	推动小微企业和机构参与航天研发。该计划旨在增加小企业在 NASA 研究和技术开发活动中的参与度,并促进 NASA 研究成果在商业领域的应用
	飞行机会	提供轨道和亚轨道飞行试验机会。重点集中在发展商业可重复使用亚轨道运输行业
概念创新和发展创新团体	空间技术研究资助	高风险高回报技术资助项目。该计划将加速"牵引"技术的开发以满足 NASA 未来空间科学和探索任务、其他政府机构和商业航天部门的需求。该计划由两部分组成:奖学金和助学金

（续）

3 大类别	9 类计划	主要内容
概念创新和发展创新团体	NASA 创新性先进概念计划	孕育系统和任务级创新概念。该计划旨在培育可对 NASA 未来任务有重大变革作用的创新概念，这些计划满足以下要求：结合宇航体系、系统或任务；须是创新概念，不支持重复研究；具有先进性，值得马上开展研究；技术合理，方案可行，计划可信。因开展的早期创新概念研究，所以该计划技术成熟度较低，为1～2级和3级早期阶段
	中心创新基金	面向 NASA 内部各研究中心提供技术创新基金
技术转移和跨领域技术突破	改变游戏规则计划	面向未来任务，识别、推动重大能力与技术的成熟度
	技术验证任务	架起技术向应用转化的桥梁。TDM 计划的重点集中在满足 NASA 新的任务需求或对现有任务有显著改进的跨领域技术上。这些跨领域技术可广泛应用于 NASA 未来科学和探索任务并能满足其他联邦机构和产业需求，覆盖不同成熟度的技术，从概念研究到飞行验证。例如，其关注领域包括先进制造技术、纳米技术和合成生物技术。此外，该计划还开展技术验证任务，目前在研的技术验证任务包括低密度超声速减速器、激光通信、深空原子钟和太阳帆
	小卫星技术计划	小卫星技术专项研发计划。主要目标是确定并支持新的分系统技术开发，用以提高小卫星能力，同时也支持用于小卫星的新技术、能力和应用程序的飞行验证。该计划也在寻求利用小卫星作为试验和验证可用于各类卫星的技术和能力的平台

（四）依照技术成熟度布局管理，重点投资中低技术成熟度技术

空间技术任务部构建了完整的技术研发体系，按照技术成熟度（TRL）进行布局和管理。空间技术任务部管理 900 余项研发项目，95% 低于 50 万美元。重点投资技术成熟度 3、4、5 级技术，对技术成熟度 1 和 2 级技术保持较高投入，技术成熟度 6 和 7 级技术投入渠道多样，减少从研发经费支出。其中：NIAC 计划主要承担体系、系统和任务级创新概念开发和技术识别，改变游戏规则计划主要承担技术培育和成熟度提升，技术验证任务和小卫星技术计划主要承担重大技术向空间应用的转化。

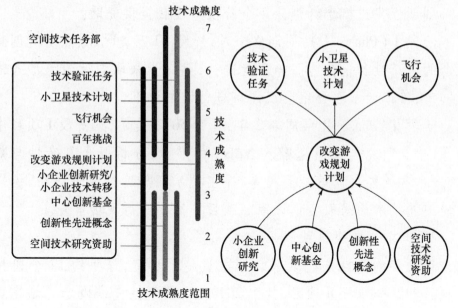

图 1　9 类研发计划对应的技术成熟度

三、重点计划及主要研发项目

以下重点介绍 9 类研发投资计划中的 NASA 创新性先进概念（NIAC）计划和技术验证任务（TDM）计划的特点及主要研发项目。

（一）创新性先进概念计划

1. 主要特点

创新性先进概念研究项目的确定评选过程如下：以《NASA 空间技术路线图与优先级》和 NASA《战略空间技术投资计划》为主要指导文件和依据；不设定研究主题，面向 NASA、学术界和工业界广泛征集创新思想；由创新性先进概念技术委员会组织评审组进行遴选，提出计划建议，由 STDM 部长审批实施。

创新性先进概念项目需满足以下要求：结合宇航体系、系统和任务；创新概念，不支持重复性研究；具有先进性；技术合理，方案可行，计划可信。

创新性先进概念计划分 2 个阶段对项目提供资助：

阶段 I（Phase I）：周期 9 个月，资助 10 万美元，重点研究创新概念的可行性和生命力。分 2 步进行，第一步采取同行函审形式进行初审，第二步采取分组会议评审进行详细评审。

阶段 II（Phase II）：周期 2 年，资助 50 万美元，从阶段 I 项目中选择，重点研究创新概念融入 NASA 的潜力，分析概念复杂性与效益、成本和性能之间的相互关系，提出技术实施途径或路线图，识别关键使能技术。采取会议评审。项目中期要进行现场审查。

2. 正在开展的项目

近两年创新性先进概念计划数量趋于稳定，每年约 12 个阶段 I 项目和 5 个阶段 II 项目，其中 2014 年，创新性先进概念计划完成 12 个阶段 I 项目和 5 个阶段 II 项目，同时开展 2 项阶段 I 和 10 项阶段 II 项目的研究。每年创新性先进概念计划经费投入约 400 万美元，NASA 内部、宇航企业和高等院校获得的经费各占 1/3。

2014 年创新性先进概念计划开展的阶段 II 项目包括：太阳系小天体探测器/漫游器复合体、利用银河宇宙射线二次粒子对小天体内部测绘、10 米亚轨道大型气球反射器、轨道彩虹、轻质平板光子成像仪等。

2015 年 5 月,公布了 15 项创新性先进概念计划项目,主要包括平流层双飞行器平台虚拟飞行验证、生命保障系统中新型空气再生方法、帆船与恒星导航、可储存推进剂在轨制造、星际探测用直接定向能推进、"海卫一"跳跃式漫游器、电动力发电的软体机器人漫游器、小天体地震勘测、蟋蟀、小行星原位供给、气体巨星持久原位科学探测器、薄膜宽带大区域成像、超大口径精确可展开反射式望远镜、装有纳米结构传感设备的立方星深空探测器和低温可调表面。

(二) 技术验证任务计划

1. 主要特点

技术验证任务计划的研究范围为满足 NASA 新的任务需求或对现有任务有显著改进的跨领域技术。这些跨领域技术可广泛应用于 NASA 未来科学和探索任务并能满足其他联邦机构和产业需求,覆盖不同成熟度的技术,从概念研究到飞行验证。

技术验证任务计划的目标是实现技术向应用转化的纽带。

2. 主要项目

1) 低温推进剂存储和转移

低温推进剂在轨长期存储、转移和测量上的改进,防止由于"蒸发"带来的燃料损耗,有助于开展近地轨道以远的新任务。

2) 深空原子钟

飞行验证小型、超精确水银—离子原子钟,可潜在降低任务运营成本、传送更多科学数据,实现自主、深空无线电导航。

3) 绿色推进剂注入任务

航天器首次高性能、高效燃料和推进系统的验证任务,作为毒性较大的传统肼燃料的替代品,期望改进未来卫星和空间任务的性能。

4) 载人探索遥机器人

试验 NASA 各类机器人,验证遥机器人－远程控制机械臂、漫游器和其他设备如何让航天员更安全,大幅提高其在空间的生产力。

5）激光通信中继验证

研究实现空间收发数据、视频和其他信息的重大变革的技术，相比无线电传输，利用激光器编码实现以更小的质量和功率将传输速率提高 10～100 倍。

6）低密度超声速减速器

突破飞行技术相关研究，验证利用膨胀结构在高速进入阶段通过行星大气时降低航天器速度，提高着陆精确性，扩大安全着陆区域。

7）"火星实验室"进入、下降与着陆仪器

2012 年"火星实验室"在火星大气进入和下降期间，利用仪器开展防热板的地面破坏分析，现在重新改写防热硬件设计用于未来的行星着陆器。

8）太阳电推进

高效、太阳电推进系统替代传统的化学推进技术，可对太阳系探索任务和近地商业应用产生变革性影响。

9）太阳帆验证

采取创新方案代替利用传统推进剂执行飞行任务的方案，在小卫星项目中，展开并运行由太阳光提供动力的面积约为 1170 平方米的帆板，为推进剂缺乏的飞行任务提供各种解决方案。

四、几点分析

（一）开展技术发展战略规划系统分析，确保计划可持续发展

在推动先进技术发展的过程中，NASA 非常重视先进技术的优先选定方法、组织管理和投资方法，以保持技术创新能力和领先水平，确保 NASA 的技术能够获取最大的效益。在此次制定的空间技术战略投资规划中，基于目前的技术发展优先级、新的任务需求、合作伙伴机会来调整投资，并充分利用杠杆资源提供所需能力。投资

的调整随着国家优先级、NASA 任务完成情况、新任务的开始以及航天基础设施和探索活动中开发和包含的新技术等的变化而变化。

（二）提高重点技术的技术成熟度，重视中低技术成熟技术的研发

NASA 通过制定空间技术发展规划，明确技术发展目标，开展系统投资，对不同优先级的技术采取不同投资策略，加大对最高优先级技术的投资，是实现其能力驱动发展战略的重要途径。同时重视对目前技术成熟度较低，但一旦突破，技术能力将获得巨大提升的技术项目的投入。在 NASA 空间技术任务部管理的 900 余项研发项目中，重点集中于中低技术成熟度技术研发投资，美国期望通过这些项目的投资，激发企业的创新能力。

（三）将概念创新作为研发体系前端，给予长期稳定投入

在 NASA 研发计划中，非常重视前沿技术和颠覆式创新概念研发。比如创新性先进概念计划，旨在培育可对 NASA 未来任务有重大变革作用的创新概念；改变游戏规则计划，旨在面向未来任务，识别、推动重大能力与技术的成熟度。为支持这些创新概念，营造创新环境，设立投资计划，支持创新概念的发展。

（四）重视技术转移和成果转化，采取产学研结合方式加速发展

NASA 非常重视提高其技术转移活动的速度、规模和质量，目的是增强政府技术投资的经济效益和公众效益。NASA 空间技术战略投资规划中指出：加强 NASA 范围内的技术转移活动，再次强调技术研究、开发和演示验证。在 NASA 研发体系中，小企业创新研究/小企业技术转移计划的目的就是鼓励小企业在 NASA 研究和技术开发活动中的参与度，并促进 NASA 研究成果在商业领域的应用。

（北京空间科技信息研究所）

俄罗斯航天生物医学发展战略研究

摘要:俄罗斯航天生物医学研究历经半个多世纪的发展,为航天员的短期飞行、中长期及空间站长期飞行建立了坚实的医学保障和监督体系,也为未来星际探索的医学保障奠定了基础。本文概述了俄罗斯航天生物医学的发展历程,俄罗斯目前进行的航天改革和未来规划,当前航天生物医学的优先发展目标及重点项目。

一、俄罗斯航天生物医学发展历程

俄罗斯航天生物医学以保障载人飞行安全为使命,主要经历了4个发展阶段:①人飞向太空的准备;②短期航天飞行的保障及医学研究;③载人空间站及生物卫星长期飞行中的生物医学研究;④国际空间站国际乘组的联合飞行及自主航天飞行的准备。

(一) 第一阶段——人飞向太空的准备(20世纪50年代—60年代初)

这一阶段上主要开展了以下研究:

(1) 研究航天飞行因素对动物和人的影响,并对研究结果加以总结概括;

(2) 开展大量的实验室模拟航天飞行因素对人体的影响;

(3) 利用动物开展专项飞行试验研究。

首次载人飞行之前航天生物医学取得的成果:成功研制生保系

统(可以在飞船内保障正常的驻留条件);建立了航天员选拔和培训系统,远程生理学及舱内各项参数的监督,这些为首次载人飞行的成功奠定了基础。

(二)第二阶段——短期航天飞行的保障及医学研究(20世纪60—70年代)

这一阶段,短期载人飞行从108分钟延长到18天。针对这一时期的载人飞行时间长度及需求,俄罗斯航天医学的主要研究对象是:人体在航天飞行及宇宙空间因素作用下的生命活动特点,以研制出维持飞船乘员健康状况及工作能力的方法和手段。主要任务为:

(1)航天飞行因素对人体的影响;

(2)制定航天飞行因素有害影响防护剂预防的措施和手段;

(3)对生保系统、载人航天器的控制系统和设备、以及紧急情况下乘员救生设备提出生理学及卫生保健要求并加以论证;

(4)针对航天员的选拔和训练制定临床及心理生理学的标准及方法;

(5)飞行中的医学监督;

(6)对可能发生的疾病进行预防及必要的治疗。

(三)第三阶段——载人空间站及生物卫星长期飞行中的生物医学研究

该阶段上的载人飞行主要是空间站的长期飞行,其最大特点是驻留环境的自由空间增大——从单艘飞船的座舱扩大到空间站。空间站内部的空间增大,一方面可以放置各种生物医学研究设备及失重不良反应预防设备,另一方面,活动空间增加也减轻了运动机能减退给身体带来的影响。

这一阶段上俄罗斯航天医学的主要成就体现在以下两个方面:

(1)建立起长期航天飞行中的医学保障系统。主要组成部分有:生保系统、舱载航天因素不良影响的预防系统、医学监督系统、医学试验系统、医学治疗系统、非正常着陆情况下的乘组行动方案。

（2）医学保障系统中的航天飞行因素不良影响预防系统的研制及在飞行中的应用。该系统在苏联、俄罗斯空间站及国际空间站的飞行中发挥了重要作用，并获得了国家级奖励。

同时，在生物卫星上也开展了各类试验，深入研究太空飞行因素（首先是失重）对各种生物的作用机制（微生物、菌落、高等植物、昆虫、鱼类、两栖动物及哺乳动物）。生物卫星研究对航天医学研究而言是一项重要的补充。

（四）第四阶段——国际空间站国际乘组的联合飞行及自主航天飞行的准备

国际空间站项目的开展，给航天医学的研究提供了一个微重力实验室研究平台，也对航天医学提出了更高的要求。

这一阶段上空间站乘组医学保障系统的建立是航天医学的一项重大成就，也是空间站各成员国医学各部门专家协同合作的成果，同时也为人类未来联合探索月球及火星奠定了合作的原则。

俄罗斯联合国际空间站其他成员国的医学专家的合作还体现在以下几方面：

（1）俄罗斯与美国的地面医学保障工作紧密合作，建立起统一的协作组织，并制定出了统一的航天员选拔培训方法，飞行指挥中各级组织的协作方法，统一的飞前及飞后的医学检查方法。

（2）国际空间站参与国及机构就医学监督医学保障方面制定了统一的国际标准：卫生保健和居住环境的生态条件，生保系统和设备，飞行中的医学保障系统（包括飞行中的医学监督系统，乘员健康状况预测系统，乘员健康的预防、诊断及治疗系统）。

（3）使用统一的技术设备及卫生保健设备以及工艺医学舱，来联合完成航天生物学及医学研究。

二、俄罗斯航天生物医学发展动态

（一）现阶段俄罗斯载人航天领域的政策、改革及未来规划

《2013—2020 年俄罗斯航天活动国家计划》中规定了航天活动的优先发展方向。计划中指出,在这种投资规模下实施国家规划的措施应考虑的优先方向:第一个优先方向:保障俄罗斯进入空间的通道,在社会经济领域发展和利用航天设备、工艺和服务,发展火箭航天工业和履行国际义务。第二个优先方向:研制航天设备满足科学需求。要保质保量地更换航天设备,这是获得宇宙知识的基本工具。该领域的工作发展会保障俄罗斯在认知我们周围世界的形成规律与机制、生命起源以及空间能源开发和其他资源的开发领域所占据的先进地位。载人航天是第三个优先方向。俄罗斯在载人航天领域拥有显著的竞争优势,2020 年前,重点工作是保障国际空间站继续运行,以及在国际合作探索太阳系其他行星和天体的框架内创建新载人航天工具的科技储备。发展载人深空飞行新技术的措施,在国家规划结束后的一段时期内具有举足轻重的实际意义。

2015 年 7 月 1 日俄联邦杜马通过了关于在航天活动领域成立俄罗斯航天国家集团公司的法案。同时,在俄航局改组成为国家集团的过程中,或将组建国家载人航天中心。这些都标志着俄罗斯航天领域的深度改革正式拉开序幕。

俄罗斯航天国家集团公司的成立,是政府和企业的直接融合,规模巨大,涉及面广,这在世界航天领域的发展历史上并不多见。有专家指出,这种融合并不是按照资本市场上真正意义的股份公司的规则进行的,不利于实现资本的多元化。而且政企合并规模过大,导致产业垄断,削弱了竞争机制。但是,相对于俄罗斯目前的国情而言,整合的优势多于带来的弊端。俄罗斯近年来火箭发射事故频发,因克里米亚入俄而导致俄罗斯受到美国及欧洲的经济制裁,

与西方的政治矛盾也逐渐激化。而航天领域本身就存在着结构不合理、生产效益低下、人才队伍老龄化、质量监管有漏洞等诸多问题,再加上经济制裁造成的经费紧张,可以说,迫切需要进行一系列务实的全面改革。此次俄罗斯航天局与联合火箭航天公司的合并,从总统层面、议会及航天领域的各个机构都得到了大力支持,保障了改革措施的落实与实施。国家高层、政府机构与工业部门保持政策和行动上的一致性,有利于减少部门间的推诿扯皮现象,提高管理效率,带来了有效而强大的执行力,能够引领航天领域走出低谷与危机。

关于俄罗斯拟成立国家载人航天中心,表明俄罗斯计划打造一个类似 NASA 约翰逊航天中心的机构,既负责保障 NASA 的载人飞行任务,也兼具了载人飞船研制、航天员选拔和训练、飞行计划的制定及飞行任务控制等职能。在其他方面,也有可能借鉴 NASA 的组织结构,除载人航天中心,航天局目前还在组建遥感服务中心。此外,关于成立导航服务中心、通信服务中心、发射服务中心的想法也正在研究中。

本次在开展的改革涉及面广,意义重大,势必影响到载人航天领域的方方面面。

(二) 俄罗斯航天生物医学研究的现状

俄罗斯航天生物医学研究的开展是多层次的,既有在国际空间站俄罗斯舱段上开展的研究,也有生物卫星研究和地面的实验研究。

俄航局下属的"科技协调委员会"负责俄罗斯舱段科学实验的开展。除制定长期在轨实验研究计划外,科技协调委还负责科学应用研究计划在轨实施过程的监督和管理,以及计划在战略层面上的调整和关键问题的解决。在国际空间站运营之初,科技协调委制定了《国际空间站俄罗斯舱段上计划开展的科学应用研究与实验的长期计划》,该计划在 2008 年又进行了重新修订。

计划中写道,航天生物医学研究目的是完善载人航天飞行(包括未来的星际飞行)的医学保障系统,为解决生命科学的基础课题获取新的知识。迄今为止,该计划已经实施了超过 15 年的时间,在这段时间里,俄罗斯积累了丰富的开展航天生物医学实验研究的经验,取得了丰硕的成果,但同时仍有很多问题有待进一步解决。

根据该计划,俄罗斯航天生物医学未来优先发展方向是:

(1)确定失重条件下适应性调整的允许界限,机体在此限度内的变化是可以逆转的、修正的,也就是安全的。

(2)提高乘员心理情绪状态、健康状况和工作能力变化的预测和诊断方法的信息量。

(3)完善控制和稳定乘组状态、居住环境的方法和手段,对可能的损伤和疾病进行预防和治疗。

(4)完善载人航天器工效学特性,完善心理生理学方法的研制,以优化航天员职业活动和自我感受。

(5)制定航天医学、失重生理学和生态科学的基础性研究课题。

(6)解决月球、火星及其他星球的星际飞行中的医学个人保障问题。

(7)发展舱载遥测医学,需要拓宽飞行中医学监督的能力,以及疾病情况下提供咨询诊断和治疗。

(8)将航天领域中研制的设备、设施、手段和技术应用于全民保健。

俄罗斯在国际空间站上开展的航天生物学研究的优先发展方向有:

(1)获取航天飞行因素对生物体(病毒、细菌、植物和动物细胞)的影响的基础知识。

(2)获取新的带有某种需要特性的生物体(细菌、病毒、植物和动物细胞),并将之应用于医学、兽医学及生物技术。

(3)研究医疗及生物技术产品生产过程中的生物技术过程,以研制太空条件下获取生物产品的基础工艺并完善地球上的生产工艺。

（4）对太空条件下生产生物产品的可行性进行经济技术论证。

（5）为开展航天生物技术研究进行科研设备和仪器的试验研究。

（6）为保障载人空间站上开展无菌条件下的生物技术研究,研制所需的设备。

（7）研究载人空间站空气内所含微生物对空间站结构元素和设备的生物降解作用。航天生物技术生产中重要的生物对象是:激素、干扰因素和淋巴因子细胞,抗炎素,溶栓剂,抗生素,单克隆抗体,动物治疗药物,植物的高效克隆,高活性的生物农药,可对石油进行生物吸附的微生物,对化学物质进行生物降解的物质,生产废料的有机化合,用于生产生物技术产品的酶和微生物,食品添加剂和维他命。

三、俄罗斯航天生物医学目前主要研究项目及进展

（一）太空心血管系统研究

心血管系统作为整个机体适应反应的指示器,在航天员机体对长期失重条件适应过程中起到了重要作用。

国际空间站俄罗斯舱段自 2002 年起开始开展"脉搏"实验,从 2007 年开始进行"呼吸心脏"实验。"脉搏"和"呼吸心脏"的实验目的是深化关于心肺系统及人体整体上对长期航天飞行条件适应机制的认识,获取相关科学信息。每名俄罗斯乘员每个月都要参与这两项实验;在 10 年期间科学家积累了大量的关于太空心脏学研究的科学数据。

2014 年国际空间站开始进行"心脏矢量"和"太空心电"研究。其中,"心脏矢量"研究是"呼吸心脏"实验研究的延续和发展,新增

加了心脏空间冲击描记模块,可以对心肌的动力进行更精确的测量,并评价左心室和右心室的活性。而"太空心电"实验在于获取心肌电生理特性变化的数据,以及长期航天飞行条件下该特性与血液循环植物神经调节间的关系,进一步深化关于人体适应机制的认识。

围绕心脏、心血管、心肺系统开展的系列研究及取得的成果和研制的配套设备,不仅是国际空间站心脏病学研究后续发展的基础,也为地球人类的医疗保健做出了贡献。

(二)"套娃"实验

"套娃"-P实验是一项太空辐射研究,目的在于进行国际空间站舱内辐射剂量的累积研究;完善航天辐射量的测量方法,评价航天飞行轨迹上的辐射环境及辐射风险;完善航天员舱外活动中所受辐射作用的评价方法;研究国际空间站舱内航天员身体内部所受离子辐射的分布。

"套娃"实验计划于2003—2018年在国际空间站开展。实验装置部分放置于空间站航天员居住舱和实验舱内,部分被暴露于空间站舱外,专门探测外太空的辐射环境。目前,该项目的开展已经超过10年。2014年12月,科学家们通过对10余年辐射剂量研究的数据进行分析,得出的初步结论是,太空旅行比预想的要更安全。科学家发现,根据"套娃"实验实际测量计算出的辐射剂量要比航天员随身佩戴的剂量计显示的要低。总的结论是,国际空间站航天员个人配戴的辐射剂量计所记录的辐射剂量,比舱内人体模型内探测器记录的数据高出了15%,而在开放太空中的则高出了200%。

(三)生物卫星实验研究

俄罗斯于2013年4月19日和2014年7月19日分别发射了"Bion-M1"和"光子-M4"两颗生物卫星。"Bion-M1"生物卫星绕地球飞行30天,平均轨道高度为575千米,实验对象:45只基因纯净的实验鼠、15只壁虎、20只蜗牛、8只蒙古沙鼠和慈鲷鱼等小动物以及一些植物。"光子－M4"生物卫星绕地球飞行 45 天,平均轨道高度为 575 千米,实验的对象为:壁虎、蚕卵、干种子、纯菌类植物、菌类孢子、冻土中的微生物群等。

开展"Bion－M"系列研究的必要性及特点。俄罗斯在 2007 年之前已成功发射了 11 颗"Bion"生物卫星,在轨飞行时间为 5～22.5 天,所开展的飞行实验获得了丰硕的成果,一方面深化了关于生命组织对航天飞行条件的结构—功能反应的规律,另一方面,为解决载人飞行医学保障中的实际问题作出了贡献。但是航天生物学和航天医学的很多课题仍有待进一步探索:例如机体内的结构—功能变化的发展情况与在失重条件下驻留时间长短的相关性,不同年龄和性别的人对飞行条件的耐受性,航天飞行中疾病和损伤发生过程的特点,像失重条件下肌肉萎缩、骨丢失、心血管系统失调等变化的分子机制。

如果放眼未来的载人月球和火星探测任务,那么,像长期失重和离子辐射综合作用的生物学效应、月球和火星重力的生物学效应、飞行因素对各功能系统不良影响的未来防措施的研制等一系列未解决的课题就显得更为重要。

上述一系列问题的核心就是在细胞和分子层面上开展机体对航天飞行因素反应的研究。在"Bion－M1"的研究计划中将该课题放在了重要位置上。这也是生物卫星"Bion－M1"区别与之前的研究之处。

如果将生物卫星"Bion－M"与国际空间站相比,首先,从生物学实验角度而言,生物卫星技术周期的可操作性和灵活性要明显高于国际空间站的运输往返周期。其次,由于生物卫星所在的轨道更高,因此,舱内的微重力水平要低于国际空间站。最后,无论是在飞船、生物卫星和航天飞机的飞行实践中,还是在国际空间站长期飞行中,所获得的关于航天飞行因素对人体各生理系统影响的数据已经足够丰富。但由于乘员身体特性的多样性,使得对获取数据的正确统计分析变得十分困难。解决类似及其他生物医学问题的主要方法是,利用细胞、分子和系统层面上的方法来研究动物在航天飞行因素作用下的结构及功能反应,这也是"Bion – M1"生物卫星飞行中科学研究的出发点。可以说,"Bion – M"系列生物卫星上开展的实验研究在宇宙生命的基础研究方面又迈出了新的一步。

(四)"生物风险"实验

"生物风险"实验旨在于评价生物体在星际空间扩散和传播的可能风险,提高航天设备的可靠性,并用于际探索中星际防疫的策略和标准的制定。

该实验装置中的一部分用于开展生物组织在空间站俄罗斯舱段外部的长期暴露实验。该实验始于第5次长期考察任务。实验目的:①获取关于构成航天设备的结构材料中细菌和真菌群的表型适应和基因型改变的数据;②预测材料在正常使用条件下抵御微生物因素的稳定性,制定降低微生物损害风险的建议;③评价轨道飞行条件下与太阳活性周期性变化对"微生物—基底"系统状态影响相关的医学和技术风险。

第一次实验,各种微生物组织暴露在国际空间站外表面长达1.5年;第二次实验,3个容器从太空取回的时间分别是13个月后、18个月后及31个月后。实验结果表明,宇宙空间极限条件下,微生物孢子,以及休眠状态的、位于演化序列中较高发育水平的其他生物组织(高等植物种子、蚊子幼虫、低级甲壳类动物的卵),都保存了生存能力。同时确定,保留生存能力的种子,其发芽和生长的能力都发生改变。同时,长期暴露在外太空条件下并未导致萝卜、叶用芥菜的种子及这些种子培育出的植物的生物特性的改变。

在所有的太空探索实验中,该实验首次获得了独一无二的关于宇宙空间极限条件下生物对象长期存活的数据,除了具有巨大的基础科学价值(生命在宇宙的传播),还有其应用意义(星际防疫策略和标准的制定)。

（五）"月球—2015"模拟实验

2015 年 10 月俄罗斯开展了一项为期 8 天的绕月飞行地面模拟实验。实验全称为"模拟月球探测任务框架下短期封闭舱隔离期间女性乘组的生理心理状态综合评价"，主要开展女性身体对封闭舱 8 天隔离条件及对短臂离心机"头—骨盆"负荷的适应机制研究。该实验由 30 项研究项目组成，分心理研究、适应密闭环境过程中免疫和代谢研究、卫生保健研究三个部分。实验乘组全部为女性，使用了"火星-500"曾驻留过的两个地面实验舱。

在为期 8 天的隔离期间，按照月球载人飞行程序进行模拟：飞向月球—绕月飞行—返回地球。进封闭舱隔离之前及出舱后分别进行断臂离心机实验，并进行相关生理数据采集。

该实验主要是为未来超长期的星际飞行及建造月球基地任务做准备，为使乘组在月球、火星或其他行星表面执行探测任务时保持良好的体型、健康状态及高水平的工作能力，并在探测任务的最后阶段——准备返回地球的时刻具备良好的状态，应研制新的更为高效的可在飞船上短期创造人工重力环境的预防手段。

使用短臂离心机来建立人工重力，还需要解决一系列其他问题，其中最重要的是要确定离心机负荷作用的最优模式及预防效果。目前，女性已积极地参与到宇宙空间的探索和研究中来，但是长期以来，与乘组培训相关的实验研究主要以男性为研究对象。以女性为对象，对其身体在模拟航天飞行条件下功能特点的研究尚不普遍。此外，与女性乘组或混合乘组内部关系相关的心理生理学方面的研究，尤其是在地面封闭舱模拟飞行条件下，也非常有现实意义。

四、俄罗斯航天生物医学研究的特点

（一）长期开展关键医学课题研究

俄罗斯一直坚持对制约人类长期飞行的关键医学问题进行持续性研究。如空间骨丢失和肌肉萎缩问题，虽然自"礼炮"号空间站就开始研究,但这些课题依然是国际空间站航天医学研究的重要方向。再例如辐射研究中的"套娃"实验,也开展了 10 余年,对辐射的研究越来越深入,进一步明确宇宙空间辐射的种类、剂量分布及其生物学效应,进而评估辐射风险一直是俄罗斯航天医学应用的主题。

(二)在轨生物医学实验与地面实验及生物卫星研究互相补充验证

俄罗斯拥有丰富的实验平台,除了国际空间站俄罗斯舱段,还利用生物卫星开展实验研究,此外还开展大量的地面模拟实验研究。这种得天独厚的条件使俄罗斯科学家能够进行多学科、多角度的全面和深入的研究。针对一些重点课题,能够结合不同的参试人员、不同的外界环境反复进行实验研究,以求获得最客观的结论。正是多领域、多学科、多角度开展的长期全面研究,才保障了医学研究的科学性和可靠性,使载人飞行的医学保障更加有效。试验中不断发现新问题,也使科研保持了持续发展的动力。

(三)航天医学的关注重点从轨道飞行逐步转向未来的星际探索

从近年来俄罗斯舱段、生物卫星和地面实验中开展的研究项目来看,俄罗斯航天医学的重点逐步转向长期自主星际飞行的生物医学保障课题。例如俄罗斯未来航天医学的优先发展方向中就指出要"解决月球、火星及其他星球的星际飞行中的医学个人保障问题"和"发展舱载遥测医学,需要拓宽飞行中医学监督的能力,以及疾病情况下提供咨询诊断和治疗"等任务。在"套娃"-P"生物风险""生物卫星""月球-2015"等研究中更为关注的是长期失重和离子辐射等因素综合作用下的生物学效应、月球和火星重力的生物学效应、飞行因素对各功能系统不良影响的未来防措施等一系列亟待解决的课题。

(四)在国际合作中开展航天生物医学研究

在生物医学研究计划的实施过程中,俄罗斯与美国(NASA、NS-

BIR)、ESA 以及德国、加拿大、法国、奥地利、荷兰、日本、韩国等开展了广泛的联合研究,并建立起了长期的合作机制。著名的联合项目有"联盟—阿波罗"计划、"MIR－NASA"计划(俄美)、"仙后座"计划(俄法)、生物卫星项目(俄罗斯、乌克兰、美国、法国、意大利和德国)、"火星－500"试验(俄、欧、中、加、韩、日)、"套娃"实验(ESA、NASA、CSA 和 JAXA 等)。广泛的合作不仅促进了航天医学研究方法和设备的研制,还促进了相应的世界标准的制定和建立,这对于世界航天医学的进步无疑起到了巨大的推动作用。

(五)航天医学造福于地球人类

近年来,俄罗斯航天医学专家大力开展了航天医学研究成果在地球人类临床医学和保健中的应用等相关工作。例如,国际空间站上的心血管研究成果,即"脉搏"和"呼吸心脏"实验中获取到的数据,研制并成功应用了一系列评价机体功能储备、确定调节系统的紧张程度、评价病理发展风险的新技术设备(例如"Ekosan－2007")。这些新技术不仅成为国际空间站心脏病学研究后续发展的基础,也为研制应用于地球人类医疗保健实践活动中的成套设备打下了基础。"Ekosan－2007"是一套可发现早期病变的多功能设备,目前这套设备已应用于有各种应激因素存在的地面有人参与的模拟实验、航空飞行员及公共交通驾驶员的诊断和检查。再例如,利用国际空间站上开展的航天飞行不良因素预防系统的应用成果,开发了"微重力及/或运动功能减退的肌肉功能保持与恢复的方法",研制了"对人体运动支撑器官施加负荷及强制改变人体姿态的服装",给患有骨关节疾病和因伤病造成肌肉萎缩的病人带来福音。将航天领域中研制的设备、设施、手段和技术应用于全民保健是未来航天医学的一个重要方向。

(中国航天员科研训练中心)

2016 财年 NASA 预算案

——重点项目经费分析

摘要：本文首先对 2016 财年中 NASA 的预算申请和批复情况进行了简要介绍。然后，对预算案中涉及航天领域的重点项目进行了说明，包括探索系统、商业航天飞行和猎户座飞船，对项目最新情况、未来发展以及项目经费变化等内容进行了详细分析，并对比了明显的经费变动情况。最后，根据经费分配情况对 NASA 项目的发展进行了简要分析。

美国白宫在 2015 年 2 月 2 日发布的 2016 财年①预算案中为 NASA 申请了 185.29 亿美元，2015 年 12 月 28 日，参众两院拨款法案实际拨付 192.85 亿美元。比 2015 财年批复预算增加了 12.748 亿美元。

航天探索和空间活动仍是 NASA 发展的重点领域，二者的预算申请分别为 45.059 亿美元和 40.037 亿美元，总计 85.096 亿美元，占到了预算申请总额的 45.93%。航天探索和空间活动预算以及实际拨款的详细内容见表 1。

表 1　NASA 2016 财年航天探索和空间活动预算申请（亿美元）

预算项目	2015 财年拨款（法案通过）	2016 财年预算（申请）	2016 财年拨款（法案通过）
航天探索	43.567	45.059	52.738 *
探索系统研制	32.453	28.629	36.800

---

① 美国财年从上一年 10 月 1 日到当年 9 月 30 日。2016 财年是从 2015 年 10 月 1 日到 2016 年 9 月 30 日。

（续）

预算项目	2015 财年拨款 （法案通过）	2016 财年预算 （申请）	2016 财年拨款 （法案通过）
"猎户座"飞船	11.940	10.963	12.700
SLS 项目	17.000	13.565	20.000
探索系统地面设施(EGS)	3.513	4.101	4.100
商业航天飞行	8.050	12.438	12.438*
探索研究和发展	3.064	3.992	3.500
人类研究计划	—	1.678	—
先进探索系统	—	2.314	—
空间活动	38.278	40.037	37.854*
国际空间站		31.056	—
空间站系统运行和维护		11.061	—
空间站研究	—	3.940	—
空间站人员和货物运输		16.055	—
空间和飞行支持		8.981	—
21 世纪航天发射工位		0.233	—
空间通信和导航		6.324	—
载人飞行操作		1.085	—
发射服务		0.867	—
火箭推进系统试验		0.472	—
总计	81.845	85.096	90.592

*2016 财年的拨款法案中将"商业航天飞行"项目转到空间活动下,并将其名称更改为"商业乘员计划",为便于对比,这里仍将其计算在航天探索的预算中

在航天探索领域内,最重要的项目就是探索系统研制,这也是 NASA 当前的核心任务,通过研制 SLS 重型运载火箭和"猎户座"飞船进行深空探索,该项目的预算申请为 28.629 亿美元。此外,商业

航天飞行是该领域内另外一个非常重要的计划,这是 NASA 鼓励本土商业航天产业发展最直接的体现,该计划申请的预算为 12.438 亿美元。而在空间活动领域内,国际空间站是当前空间研究活动的最主要平台,为未来的深空探索奠定基础,项目预算达到了 31.056 亿美元(包括空间站人员和货物运输的预算申请)。下面就对探索系统研制、商业航天飞行和国际空间站 3 个项目分别进行详细分析。

一、探索系统研制

(一) SLS 火箭

NASA 为 SLS 项目申请的预算为 13.565 亿美元,而国会通过的拨款法案提供了 20 亿美元。

SLS 初期构型可以实现 70 吨的近地轨道运载能力,也可实现月球附近空间 30 吨运载能力,通过月球任务实现对系统的演示验证。后续通过采用探索上面级(EUS)等方式进一步改进,实现近地轨道运载能力 105 吨、月球附近空间 40 吨运载能力,在地球之外演示验证未来任务所需的深空技术。最后的目标是实现近地轨道运载能力 130 吨。

2016 财年 SLS 项目申请的预算为 13.565 亿美元,国会实际拨付 20 亿美元,和 2015 财年类似,国会拨付的经费再次超过了申请的经费。2015 财年 SLS 项目的预算申请为 13.803 亿美元,从 NASA 的角度而言,SLS 项目的预算申请一直保持在比较稳定的水平。2015 财年之所以能够得到 17 亿美元的经费,是因为国会认为 NASA 对 SLS 项目的经费估计不够准确,担心项目进度会因为经费问题导致滞后,所以增加了项目投入。2016 财年在 NASA 的拨款整体上浮的情况下,SLS 项目的拨款进一步提升至 20 亿美元,而且国会要求在新型上面级研制上的投入不低于 8500 万美元。

各财年主要工作:

2014 财年:SLS 项目要实现 EM–1① 在 2018 年 11 月首飞的目标,向肯尼迪航天中心(KSC)交付火箭部件。随着芯级和过渡性低温上面级(ICPS)合同谈判分别在 6 月和 10 月完成,所有 Block1 型火箭的部件都已经在履行合同的过程中。对于 EM–1 任务中 SLS Block1 型火箭,项目组在 8 月份成功通过了 KDP–C 里程碑,标志着从项目规划阶段进入了研制阶段。芯级和助推器分别在 7 月和 8 月完成了关键设计评审。为了准备下一年的关键设计评审,NASA 正在开展一系列的部件试验,包括兰利研究中心的风洞试验、芯级箭载计算机测试以及发射噪声模型试验。此外,EM–1 试验和飞行部件也在同时生产。

米丘德的垂直装配中心(VAC)在 7 月份启用了新的焊接工具,在 9 月份进行了第一个全宽度的焊接试验。VAC 是 6 个主要焊接工装中的最后一个,用于生产 SLS 芯级结构,相比于航天飞机外贮箱,工人数量降低了一半。2014 年开展的其他主要设施建设包括在 9 月份破土动工的马歇尔航天飞行中心(MSFC)新结构试验台。

2015 财年:SLS 火箭完成项目层面上的关键设计评审,评估了整个运载系统的最终设计。该评审确定 SLS 项目的成熟度已经满足进入最终设计和生产阶段的条件。为了支持 EM–1 任务,2015 财年要完成首飞用 RS–25 发动机的装配和试验,开始助推器电子设备的制造和试验,完成助推器首次鉴定试验,启动新的助推器推力矢量控制系统组件研制工作。

2016 财年:主要计划是进行 SLS 组件试验,以及 EM–1 任务飞行部件的生产。在米丘德装配厂房,SLS 芯级组件(前裙、液氧贮

---

① EM–1:第一次探索任务,SLS 的第一次飞行任务和猎户座飞船的第二次非载人任务,采用 SLS 构型 1 发射进行月球轨道的无人飞行。EM–2:第二次探索任务,猎户座飞船的第一次载人飞行任务,搭载两名乘员,采用 SLS 构型 1 发射,进行月球轨道的小行星捕获任务。

箱、箱间段、液氢箱和发动机段)开始组装,还要完成 4 台 RS-25 发动机的安装。之后芯级将会运往斯坦尼斯航天中心(SSC)的 B-2 试验台进行点火试验。EM-1 助推器也将开始浇铸。ICPS 结构试验件也将交付,而 EM-1 任务的相关组件也将开始生产。火箭和"猎户座"飞船的适配器将开始生产。开展 EM-1 助推器发动机鉴定试验。

(二)"猎户座"飞船

猎户座飞船总的预算申请为 10.963 亿美元,实际拨付 12.7 亿美元。"猎户座"可以搭载 4 名乘员到地球轨道以外的空间,为乘员提供最多 21 天居住和生命维持的时间。"猎户座"包括乘员舱、服务舱和逃逸系统三个主要的模块,通过一个独立的适配器来连接飞船和火箭。

各财年主要工作:

2014 财年:完成了 EFT-1 试验用飞船的制造,并在 2014 年 12 月 5 日进行了飞行试验。2014 财年的主要装配和试验活动都是围绕 EFT-1 进行。在准备 EFT-1 任务的同时,前两次探索任务(EM-1 和 EM-2)的准备工作继续推进,项目完成了原始设计评估。EM-1 的部件制造工作已经开始,包括主结构部件的锻造、电子设备的加工以及需要长时间准备的采购工作。同时猎户座飞船项目还进行了大量地面试验工作,包括降落伞下降试验、水上回收评估、结构试验、乘员舱空间环境试验以及适配器整流罩分离试验。

NASA 和 ESA 继续合作完成 EM-1 飞船服务舱模块的设计和集成工作,由 NASA 和欧洲航天局(ESA)成员组成的初步设计评审(PDR)委员会同意进入下一阶段。

2015 财年:2014 年完成 EFT-1 后,"猎户座"的设计、研制和试验重点将转移到 EM-1 和 EM-2。结构部件制造和装配工作继续进行,同时也将组装电子设备、开发软件和采购交货前置期长的部件。该项目将重点进行能力验证试验,提高深空组件和再入部件的可靠性,保证宇航员能够顺利返回地面。"猎户座"项目还要更新其地面试验件,支持下一阶段在兰利研究中心进行的水面撞击试验。

继续为 ESA 的"猎户座"服务舱模块提供支持,开始制造 EM-1 服务舱模块,首先加工结构组件、管路以及贮箱等。

最后,"猎户座"项目完成了关键决策点的评审,保证项目顺利进入寿命周期的下一阶段。

2016 财年:重点准备 EM-1 任务,即无人月球轨道飞行试验,也将是第一次采用 SLS 发射。此次任务能够进一步验证飞船的设计和操作。在 2016 财年,"猎户座"飞船项目会确定 EM-1 的最后设计方案和结构,完成结构部件的制造。除了结构试验外,"猎户座"还要完成 EM-1 任务飞行组件的鉴定试验,并进行逃逸系统发动机的鉴定试验,为载人飞行试验提供支持。2016 财年还要完成降落伞的研制试验活动,开始降落伞鉴定试验,为未来的载人飞行奠定基础。

(三) 探索系统地面设施(EGS)

探索系统地面设施在 2016 财年申请的预算为 3.909 亿美元,拨款法案通过的拨付经费为 4.1 亿美元。EGS 项目主要是对肯尼迪航天中心的地面系统和设施的升级改造。这些设施用于 SLS 和"猎户座"飞船的组装、转运和发射。

各财年主要工作:

2014 财年:为了进行 EFT-1 任务,EGS 在 2014 年进行了多次回收试验。地面团队选择了美国海军的着陆平台/船坞甲板船作为 EFT-1 任务的主回收方案,选择了救援浮吊船作为备份方案。EGS 在 2014 年 1 月份和 5 月份分别完成了初步设计评审和关键决策点 C(KDP-C),明确该项目实现了稳定的设计要求,可以进入下一阶段。同时,2014 财年地面团队继续为支持 EM-1 任务进行地面设施的更新换代和兼容性改进工作,包括最终设计、设备制造以及设施建设。为 EM-1 任务准备 LC-39B 发射工位,包括火焰导流槽、火焰导流器、点火过压以及噪声抑制系统等。

在 2014 财年,EGS 完成了可调节平台设计,并售出了垂直装配中心地面人员入口的建造合同。EGS 还对移动发射台进行改进,实现 SLS 与"猎户座"之间的脐带接口要求,并满足人员出入的要求。EGS 还完成了指令控制系统、显示系统以及通信等设施的改进。

2015 财年:2014 年 12 月 5 日,EGS 成功完成了"猎户座"乘员模块的着陆和回收,标志着首次飞行的结束。

EGS 在 2015 财年的主要工作是安装地面支持设备,完成移动发射台的结构和设备改进。在垂直装配楼内,可调平台的建造工作将继续进行,为 SLS 的处理提供入口。在 LC - 39B 工位,EGS 开始火焰导流槽和火焰导流器的建造,并完成推进剂和气体加注系统的改进。EGS 继续安装和升级软件,支持端到端的航天港指令和控制系统应用,以及地面处理设施所需的显示系统。履带车的延寿改进继续进行,完成滚珠轴承、千斤顶、平衡补偿以及水平圆柱的更换。

2016 财年:进入 EM - 1 任务最后的准备阶段。EGS 会完成移动发射台结构和设施的改进,结束地面支持设备的安装工作。开展发射测试设备的脐带试验,完成履带运输车水平圆柱的安装和有效载荷处理设施的升级。指令、控制和通信系统软件和显示系统完成。在垂直装配楼内,EGS 将完成可调平台的建造。在 LC - 39B 发射工位,EGS 也会完成火焰导流槽和导流器的建造,以及推进剂和气体加注系统的改进工作。项目将会完成关键设计评审,评估地面系统的集成度,以及是否能够满足任务需求。

二、商业航天飞行

商业航天飞行 2016 财年预算申请为 12.438 亿美元,国会拨付了经费同样为 12.438 亿美元。商业乘员计划(CCP)在 2014 年 9 月向波音和空间探索技术公司(SpaceX)售出两份商业乘员运输能力计划(CCtCap)的合同之后,已经进入了最后阶段(见图 1)。

在商业乘员计划进入最后的研制和试验飞行阶段后,预算增加了大约54.5%。因为波音公司和 SpaceX 公司的研制合同都是在该项目下执行的,而2014年9月 NASA 分别给两家售出了42亿美元和26亿美元的合同,以实现2017年近地轨道载人能力。因此,2016财年商业航天飞行项目的预算才会大幅增加。

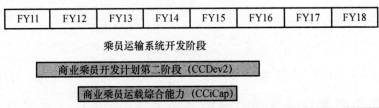

图 1　商业乘员计划进度

各财年主要工作:

2014财年:NASA 和蓝色起源公司修改了 CCDev2 航天行动协议,蓝色起源公司可以在没有资金支持的情况下,继续完善其乘员运输系统。CCiCap 计划基本完成了里程碑事件。在2014财年末,波音完成了所有的20个里程碑事件,包括飞行器风洞试验。内华达山脉完成了11个里程碑中的9个,包括初步的系统安全分析。SpaceX 公司完成了15个里程碑事件中的11个,包括发射台逃逸试验评估,证明了试验件能够满足进度要求。

波音、内华达山脉公司和 SpaceX 公司在2014财年完成了"产品鉴定合同"。在上述合同下提供产品有益于提高工业设计,以满足 NASA 的要求。NASA 在2014年9月16日向波音和 SpaceX 公司售出了 CCtCap 合同,波音和 SpaceX 公司将完成乘员运输系统的设计、研制、试验、评估、鉴定和飞行,按照 NASA 的鉴定标准和要求进行国际空间站的乘员运输任务。在上述合同要求下,波音和 SpaceX 至少要进行一次飞行试验,最少要搭载一名宇航员,来验证整个火箭和航天器系统的在轨操纵能力、和国际空间站对接能力。

2015 财年:内华达山脉公司和 SpaceX 公司继续完成 CCiCap 的里程碑事件,包括内华达山脉公司的工程试验件的飞行试验和反作用控制系统试验,以及 SpaceX 的发射台逃逸系统和飞行逃逸系统。

波音和 SpaceX 公司首先要进行鉴定基准方案评估(CBR),提供更详细的方案,确定最重要的安全、技术、成本和进度风险。CBR 是执行合同的基础。

2016 财年:波音和 SpaceX 公司继续在 CCtCap 合同下既要证明能够按时提供乘员运输能力,又要符合 NASA 的任务和安全要求。波音公司的主要工作包括集成降落伞系统跌落试验和服务舱模块点火发射逃逸试验,而 SpaceX 公司的计划包括一次到国际空间站的非载人飞行,以及为乘员进行的发射场运行成熟度评估。

三、国际空间站人员和货物运输

国际空间站项目下和航天运输系统直接相关是国际空间站人员和货物运输计划,该项目在 2016 财年的预算申请为 16.055 亿美元。NASA 与轨道科学公司及 SpaceX 公司签订的商业补给服务的货运合同预算支持范围之内,而人员的运输服务则继续向俄罗斯航天局购买。

各财年主要工作:

2014 财年:为支持商业补给飞行,SpaceX 公司完成了 12 个里程碑,2014 年 4 月和 9 月,SpX - 3、SpX - 4 成功执行。2014 年 1 月 7 日,轨道科学公司在 NASA 的沃勒普斯发射场执行了首次国际空间站货运补给任务。此外,国际空间站人员和货物运输项目在 2014 财年还利用俄罗斯的"联盟"火箭为美国舱段进行了 4 次人员运输服务。

2015 财年:2014 年 10 月 28 日,轨道科学公司在执行 Orb - 3 任务时,"安塔瑞斯"火箭发生爆炸,飞船和货物俱毁,但未造成人员伤亡。国际空间站项目重新安排了 1 月份 SpX - 5 任务的载荷,弥补 Orb - 3 任务的失利。目前,轨道科学公司在 NASA 的协助下进行了事故分析。

2015 财年,国际空间站项目采购了 4 次"联盟"飞船发射服务,将 6 名航天员送往美国舱段。此外,还有 4 次"进步"货运飞船、1 次日本 HTV 发射任务。

2016 财年:国际空间站乘员和货物运输项目继续开展研究,提供稳定的乘员和货物飞行计划。包括大约 4 次"联盟"飞船发射,将 6 名航天员送至美国舱段。NASA 希望轨道科学公司能够履行国际空间站货运补给合同的责任,执行 3 次补给飞行,完成 9 项性能里程碑。SpaceX 共计划进行 4 次商业补给飞行,完成 18 个性能里程碑事件。

四、结束语

近年来,NASA 通过制定小行星探索策略和火星探索路径等以深空探索为目标的任务方案,正在逐步明确美国开展深空探索的途径,同时也说明了 NASA 的重心越来越偏向于未来的载人深空探索领域。

从预算案中可以看到,NASA 将近地轨道载人和货物航天运输系统任务都交付商业航天公司研制,将系统研制的中心转移到重型运载火箭和多功能载人飞船的研制工作上,一方面验证了 NASA 的深空探索目标,另一方面也鼓励了美国商业航天领域的发展。此外,国际空间站的研究活动可以验证深空探索所需要的技术能力,NASA 在国际空间站研究活动和空间站人员货物运输上投入的大量资金能够为深空探索奠定重要的技术基础。

(北京航天长征科技信息研究所)

美国 SLS 重型火箭动力系统研究

航天发射系统(SLS)是美国最新研制的重型运载火箭,起飞质量大约在 2600 ~ 3200 吨,LEO 运载能力可达到 70 ~ 130 吨,能执行包括近地轨道、近地轨道以外、月球、火星等多种任务。为实现高安全性、经济可承受性和可持续性三个目标,NASA 采取了一种研制多种构型、分阶段提高运载能力的渐进式发展模式,3 个基准构型分别为:SLS 1 型、SLS 1B 型和 SLS 2 型。

动力系统是运载火箭的基础和核心。SLS 火箭采用 2 枚固体火箭助推器/先进助推器 +4 台芯级发动机 +1 个过渡型低温上面级/J–2X 低温发动机上面级/探索上面级的构型。为逐步实现 70 ~ 130 吨的 LEO 运载能力,SLS 项目在预算紧缩的条件下,大量继承了 NASA 前期项目的技术和零部件:芯级 RS–25 发动机改自原航天飞机主发动机,助推器由原四段式固体火箭助推器改进而来,过渡型上面级采用"德尔它"4 火箭的二子级发动机 RL10B–2,先进上面级则使用"阿瑞斯"5 火箭上面级的 J–2X 发动机,由"土星"5 火箭 J–2 发动机改进而来。因此,NASA 可以根据具体任务需求,通过组合不同的通用组件(芯级、助推器、上面级),实现不同的火箭构型。

一、SLS 初始构型的动力系统

SLS 1 型火箭是 SLS 的初始构型,其中芯级采用 4 台 RS–25D 氢氧发动机,周围捆绑 2 枚五段式固体火箭助推器,上面级使用 1 台现有的 RL10B–2 低温发动机,将于 2018 年 11 月首飞。

（一）芯级

SLS 火箭三种构型都将采用 RS－25 作为通用芯级发动机,每枚火箭芯级安装 4 台,总推力约 8900 千牛。前 4 次飞行计划先使用库存的 16 台可重复使用 RS－25D 发动机。

RS－25 发动机最早用于美国航天飞机主发动机(SSME)。该发动机由美国航空喷气·洛克达因公司在 1972—1981 年研制,它是历史上第一台可重复使用火箭发动机,也是最可靠、试验次数最多的大型火箭发动机之一。RS－25 发动机性能稳定,可靠性高,在航天飞机 135 次任务和相关发动机试验中,该发动机共计进行了 100 万秒以上的热点火,成功率达到 100%,可靠性达 0.9996(见表 1)。

表 1　RS－25 发动机主要性能与结构参数

单台真空推力/千牛	2300
推力调节范围	65%～109%
最大功率	109%(改进后 111%)
单台发动机质量/千克	7816
真空比冲/秒	452.4
直径/米	2.44
高/米	4.27

RS－25 发动机推进剂为液氧和液氢,采用分级燃烧循环,泵压式供应系统。发动机装有万向常平座,控制俯仰的摆角为 ±10.5 度,控制偏航的摆角为 ±8.5 度,控制滚动的摆角为 ±11 度。发动机推力可调,调节范围为 65%～109%(改进后可达 111%),因而可将运载器过载限制在 $3g$ 以内,也可以在较高的高度上中止飞行。美国航天飞机的动力装置由 3 台 RS－25 组成,装于轨道飞行器上。而 SLS 火箭则在芯级装配 4 台 RS－25,与 2 枚大型固体助推器一起工作使火箭起飞。

　　为了使 RS－25 发动机符合 SLS 重型运载火箭的性能需求,工程师对经过改进的发动机进行了热点火试验,验证发动机在不同工况下的工作性能。

　　2015 年 1 月 9 日,经改进后的 RS－25 发动机(0525)在斯坦尼斯航天中心的 A－1 试验台完成 500 秒的持续点火,积累了发动机控制单元和入口压力条件的关键数据。这是 RS－25 发动机自 2009 年航天飞机主发动机试验结束后的首次热点火试车。

　　此后的几个月里,该发动机在试验台上又进行了 6 次热点火试验,最长点火时间为 650 秒。7 次试验共计时长 3750 秒,为项目团队提供关于发动机新控制单元、材料及发动机推进剂入口压力条件的关键试验数据,验证航天飞机硬件是否满足航天发射系统的性能要求,新防热层及燃气发生器的性能也在试车中得到了检验(见表 2)。

表 2　RS－25 首轮试验情况概览

序号	时间	主要试验内容	时长/秒
1	20150109	测试发动机新控制单元、材料及发动机推进剂入口压力条件,获取关键试验数据,验证原航天飞机硬件是否满足 SLS 的性能要求;同时还检验新防热层及燃气发生器的性能	500
2	20150528		450
3	20150611		500
4	20150625		650
5	20150717		535
6	20150813		535
7	20150827		535
合计	3705 秒		

　　目前有 2 台用于地面试验的 RS－25 研发发动机,编号分别为 0525 和 0528。当前正接受试验的是 0525 号发动机,已于 2015 年 9 月全部完成。此后 0528 号发动机将进行 10 次试验,计划点火总时长为 4500 秒。未来 NASA 还将在斯坦尼斯航天中心改装后的 B－2

试验台上进行 4 台 RS-25 发动机的整体试验。

（二）五段式固体火箭助推器

SLS 1 型火箭首飞所用的五段式固体火箭助推器（SRB）由轨道 ATK（原阿联特技术系统公司，简称 ATK）公司研制并生产，它继承了航天飞机固体助推器的很多硬件和设计，其中包括：前部结构、金属外壳、尾裙和推力矢量控制系统，而新改进的部分包括：固体火箭发动机、电子设备以及无石棉隔热层（见表 3）。

表 3　五段式固体火箭助推器性能参数

性能	参数
高/米	54
直径/米	3.7
单台海平面推力/千牛	16000
工作时长/秒	126
真空比冲/秒	267.4
单助推器质量/吨	734
推进剂	聚丁二烯丙烯腈
可用推进剂质量/吨	632.7
不可用推进剂质量/吨	0.5
结构质量/吨	100.5
燃烧时间/秒	128.4
结构系数	0.863

在火箭点火后的前 2 分钟，2 枚助推器可以提供约 32000 千牛的推力，占火箭起飞总推力的 75%。相对于航天飞机的四段式助推器，该助推器的推力提高了 20%，比冲提高了 24%。SLS 首飞任务中，五段式固体火箭助推器仍将使用航天飞机时代的发动机壳体。

SLS 1 型火箭所配备的 2 台五段式助推器是世界上最大的固体火箭助推器，长约 47 米，直径为 3.7 米。轨道 ATK 公司对包括固体火箭发动机、电子设备以及无石棉隔热层进行了改进并对助推器进行了多次热点火试验。2009—2011 年间,ATK 发射系统公司完成了固体助推器的 3 次静态点火试车,验证了固体发动机在 4.44 ~ 32.2℃环境温度下的性能。2012—2013 年间,针对固体火箭助推器又开展了一系列试验,通过缩比试验、局部试验等验证新型绝热材料、电子设备、飞行控制子系统等部件,不断降低助推器的系统风险。

2015 年 3 月,固体火箭助推器完成了第一次鉴定试验(QM - 1),发动机在高环境温度条件下(32℃)点火工作。试验后的检查和数据评估结果良好。2 号鉴定助推器的热试车计划在 2016 年春天进行。在 4℃的环境温度下进行试验。这两个值也是助推器实际工作中的环境温度范围。二次试验目的是收集发动机的相关数据,用于发动机改进,如新的隔热层和助推器壳体衬垫以及喷管的重新设计,以增加设计的鲁棒性。

(三) 过渡型低温上面级

SLS 1 型火箭的上面级计划采用过渡型低温上面级(ICPS),直径 5.0 米,采用单台 RL10B - 2 发动机(见表 4),计划用于 2018 年执行的 SLS 首飞任务(EM - 1)。

表 4   RL10B - 2 发动机性能参数

性能	参数
真空推力/千牛	110
混合比	5.88
真空比冲/(米/秒)	4530.7
总重/吨	31.2
可用推进剂质量/吨	27
关机工作段消耗的推进剂质量/吨	0.54
结构质量/吨	3.8
结构系数	0.879

波音公司于 2012 年 7 月获得 NASA 一份为期 8 年、金额达 1.75 亿美元的合同,计划在 2016 年 9 月 30 日前完成"德尔它"4 火箭低温二子级(DCSS)的改进工作,将装有 RL10B-2 发动机的低温二子级改装成适用于 SLS 1 型的过渡型低温上面级,具体改进包括增加冗余、增大设计裕度、加长尺寸或使用 DCSS 姿控系统等。

RL10B-2 发动机由普·惠公司研制,是一种采用膨胀循环方式的氢氧发动机,喷管可延伸,能多次启动,最大直径 2.14 米,混合比 5.88,膨胀比 250,真空推力 110 千牛,真空比冲 4530.7 米/秒。RL10B-2 发动机组件包括:带有紧密耦合诱导轮的两级离心燃料涡轮泵;带有紧密耦合诱导轮的单级离心液氧涡轮泵;两级轴流式涡轮(燃料泵轴);燃料泵轴驱动液氧泵的减速传动系统,可保证所有泵协调工作;管束式不锈钢燃烧室/主喷管。喷管是欧洲动力装置制造公司研制的碳/碳可延伸喷管,由 570 毫米长的固定喷管段和 2082 毫米长的可延伸段组成。可延伸喷管将发动机的膨胀比由 77 提高到 250。在火箭发射时,喷管延伸段缩在发动机底部,以减少级间段长度。

二、SLS 演进构型的动力系统

SLS 演进构型包括 SLS 1B 型和 SLS 2 型。SLS 1B 型将采用经过竞争后选定的固体或液体助推器,替代 SLS 1 型使用的五段式航天飞机固体助推器,芯级采用 4 台 RS-25D 或 RS-25E 发动机,首飞时间预计在 2021 年。SLS 2 型芯级采用 4 台 RS-25E 氢氧发动机,捆绑经过竞争选出的液体或固体助推器。该构型上面级采用 2 台 J-2X 发动机,首飞时间预计在 2030 年左右。

(一)改进后的芯级

NASA 目前库存 16 台可重复使用 RS-25D 发动机,支持 SLS 前 4 次飞行任务。自第 5 次任务开始,SLS 火箭将采用改进后的一次性 RS-25 芯级发动机,性能与 RS-25D 相当。

目前,NASA 已经向航空喷气·洛克达因公司授出 11.6 亿美元合同,启动 SLS 芯级发动机 RS - 25 的改进工作,未来用于 NASA 的深空探索任务。合同期限自 2015 年 11 月至 2024 年 9 月 30 日。

根据合同规定,洛克达因公司需在现有可重复使用 RS - 25 的基础上,将其改为一次性发动机,并进行热点火试验。改进后的发动机精简了零部件和焊接点,推力更大,成本更低。为实现该目标,航空喷气·洛克达因公司将开展一系列工作,包括建立相应管理机制,配备人力、设施设备、工装、仪器及材料,采用先进的制造工艺(如五轴铣床、3D 打印技术和数码 X 光扫描技术),将改进工作控制在成本范围内,并对部件进行生产和验证等。

(二)先进助推器

NASA 于 2012 年启动先进助推器工程验证和风险降低(ABED-RR)项目,旨在为 SLS 寻找更先进的助推器替代方案。先进助推器主要用于改进型 SLS 火箭,即运载能力为 105 吨的 SLS 1B 型和 130 吨的 SLS 2 型。SLS 先进助推器比现有五段固体助推器运载推力更大,对长期的深空探索工程而言价格更合理,同时与 SLS 火箭的通用芯级结构相匹配。

通过 ABEDRR 项目,NASA 对几种先进助推器方案进行了研究,比较各个方案的相关性、内在优点和价格,初步选定 4 家公司的 5 个方案,主要包括:

(1)缩比复合材料贮箱(诺思罗普·格鲁门公司);

(2)综合助推器静力试验(轨道 ATK 公司);

(3)F - 1 发动机风险降低任务(动力系统公司和航空喷气·洛克达因公司);

(4)结构风险降低任务(动力系统公司);

(5)全尺寸燃烧稳定性验证(航空喷气·洛克达因公司)。

通过 ABEDRR 项目,NASA 和 SLS 项目对各方案的优势以及技术难点进一步加深了理解,为 SLS 火箭能够实现载人深空探索提供了一个良好的基础。之后,NASA 将对先进助推器设计、研发、试验和评估(DDT&E)进行公开竞标。

1. 诺思罗普·格鲁门公司的缩比复合材料贮箱方案

诺思罗普·格鲁门公司是一家世界知名的武器制造商和航天服务商。该公司获得的 ABEDRR 合同是制造一个缩比复合材料贮箱结构件并对其进行试验,验证其先进助推器概念。诺格公司将收集设计、制造和试验全过程的数据,包括先进助推器方案的可承担性(时间、材料、组装方式和方法、供应链、成本)和可靠性。最后形成一份技术报告,对验证和试验情况进行总结,并提出一种先进助推器可行性方案。目前已经完成的工作包括成功制造了压热气外(OOA)试验件,孔隙容积小于1%,成功制造试验夹具和替代的燃料(柴油)贮箱,明确了试验流程,评估和确定了试验中的相关危险。

2. 轨道 ATK 公司的综合助推器静力试验

ATK 公司是世界上最大的军火制造商之一,2014 年与轨道科学公司(ORB)合并,成立轨道 ATK 公司,它也是 SLS 首次飞行的五段式固体助推器的主承包商,正在利用现有的先进技术开展新一代固体火箭助推器的预先研究。

该公司获得的 ABEDRR 合同是制造一个 0.6 米直径的缩比助推器试验件,对推进剂、壳体进行重新设计和试验,研究如何提高助推器的性能、可靠性和可承担性。目前已完成的工作包括:研发高性能、低成本的推进剂,以实现助推器更高的推力,完成推进剂选择试验,对四种制剂的推进剂进行了试验和分析,最终选定端羟基聚丁二烯(HTPB)复合推进剂;对喷管进行了设计优化;确定了 0.6 米直径助推器试验件的静态点火试验方法。

2015 年 2 月,轨道 ATK 公司对复合材料壳体试验件进行了破坏性压力测试,并将测试结果与目前采用的金属壳体结构参数进行对比。测试所用模型长 7.6 米、直径 2.4 米,带有人为制造的多点损伤。试验过程中,受损模型承受的压力为 20.690 兆帕(3000 磅力/平方英寸),远超飞行条件下需承受的压力值。试验结果表明,损伤的壳体与未受损伤的壳体性能相当,这就意味着即便在损伤条件下,复合材料壳体也可应对火箭发射时的严苛受力环境。此外,试验中模型破裂时的压力值与预估值相差不到 1% ,证实了复合材料模型的有效性。火箭发动机壳体试验是复合材料壳体设计优化工作的一部分,旨在增加壳体强度、减轻壳体质量并提高其经济性。此外,复合材料壳体的轻质性还提升了火箭的运载能力。

3. 动力系统公司的两份 ABEDRR 合同

动力系统公司获得了两份 ABEDRR 合同,分别对应 F-1 发动机风险降低任务和结构风险降低任务。第一项任务是与航空喷气·洛克达因公司合作,研究"阿波罗"时期的 F-1 发动机,将它改装为适合 SLS 的 F-1B 发动机,主要目的是降低发动机成本,提高发动机性能。第二项任务是研制新的低温贮箱,通过设计、制造和试验低温贮箱降低助推器的成本和风险。

目前,动力系统公司和航空喷气·洛克达因公司对 F-1 发动机的燃气发生器进行了热点火试验,提前完成了所有 10 项试验和 235 秒的热点火试验,之后计划对先进助推器进行全工况、全尺寸、系统级的验证试验;对涡轮泵进行了改进,形成 MK-10A 涡轮泵;受预算限制取消了动力包组件试验;利用热等静压(HIP)粘结法改进了推力室制造工艺。

在低温贮箱合同中,动力系统公司着重从设计、材料、设备和制造工艺上降低助推器生产成本,提高结构的鲁棒性。2014 年秋,该公司采用搅拌摩擦焊技术焊接了先进助推器的低温贮箱,贮箱直径 5.48 米,重 4.5 吨。2015 年 3 月,低温贮箱自 NASA 马歇尔航天飞行中心运往动力系统公司的试验场,并进行了流体静压验证和低温试验。试验过程中向贮箱加注液氮以模拟液氧,验证贮箱的结构设计和制造工艺是否达到 NASA 要求。

4. 航空喷气·洛克达因公司的燃烧稳定性研究

航空喷气·洛克达因公司(原航空喷气公司)于 2012 年 10 月

获得 ABEDRR 的合同,重点研究大尺寸富氧分段式燃烧室(ORSC)的燃烧稳定性。目前该公司正在致力于燃烧室和主喷注器的点火试验,该燃烧室能够产生 2447 千牛的推力。

(三) J-2X 上面级

SLS 2 型火箭的近地轨道运载能力将达到 130 吨,计划使用 1-2 台 J-2X 发动机。SLS2 型上面级性能参数见表 5。

表 5   SLS2 型上面级性能参数

性能	参数
发动机直径/米	3
上面级直径/米	8.4
真空推力(每台)/千牛	1280
混合比	5.5
比冲(真空)/秒	436.0
总重/吨	237
可用推进剂质量/吨	206
不可用推进剂质量/吨	3.8
启动工作段使用的推进剂质量/吨	0.8
关机工作段消耗的推进剂质量/吨	0.4
反作用控制系统推进剂/吨	0.14
结构质量/吨	26.4
结构系数	0.888

J-2X 发动机是在 J-2 发动机基础上改进的,最初设计用于美国"星座"计划中"阿瑞斯"系列火箭的上面级发动机。"星座"计划被取消后,J-2X 的研制工作仍在继续,未来用作 SLS 2 型的上面级发动机。

J-2X 发动机采用液氢/液氧推进剂,高 4.57 米(含喷管部分),底部直径 3 米,重约 2.45 吨,真空推力达 1280 千牛,可在高空点火并可实现多次点火,一般作为多级火箭上第二级或第三级的发动机。该发动机被设计用于发射重型载荷(如居住舱、着陆器和空间舱)到近地轨道以外。

2014 年 6 月,航空喷气·洛克达因公司和 NASA 马歇尔航天飞行中心宣布,J-2X 发动机完成持续数年的全部试验,未来将被暂时封存。从最早的组件试验算起,J-2X 发动机的试验共持续了 8 年(2006—2014 年),前一阶段的试验基本服务于"星座"计划的"阿瑞斯"系列火箭,后一阶段的试验则是为了 NASA 正在研制的新型 SLS 重型运载火箭的上面级。

J-2X 发动机试验时间长、范围大,试验内容从组件、组件包到整机试验,相关的试验数据和试验成果为新型 SLS 运载火箭的研发和未来探火任务的执行奠定了良好的基础。

2006 年就开始的组件试验中,全尺寸和缩比的 J-2 发动机涡轮泵、推进剂喷注器和燃气发生器以及其他关键组件如弯曲管道、点火器、电子控制器、阀门和作动器都进行了严格的试验。试验中遇到了很多设计问题,主要涉及氧化剂和燃料入口管道耐受性、燃气发生器稳定性、喷管延伸性能/耐力、氧化剂和燃料涡轮泵结构余量和发动机控制单元冷却余量。此外,J-2X 发动机的很多组件都经过性能建模,并在实验室内进行了试验。

动力包(PPA)是一种组件系统,由发动机上方的燃气发生器、涡轮泵、管路、阀门和控制装置组成。"动力包组件试验"-1(PPA-1)从 2007 年 12 月持续到 2008 年 5 月,对 J-2S 发动机上遗留下来的涡轮泵、氦自旋启动器、试验燃气发生器、热交换器、火花点火器和进气管进行了基线性能重建。"动力包组件"-2(PPA-2)对 PPA-1 进行了变压、变温及变流率试车,共完成 13 次点火,发动机运行时间接近 6200 秒,即热点火时间超过 100 分钟。其中 3 次试验时长超过 20 分钟(另有一次 19 分钟的试验),这是斯坦尼斯航天中心试验台上时间最长的热点火试验。试验中还首次使用了低温燃料。

从 2011 年 7 月开始,经过改进后的 J-2X 发动机开始进行全机热点火试验,试验历时 3 年,共进行了 200 多项热点火试验。航空喷气·洛克达因公司为此共制造、装配和试验的 4 台试验用 J-2X 发动机,编号为 E10001~E10004,点火总时长近 5 小时,演示验证了两倍于发动机寿命的全功率运行。

在 J-2X 试验中,试验人员还测试了使用选择性激光熔化(SLM)技术制造的零部件,这种技术可以使很多复杂零件一次成形,有效降低硬件的生产成本和生产时间,同时提高零部件质量。此外,J-2X 控制器研发和主燃烧室热点火试验也为芯级发动机RS-25 提供有益的借鉴。

(四)"探索"上面级

"探索"上面级可能用于 SLS 1B 型设计和 EM-2 任务。NASA从 2014 年开始考虑调整 SLS 第二次飞行任务 EM-2 的上面级,放弃 SLS 1 型中使用的过渡型低温上面级(ICPS),改用新的"探索"上面级(EUS)。EUS 长 18.3 米,氢箱直径 8.4 米,氧箱直径 5.5 米,最大推力为 1268 千牛,由 4 台 RL10C 发动机组成。该发动机是航空喷气·洛克达因公司在 RL10B 发动机基础上研制的,今年年底将在联合发射联盟公司(ULA)"宇宙神"5 火箭的飞行任务中进行试验,未来将用于"德尔它"4 和"宇宙神"5 火箭。

SLS 项目原计划在前两次飞行任务——2018 年 11 月的 EM-1无人飞行任务和 2021 年的 EM-2 首次载人飞行中都使用带有过渡型低温上面级的 SLS 1 型,但 2014 年 NASA 考虑研发带有 EUS 的SLS 1B 型火箭,用于 EM-2 和 2023 年的 EM-3 任务。

更换上面级并不会影响 SLS 项目的整体进度,但将 ICPS 更换为 EUS 可能影响 EM-2 的载人任务,因为 NASA 安全办公室和宇航员办公室反对用新上面级执行载人任务。因此,2021 年的 EM-2任务将可能是一次无人试验飞行。而 SLS 的首次载人飞行将推迟至 2023 年的 EM－3 任务。

据悉,NASA 还考虑 2020 年左右在 EM－1 和 EM－2 之间安插一次载货飞行,使用带有 EUS 上面级的 SLS 1B 型火箭发射 NASA 的外太阳系探测器——"木卫二快帆",此举目的是在 EM－2 任务和载人任务前对 EUS 进行飞行验证。但这一计划将压缩火箭的研发时间,执行 EM－2 和 EM－3 任务的火箭将分别被压缩 1~2 年的时间,而外太阳系探测器想在 2020 年发射前研制成功也更加困难,因此计划的可行性还需进一步考虑。

三、小结

(一) 节约成本,充分利用现有资源和能力

作为世界上推力最大的重型运载火箭,SLS 项目的最终目标是以最低成本和最高安全性与可靠性,实现近地轨道以外的载人航天飞行。为此,SLS 1 型火箭未采用任何新研制的发动机,而是充分利用现有航天飞机主发动机、"德尔它"4 上面级发动机和航天飞机固体助推器组件,"土星"5 火箭 J－2 发动机技术成果应用于 SLS 2 型低温上面级,这使得 SLS 项目短期成本最低,研制时间最短,向新构型转换的风险最低。

动力系统的试验和生产设施设备也通过一定规模的改造和改装,达到重复使用、降低成本的目的。如改造斯坦尼斯航天中心的 A－1、B－2 试验台,进行发动机的试验。

(二) 科学试验,确保安全性和可靠性

SLS 重型运载火箭的起飞质量约在 2600~3200 吨,近地轨道运载能力至少是航天飞机的 2.5 倍。因此,虽然 SLS 继承了大批成熟的硬件和设施,但 NASA 依然花费大量精力,对动力系统关键组件进行改进和热点火试验,以确保其适应 SLS 的大推力要求。芯级 RS－25 发动机在航天飞机 135 次任务成功率达到 100%,改进后 NASA 对其进行了 2 轮 17 次单机热试车和一系列 4 发动机联合热

试车;五段式固体助推器则进行了三次验证发动机热试车和两次鉴定发动机热试车;演进构型上面级 J-2X 发动机则进行了从组件到组件包到整机的数百次试验。通过科学的试验,对改进后的各动力系统进行充分的了解和验证,以适应 SLS 大推力的要求,确保飞行任务的安全性和可靠性。

(三) 保证进度,提前进行先进构型研发

不同于 SLS 1 型的五段式固体火箭助推器和过渡型低温上面级,SLS 演进构型(含 SLS 1B 型和 SLS 2 型)将采用先进助推器和 J-2X 上面级。为了寻找动力更强大的先进助推器,NASA 开展先进助推器工程验证和风险降低(ABEDRR)项目,在五段式固体火箭助推器不能满足后两种构型要求的情况下,及早开始先进助推器的前期论证和研制,对先进助推器方案进行了研究。J-2X 作为 SLS 2 型的上面级发动机,也及早进行了改进后的动力包和整机热点火试验,确保性能符合 SLS 的性能、可靠性和成本可承受性需求。

(北京航天长征科技信息研究所)

对"猎鹰"9火箭成功回收的初步分析

摘要:2015年,"猎鹰"9火箭一级回收试验成功,这是运载火箭重复使用技术上一个重要里程碑。本文详述了此次发射任务及回收试验的过程,将"猎鹰"9火箭回收与"新谢帕德"火箭回收试验进行了对比,分析了"猎鹰"火箭未来重复使用的发展方向,并提出了几点看法。

美国东部时间2015年12月21日,美国SpaceX公司"猎鹰"9火箭从卡拉维拉尔角发射将11颗小卫星成功送入轨道,同时顺利实现火箭一级的完整垂直回收。这不仅是6月28日发生爆炸后"猎鹰"9火箭的首次复飞,同时也是人类第一次完整地回收执行轨道发射任务的火箭,标志着火箭重复使用技术发展的巨大进步。

一、任务概况

"猎鹰"9火箭于美国东部时间21日20时28分起飞,其主要任务是将Orbcomm公司的11颗小型通信卫星(每颗重约172千克)送入660千米×620千米、倾角47度的近圆轨道,同时进行火箭一级的回收试验。火箭发射后9分40秒后,火箭一级顺利降落在预定的着陆场;火箭发射20分钟后,11颗卫星被成功送入预定轨道。

(一)任务目标
本次发射实现了预定的多个任务目标:

一是"猎鹰"9火箭复飞。自6月发射失败后,SpaceX公司一直在进行事故调查与整改。此次"猎鹰"9 火箭成功复飞,标志着其已完成问题归零,将重新开始承担发射任务。

二是实现火箭一级的地面着陆回收。之前"猎鹰"9 火箭一直进行的是海上回收试验,此次是首次陆上回收试验,其技术难度更大。SpaceX 公司从美空军租赁了卡纳维拉尔角已退役的发射场,即发射综合设施 -13,将其作为着陆场并重新命名为着陆场 -1。

三是验证升级版火箭的性能。此次使用的是"猎鹰"9 - 1.2 型火箭,对之前的"猎鹰"9 - 1.1 型进行了多处改进,其性能更强,确保了此次回收试验的成功。

四是完成上面级发动机再点火试验。卫星从火箭上面级分离后,上面级"默林"1D 真空发动机按程序将再次重启,为未来需要多次点火的任务,进行技术演示验证。

(二) 回收过程

火箭一级在约 90 千米的高度与二级分离,分离速度为马赫数 10;一级采用冷气推力器进行姿态控制,使一级摆脱二级的尾焰羽流,并使火箭向着陆场方向飞行,随后一级滑行至 140 千米的最高点。

在发射后 4 分 30 秒,一级发动机重新点火,降低火箭速度,并控制其纵程(飞行器和着陆点连线在地面上的投影),瞄准着陆点。这一次点火持续时间需要根据距离着陆地点的距离和推进剂余量而变化。

进入大气层后,一级 9 台发动机的 3 台将进行第二次点火,持续时间大约 20 秒,点火高度约为 70 千米,可将火箭速度从 1300 米/秒降至 250 米/秒。再入开始阶段,火箭一级会用 4 个格栅舵进行滚转、俯仰和偏航控制,保持一级的滚转稳定和偏航稳定。

在着陆之前,火箭一级的中心发动机进行最后一次点火,将一级速度降至 2 米/秒。在着陆前 10 秒,火箭一级着陆支架展开,完成最后的着陆动作。

二、火箭的相关情况

SpaceX 公司研制的"猎鹰"9 火箭于 2010 年 6 月首飞,迄今为止共执行 20 次发射任务,18 次成功、1 次部分成功、1 次失败。"猎鹰"9 火箭目前有 1.0、1.1 和 1.2 等 3 种型号,此次任务是"猎鹰"9 – 1.2 型火箭(参数见表 1)的首次发射。

表 1 "猎鹰"9 – 1.2 型火箭参数

全长/米	70	
直径/米	3.66	
级数	2	
起飞质量/吨	541.3	
起飞推力/千牛	6806	
LEO 运载能力/吨	13.15	
GTO 运载能力/吨	4.85	
	一子级	二子级
长度/米	41.2(不包括级间段)	14.3
直径/米	3.66	3.66
发动机	"隼"1 – D	"隼"1 – D 真空
推力	756 千牛 ×9(海平面) 825 千牛 ×9(真空)	935 千牛(真空)
推进剂质量/吨	409.5	103.5

(一)火箭的主要改进

与此前的 1.1 型相比,"猎鹰"9 – 1.2 火箭长度增加到 70 米(1.1 型是 68.4 米),主要改进了火箭发动机和多级分离系统,并使用温度更低、密度更大的燃料,使火箭推力提升约 33%。升级后,火箭可将更重的卫星送至地球同步转移轨道,并仍留有足够的推进剂进行地面回收。

(1)发动机具有更高的推力。改进后,一级的"默林"1D 发动机最大海平面推力达到 756 千牛,真空推力达到 825 千牛,比初始型提升 16%。二级的"默林"1D 真空发动机采用了更大的喷管,使其真空推力达到了 935 千牛,比初始型增加了 17%。

(2) 推进剂采用更低温加注,以装入更多的燃料。由于提高了推力,需要增加推进剂,而为了不改变一级尺寸,SpaceX 公司采取了提高推进剂密度的方法增加推进剂的加注量。在加注时,液氧温度降到了 -207℃,低于液氧沸点 -183℃,以提高液氧的密度,进而提高了加注量,适应了发动机推力的提升。煤油(RP-1)的温度从室温降至 -7℃,在黏度不影响燃料特性的前提下,将其密度提高 2.5% ~4%。

(3) 火箭一级和二级之间的级间连接进行了改进,以容纳"默林"1D 真空发动机的加长喷嘴;并加装一个中心推杆,以辅助级间分离。此外,火箭一级的箭体、底座、着陆支架与格栅舵均有不同程度的改进,可靠性更高。

(二) 与"新谢帕德"火箭回收的对比

当地时间 11 月 23 日,蓝色起源公司在进行"新谢帕德"航天器(包括助推火箭和无人太空舱两部分)发射试验时,成功回收助推火箭,成为全球第一家将火箭发射至"卡门线"(高度约 100 千米)后又完好无损地返回地面的公司。尽管都是采用垂直反推"软着陆"方式进行火箭回收,但由于"猎鹰"9 火箭是为了将载荷送入轨道,而"新谢帕德"只是将太空舱送入亚轨道,通过自由下落获得数分钟失重以用于太空旅游或科学实验,因此"猎鹰"9 火箭实现回收的技术更加复杂,其实现难度要远远大于"新谢帕德"火箭。

首先,与"新谢帕德"助推火箭相比,"猎鹰"9 火箭结构相对复杂、起飞质量重。"猎鹰"9 火箭一子级采用 9 台火箭发动机,并安装有冷气姿控系统,发动机需要相互配合、协调工作。而"新谢帕德"只有 1 台火箭发动机,整体结构相对简单。

其次,两者直径类似,但"新谢帕德"火箭的长度远远小于"猎鹰"9火箭,"猎鹰"9火箭的长径比较大,加之质量也远远大于"新谢帕德"火箭。因此,无论是姿态控制还是着陆,"矮粗"的"新谢帕德"火箭肯定比"细长"的"猎鹰"9面临的难度小,所需的控制措施也较简单、更易于实现。

最后,从飞行弹道看,"新谢帕德"火箭只是垂直上升并下降,类似"二踢脚",火箭几乎没有水平方向的运动,姿态近似垂直。而"猎鹰"9火箭为了将载荷送入轨道,不仅有水平方向的运动还有向回飞的阶段,而且火箭的姿态也是近水平的,姿态控制要求更高。

"新谢帕德"火箭的姿态控制依靠环形翼、楔形鳍等被动措施就可轻松完成;而"猎鹰"9则需要依靠格栅舵等被动措施和冷气姿态控制系统等主动措施相互配合使火箭转向以及保持火箭垂直状态。"新谢帕德"火箭利用顶部制动板就可有效降低下降速度,其发动机只需要点火一次就可实现着陆;而"猎鹰"9火箭为降低下降速度、实现着陆需要发动机点火3次,且每次点火的发动机数量也不同,对发动机重新点火和矢量姿态控制要求很高。

（三）未来发展

在首次成功进行火箭一级回收之后,SpaceX公司将朝着实现火箭低成本重复使用的目标前进,继续验证火箭一级的回收技术,同时力争实现重型火箭的助推器甚至是火箭二级的回收并重复使用。

一是对回收火箭一级进行检测确保其可重复使用。火箭一级成功回收后,将运回卡纳维拉尔角的发射场,进行静态点火测试,验证火箭各部分系统仍然可靠,据此评估能否再次发射。

二是继续进行"猎鹰"9火箭回收技术的验证。SpaceX公司已于2016年1月执行地球同步轨道发射任务中,再次进行火箭一级的回收试验。考虑到SpaceX公司一贯将发射任务与进行试验并举,因此在未来的发射任务中,SpaceX公司将利用一切机会进行火箭的回收试验,以充分验证火箭的回收技术。

三是未来将实现"猎鹰"重型火箭的助推器的回收。目前

SpaceX 公司正在研发"猎鹰"重型火箭（在火箭一级捆绑 2 个助推器），将于 2016 年进行首次发射，预计将同时进行助推级和一级的回收试验。除外，"猎鹰"9 火箭还在研究火箭二级的受控再入和着陆，并计划最终实现二级的重复使用。

三、几点看法

"猎鹰"9 火箭一级回收试验的成功，不仅是运载火箭重复使用技术上一个里程碑，还可能彻底开创世界航天廉价发射的新时代。但同时也要清醒认识到，火箭回收只是火箭重复使用的第一步，能否真正实现重复使用还有较长的路要走，而要证实这种复用方式的经济性更是十分遥远。

（一）火箭重复使用或将极大降低发射成本

理论上说，火箭的燃料费用仅仅是火箭成本的一个零头，火箭的箭体、发动机、导航制导控制等设备，占去了火箭成本的绝大部分。火箭之所以昂贵，只使用一次是最根本的原因，如果让火箭可重复使用，就可能大幅降低发射成本。SpaceX 公司总裁马斯克公开表示，"猎鹰"9 发射报价 6100 万美元，而使用的火箭燃料不过才 20 多万美元而已，一旦实现火箭重复使用，其发射成本可以降低至 600 万美元甚至更低。极低的发射成本将使得昂贵的航天活动从此走向平民化，为未来的火星探索奠定基础。随着火箭发射费用的大幅下降，势必将带动火箭与卫星研发观念的创新，继而将有可能改变世界航天发展的局面。

（二）此次试验成功并不表明火箭重复使用时代的到来

首先，一次试验成功并不表明该回收技术已经充分成熟。在此次试验之前，SpaceX 公司已经进行过数次"猎鹰"9 火箭的回收试验，但无一成功。这说明目前使用的回收技术还未充分成熟。在经过多次成功试验之前，该技术的可靠性还有待考证。

其次,垂直返回方式运载能力损失较大。垂直返回运载火箭子级在分离时,贮箱中需保留一定推进剂用于返回过程发动机点火减速,由于火箭每一子级的推进剂都没有完全使用,运载能力下降较大;垂直返回时,子级需要加装制导系统、贮箱推进剂管理系统、热防护系统,也会对运载能力有一定影响。分析表明,类似"猎鹰"9的垂直回收方式,运载能力下降在40%以上。

最后,回收成功并不代表一定可实现低成本的重复使用。即便回收成功,经过大过载的发射震动以及高空高速侧风的冲击,火箭本身的结构是否会遭到损害,其可靠性能否支撑再次使用还有待考证。尤其是如果进行载人航天发射,航天员的安全将至关重要,毕竟其价值要远远高于一枚火箭。而且,能够重复使用不代表能大幅降低发射费用。华盛顿大学航天政策研究所创始人约翰·劳格斯登称,低成本重复使用的关键是快速的周转时间和低的整修费用。如果整修费用过高,那么即使能够重复使用,其高成本也无法接受。航天飞机也是可以重复使用的运载器,但由于高昂的发射及维护费用以及较低的可靠性,可重复使用的航天飞机最终还是被放弃。

(三)可重复使用运载器技术应遵循渐进式发展道路

除火箭动力垂直起降方式外,国外目前还在开展火箭动力升力式水平返回两级入轨、组合动力单级入轨等多种可重复使用运载器技术探索。主要国家在研制过程中都强调技术的可实现性,采取分步实施、重点突破的方式降低研制风险。火箭发动机技术相对成熟,因此近期重点发展火箭动力的多级入轨部分重复使用运载器,逐步增加技术储备。随着推进技术的发展,将逐步从火箭动力到吸气式组合动力、从部分重复使用到完全重复使用,从多级入轨到单级入轨,循序渐进地推动重复使用运载器技术的发展,最终实现单级入轨、水平起飞和水平降落的可重复使用运载器。

(中国国防科技信息中心　北京航天长征科技信息研究所)

NASA 国际空间站运营航天员训练的组织与管理发展研究

摘要:国际空间站在轨运行十余年,NASA 积累了大量航天员训练组织与管理的经验,并发展了很多新的训练方法和手段。航天飞机退役后,为了适应有限的运载要求,NASA 对国际空间站航天员训练的组织与管理进行了调整。本文综述了 NASA 空间站训练管理机构和流程,并对航天员训练组织管理方法进行了分析,包括岗位人员设置、具体训练项目开展的策划组织,期望能够给相关领导、专家和研究人员提供借鉴。

根据 NASA 的载人航天飞行战略需求,计划将国际空间站(ISS)运行到至少 2024 年,这意味着至少在下一个 10 年,必须训练航天员安全地进行 ISS 及其系统的操作。

与短期飞行相比,ISS 运营训练的时间延长到至少 2.5 年,并引出了许多复杂的新问题。航天员不仅仅需要熟悉 ISS 美国设备,还要熟悉俄罗斯、欧洲、日本舱段及设备。需要了解"联盟"和"进步"飞船、日本 HTV、欧洲 ATV 再补给飞船的相关知识,以及商业运输系统。必须精通使用空间站软件、执行出舱活动、操作空间站机械臂,以及大量其他任务。此外,航天员训练不关注集中的、有限持续时间、具有清晰明确的技能的任务,而是需要具备在太空长期居住的知识和技能,对可能发生的意外做出反应(维修而不是返回地球),并执行一系列科学实验。这些新的要求,势必会增加航天员训练的复杂性,并对组织管理提出更多的要求。

一、国际空间站航天员训练组织运作流程分析

(一)训练组织管理机构及航天员规模发展

NASA 的航天员大队,由现役的、符合飞行条件的航天员组成,并由航天员办公室管理,该组织设在约翰逊航天员中心的飞行乘组运管理事会(FCOD)。FCOD 的管理者们决定可以满足 ISS 美国在轨舱段乘组需求的航天员大队规模(见图1)。

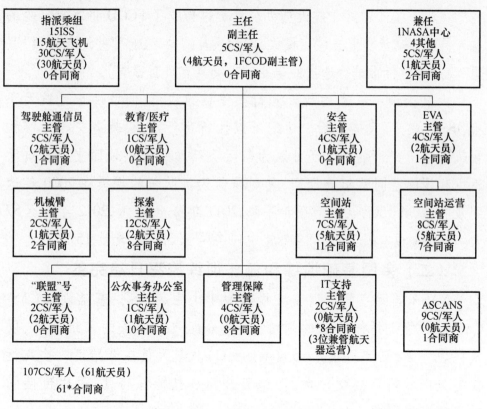

图1 航天员办公室组织结构

(注:CS—地方行政人员)

航天员办公室有 12 个部门,由首席航天员和副首席总负责。其中,8 个部门是直接进行飞行保障的(包括驾驶舱通信员、安全保障、出舱活动、机器人技术、探索、空间站、空间站运营、"联盟"飞

船）。还有额外的没有航天员编制的保障小组（教育/医疗、公众露面办公室、行政保障和 IT 保障）。

NASA 已经经历了多次人员缩减的状况。自 2000 年以来已经缩减了超过 50%，并且预计还要进一步缩减。乘组成员的规模进一步限制了分配航天员参与 ISS 飞行的灵活性。1995 年航天飞机"和平"计划启动时，"联盟"飞船限制了 NASA 航天员乘组的分配，尽管"联盟"飞船进行了一些修改减轻身材限制，但是还是有一些航天员身材太高大，一些又过于矮小。航天飞机任务之后，这些航天员没有未来的飞行机会，他们已经或正在计划离开航天员办公室。这影响了 FCOD 将富有经验的航天员和新航天员混合编组模式，增加人员缩减率，对那些没有按照"联盟"飞船身材标准进行选拔的职业航天员具有负面影响。

大队由训练有素的航天飞行操作员组成，他们曾参与过航天飞机、ISS、"联盟"飞船飞行。他们可以执行飞行作业、轨道交会对接和在轨科学研究。航天员还可以为航天飞行运营提供地面支持。航天飞机和国际空间站组建期间，其现役航天员队伍的规模在 2000 年达到最高峰，共 150 人，之后逐年下降，2011 年降至 61 人，2012 年降至 57 人。NASA 现有航天员 52 名（其中任务专家 33 名，女性 15 名）。

（二）多国基础训练和任务训练流程日趋完善

NASA 国际空间站训练流程归为 4 个主要类别：基础训练（AS-CAN）、分配飞行任务前的训练、已经分配飞行任务的乘组训练、以及在轨训练，训练持续 5～6 年（见图 2）。航天员在开始第二次飞行任务分配之前要接受评估，测试其知识和技能保持度，而后再接受适当的复习课程。

对已经分配飞行任务的乘组训练来说，使用两个训练流程，并以航天员的经验为基础；他们通常需要 2.5 年来完成。最后，一旦进入空间站，就可以进行在轨训练，对无法预测的乘组任务，进行各种熟练程度指导和知识复习。训练小组指导的空间站训练，将以乘组经验和任务控制中心输入为基础最终决定训练内容。

ASCAN——1.5~2年			
介绍： ♦ NASA航天史 ♦ 地质学/地球观测 ♦ 空间生命科学 ♦ 中心访问 ♦ 人的行为 ♦ 基础科学	ISS系统	T-38	远征探险： ♦ 全国户外领导能力研讨会（NOLS） ♦ 航天飞行资源管理 (SFRM)
	EVA ASCAN	俄罗斯	
	机械臂介绍	救生	
指派飞行任务之前——0.5~1年			
EVA技能	远征探险/人的行为： ♦ NOLS ♦ NASA极端环境任务实施 (NEEMO) ♦ 南极		机械臂技能
俄罗斯			T-38
指派飞行任务后训练——2.5年			
ISS核心系统	ISS应急	EVA	机械臂
医疗	访问航天器	俄罗斯	有效载荷
"联盟"号	"哥伦布"舱	日本实验舱 (JEM)	飞行中维护 (IFM)
在轨6个月			
ISS应急	机械臂	有效载荷	EVA

图2　国际空间站航天员候选人训练直至飞行乘组训练

在为期2.5年的任务训练期间，前2年的训练关注一般性技术训练，最后6个月则关注任务特定训练。乘组成员将花费占2.5年训练时间的55%～65%在俄罗斯、德国、日本和加拿大训练（见图3）。国际空间站的训练是由多国控制委员会（NASA和俄航天局共同主管）以及航天飞行训练管理办公室负责管理的。

图3　国际空间站2.5年训练地点安排

二、空间站运营航天员训练组织管理方法分析

（一）设置科学合理的航天员岗位

被指派到飞行乘组之后，除了参加自己的考察团训练之外，在休斯顿的航天员大队成员还要支持ISS运营（见图4）。他们为自己

的在轨同事提供乘组支持,并担任任务控制中心的驾驶舱通信员。航天员还进行出舱活动、机械臂、ISS 舱内使用的应急程序的发展及验证;担任航天员教员;进行硬件设备安装检查;评审 ISS 实验训练;监测货物轨道运输服务;支持国际货物飞船运载实施;参加 NASA 和商业乘组探索飞船的开发。

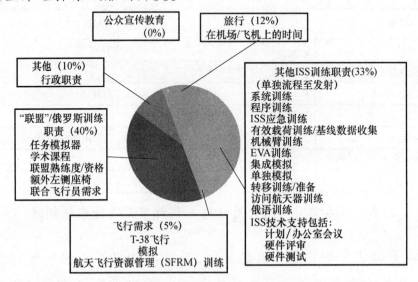

图4 在2.5年训练期的课程内,"联盟"首席飞行
工程师的工作时间分配

对于没有被指派飞行任务的航天员来说,他们需要为当前和未来的任务提供重要的支持(见图5),航天员办公室为他们设置了计划性保障岗位职责。还有一些保障岗位是"管理航天员",这些是以前的航天员,已经不符合飞行任务条件,但有可能担任指导员。

(二) 建立了科学的人员配置规则

FCOD 通过使用考虑到计划需求、分配限制、选拔比例和缩减的分析模型,预测了航天员大队需要的人数以及新雇员的需要。大约 2004 年引入了该模型,并试图应用比以前在确定航天员大队所需成员人数时使用的标准更为严格的标准。FCOD 每年作为其预算活动的一部分,都要进行一次分析。模型输出的结果,被称为"参加任务最少人员配置需求",并根据航天飞行计划需求进行计算,而且这是

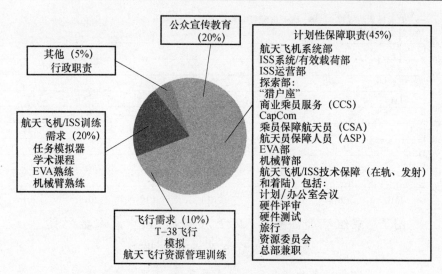

图 5　未分配飞行的航天员时间分布

5 年分配轮换计划。

　　模型首先计算飞后再适应航天员数量、在轨航天员数量、以及计划参加下一个 5 年航天任务航天员数量之和。输出量是乘组参加任务人员配置分析,显示的是每年度需要的航天员数量。需要注意的是,模型是由参加任务人员配置需求驱动的,而不是航天员完成的其他任务,例如计划性的保障职责。为了考虑到没有被分配任务的航天员,以及一些限制条件(例如期望达到的乘组技能混合、临时的飞行医疗资格再认证、所需的经验混合),FCOD 增加了乘组的参加任务人员配置分析因素的25%。调整过的输出结果被称为"参加任务最少人员配置需求"(MMR)(见图6、图7)。

图 6　乘组参加任务最少总人数配置需求规则

　　复杂的人员分析也具有发展变化的因素,比如出现 ISS 商业乘组飞行、考察团驻留的时间从当前的 6 个月减少到 4 个月、2012 年雇佣新候选人梯队的计划搁浅。根据航天员办公室计划,2013 年选

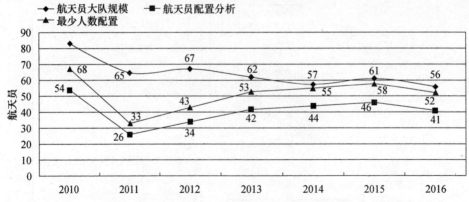

图7 乘组参加任务总人数配置分析、最少总人数配置
需求以及航天员大队规模

(注:乘组当年参加任务最少总人数需求,需要考虑医学问题、
任务需要的技能、人员缩减、不连续/间接的分配)

拔了8人,2014年以后的选拔将取决于ISS运营是否超过2020年,以及未来计划的进度。FCOD管理者报告,将稳定输入少量新航天员候选人,这些候选人将需要新精英型人才、满足专业技能需要,并减少航天员大队的平均年龄。

(三)加强分项训练的策划和管理

1. 加强训练组织策划

根据任务需要,ISS对空间站训练具体分项科目和内容进行策划和时间安排,比如有效载荷训练的计划、准备和执行是由有效载荷制定时间手册和乘组时间可利用性所决定的。有效载荷训练一般在长期考察组任务开始之前18~4个月之间(I-18到I-4)进行。重复飞行的有效载荷在较早期进行训练,而新的设备级有效载荷和次级机架有效载荷则分别在乘组入轨之前的10或8个月进行(I-10和I-8)。在用于训练之前,交错排列的方法可以让新的有效载荷的操作达到充分的成熟度。有效载荷训练的总时间表模式如图8所示。

NASA有效载荷策划小组负责制定有效载荷训练目标和需求。使用小组协作的方法,过程中允许来自各种负责训练的人员小组的输入,其中包括训练管理、课程开发、训练模拟器开发、训练交付、训

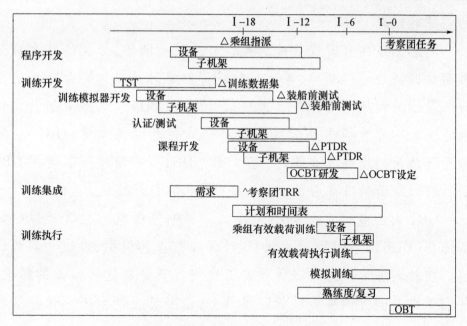

图8 乘组有效载荷训练模式

练参与、训练保障、模拟计划和执行,或者是训练执行管理人员。策划小组成员包括马歇尔航天飞行中心(MSFC)训练人员、约翰逊航天中心(JSC)训练人员、训练设施技术人员、乘组程序和演示人员、有效载荷开发商(PD)代表、乘组代表和计划办公室人员。充分利用小组广泛的知识基础,可以为每个有效载荷或实验提供完整的训练策略。包括训练目标、媒体和工具、训练地点和时间框架需求。TST 在有效载荷开发寿命周期时就较早地开展工作,并随着有效载荷成熟度水平的不断提高而调整其策略。需要比较早的进行策划程序,当乘组能够开始训练时保证训练的就绪程度。

2. 研发训练管理和在轨训练系统

由于需要尽量高效地满足训练目标的持续压力,乘组训练时间总是被超额安排。NASA 目前研发了一个总体乘组训练预算模板,包括对有效载荷训练的分配。已经成功地使用了一种"有效载荷训练周"方法和"需要了解"指导方针,使得乘组训练时间能够被更有效利用。这些活动改善了训练计划程序,并能够得到一个更为稳定的训练时间表。

随着更多的有效载荷被加入到有效载荷清单,分配给每个有效载荷的时间数量将减少,导致有效载荷训练时间成为更为宝贵的资源。较少的训练时间需要有效载荷开发商(PD)为训练乘组开发替换方法。一些替换方法包括自学手册和在轨训练系统(OBT)。当地面训练时间没有或有限时,可以使用 OBT。乘组还可以使用 OBT 进行有效载荷特殊部分的复习,例如特殊的科研技能。

OBT 内还包含众多类型的媒体。其中包括基于在轨计算机的训练器(OCBT)、视频/照片课程、硬件模拟器和模型、操作和实践训练。在轨训练工作组和课件开发工作组负责开发这些媒体的标准,他们都隶属国际训练控制管理委员会,该委员会是由国际伙伴国和 NASA 代表组成的。

3. 实施国际训练联合管理机制

对国际空间站(ISS)舱内应急事件的成功反应,需要在轨 6 位乘组成员与位于美国休斯顿和亨茨维尔、俄罗斯莫斯科、加拿大蒙特利尔、日本筑波、德国慕尼黑的任务控制中心(MCC)的协作。根据事故或灾难发生的部位,休斯顿或莫斯科将指挥灾难反应的协调工作。每个控制中心都将与乘组或指挥控制中心配合,在有关舱段采取补救或预防性行动。

ISS 计划中每个参与国都有训练本国拥有舱段内硬件设备和执行运营的职责,NASA 则负责提供综合训练。对于应急反应这样的综合的运营行动来说,因此 NASA 有责任为这些状况提供综合的"端对端"训练。为了消除不必要的内容重复,需要对应急反应训练进行分析,由此产生的训练技能和知识,在所有相关 ISS 伙伴国之间共同使用。由于团队工作特性以及对危急状况成功反应需要协同技能,因此需要分析训练程序,并付出很多努力来克服所有伙伴国之间语言和文化的差异。

训练实施管理方面,NASA 分析了应急反应的乘组预期,并对乘组进行一系列可以在任何应急状况下采取的通用应急行动训练。根据应急状况的类型和程度,设定相匹配的反应程序,设定每个乘组成员的岗位职责。此外,具体训练实施,分为个人训练、团队训练和在轨训练。期间,针对个人训练和团队训练都使用了科学评估方法,其中对团队评估的内容包括团队绩效、个人绩效、沟通能力、决策制定、技术知识和资源管理。

4. 建立了 ADDIE 课程设计模式

NASA 当前使用 ADDIE 模式——分析、设计、开发、执行和评估,来制定所有的航天员课程。NASA 使用"开发一门课程"(DACUM)方法,为所有的航天员的角色和职责进行功能分析(见图9)。随后对每个岗位进行了训练所需的详细分析,为每个岗位确定训练需求,并结合正式和非正式的训练来完成资格认证,其中包括教科书课程、导师讨论会、在职训练、在线训练、微型模拟和常规课程。训练需求分析,从以任务为基础转变为以技能为基础。ADDIE 模式目前是以所有乘组和任务控制员训练为基础的。基于任务的训练仍然被用来选择关键的、与安全相关的或对时间敏感的任务。

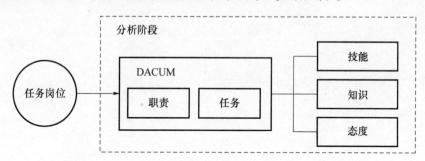

图9　使用 DACUM 方法进行功能分析的过程

三、结束语

随着未来国际空间站计划和深空探索计划的需要,NASA 航天员训练管理的目标,将有很大一部分投入到满足商业运输和深空探索乘组训练方面,这些都需要根据任务需要不断调整和完善训练组织和管理方法,加强新管理系统和工具的研发和应用,为更长期航天任务输送符合需要的乘组和完成各项支持保障任务。

我们国家已经建立了科学完善的中短期航天员训练管理组织和管理机制,形成了别具特色的航天员训练方法和手段,能够保障空间站前期建造任务的完成。随着我国空间站进入全面运营阶段,需要制定适合满足长期任务需要的训练制度和方法,研发相关的管理程序和系统,建立新的综合管理组织体系,使得航天员队伍能够科学发展,为更长期航天飞行任务做好储备。

（中国航天员科研训练中心）

国际空间站科研活动效益浅析

摘要: 随着国际空间站于2011年基本全面建成,应用已经从建造阶段时的"配角"变为"主角"。本文将重点分析国际空间站科研活动的应用效益,甄选具有代表性的重点案例开展综合分析,为我国空间站应用规划提供借鉴和参考。

国际空间站是一个拥有现代化科研设备,可开展大规模、多学科的基础和应用科学研究的空间实验室,经过10余年的在轨运行,丰富多样的科研活动已经产生大量研究成果,应用效益逐渐显现。与之相似,我国空间站在论证时期就着重强调了空间站的应用价值。中国载人航天工程总设计师王永志曾明确指出:造船必建站,建站为应用,也就是说研制、发射飞船的目的是瞄准最终建成能够开展大量科学实验和空间应用的空间站。本文将国际空间站科研活动的效益分为重大科学发现、服务国家民生以及使能未来探索3个主题,依此甄选具有代表性的重点案例,开展综合分析,全面展现国际空间站科研活动所产生的各种效益。

一、国际空间站科研活动及主要成果概况

国际空间站的组装建设始于1998年,初期工作主要集中在空间站建设方面;在2009年实现可支持6人长期驻站,大幅增加了航天员可用于科学研究的时间;2011年基本完成建设,目前国际空间站已经全面进入应用阶段。

国际空间站上目前主要开展以下6个研究领域的科学研究项

目:①人体研究,包括心血管和呼吸系统、神经和前庭系统、综合生理学及营养、骨骼与肌肉生理学、人类行为和绩效、免疫系统、航天员医疗系统、辐射对人体影响、宜居性和人因研究、视觉、人体微生物组研究等。②生物学和生物技术,包括动物生物学、植物生物学、微生物学、大分子晶体生长、细胞生物学、疫苗开发等。③物理和材料科学,包括燃烧科学、复杂流体、流体物理、材料科学、基础物理等。④技术开发与验证,包括辐射环境监测、通信与导航、小卫星及控制技术、航天器系统及材料、成像技术和机器人技术等。⑤对地观测和空间科学,包括对地观测、太阳物理、天体物理、近地空间环境研究等。⑥教育活动和推广项目,包括学生开发的研究项目、教育竞赛、教室版本的国际空间站研究项目、教育示范和文化活动等。

截至 2015 年 11 月,根据 NASA 公布的数据,国际空间站长期考察任务组 0(2000 年 9 月—11 月)至长期考察任务组 43/44(2015 年 3 月—9 月)共开展了 902 项实验,各任务组开展的各研究领域的实验项数如图 1 所示,不难看出国际空间站在应用规模上的大幅扩展。

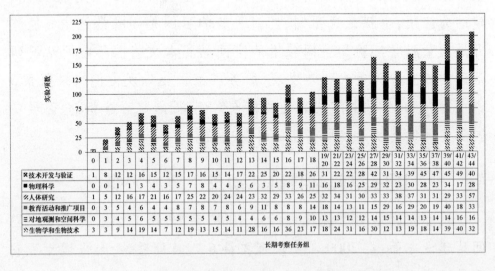

	0	1	2	3	4	5	6	7	8	9	10	11	12	13	14	15	16	17	18	19/20	21/22	23/24	25/26	27/28	29/30	31/32	33/34	35/36	37/38	39/40	41/42	43/44
技术开发与验证	1	8	12	12	16	15	12	15	17	16	14	17	22	25	20	22	18	26	31	42	31	34	39	45	47	45	49					
物理科学	0	0	1	1	3	4	3	5	7	8	4	5	6	3	5	8	9	11	16	18	16	25	32	23	30	34	17	28				
人体研究	1	5	12	16	17	21	16	17	25	22	20	24	24	23	32	29	33	26	25	32	34	31	31	33	38	37	31	31	29	33	57	
教育活动和推广项目	0	3	5	4	6	4	4	4	5	7	5	5	6	6	11	8	14	13	11	15	16	29	20	19	40	18	33					
对地观测和空间科学	0	3	4	5	6	5	5	4	5	4	5			13	12	15	14	16	20	16	16											
生物学和生物技术	3	3	9	14	19	14	12	19	14	17	18	16	16	36	23	17	28	21	13	16	16	19	39	40	32							

图 1 国际空间站长期考察任务组 0 – 43/44
开展的 6 大研究领域实验情况

根据 NASA 2015 年发布的《国际空间站应用统计信息》,截至 2014 年 9 月,参与国际空间站研究项目的国家已达 83 个;总上行质量共计 52742 千克、下行质量为 12743 千克,航天员活动时间达 23765 小时。

大规模的科研应用活动持续带来各类成果。据 NASA 统计,国际空间站的科研活动已产生 1131 篇期刊文章和 395 篇会议文章,期刊中不乏《自然》《科学》《美国国家科学院院刊》《物理评论快报》等世界顶级科学期刊。NASA 于 2013 年 9 月发布"国际空间站 10 大科学成就",其中既包含基础研究(如"阿尔法磁谱仪"),也包含目前处于基础研究阶段、未来有应用潜力的研究(如"冷焰"燃烧等),还包含已真正可利用并为人类带来益处的应用性研究(如微胶囊药物、脑部手术机器人助手等)。此外,自 2012 起召开的国际空间站研究和发展大会每年都会评选出国际空间站年度最佳研究成果,体现出国际空间站科研活动为科学、技术、产业持续带来广泛效益和潜在影响。

二、国际空间站科研活动产生的典型效益

(一) 以重大科学发现为导向的科研项目

"阿尔法磁谱仪"暗物质探测器是一项典型的以重大科学发现为导向的科研项目。耗资约 20 亿美元、重达 8.5 吨的"阿尔法磁谱仪"-2(AMS-02)是一台运行在国际空间站主桁架上的先进粒子物理探测器,旨在利用独特的空间环境、通过寻找反物质和暗物质来研究宇宙及其起源。AMS 项目吸引了 16 个国家的 56 家机构参与其中,从 1994 年的首次提出到最终发射历时 17 年。1998 年 6 月,"阿尔法磁谱仪"-1(AMS-01)曾在"发现"号航天飞机上进行了为期 10 天的飞行,获得了大量科学数据。此次实验虽然没有发现反物质和暗物质存在的证据,但证实了空间探测器概念的可行性。2011 年 5 月 16 日,美国"奋进"号航天飞机以运送 AMS-02 至

国际空间站完成其收官之作。迄今,AMS－02 已稳定运行 4 年多,追踪了超过 690 亿条宇宙射线,获得一批重要的科学发现。

暗物质是现代物理学中最重要的谜团之一,其在宇宙的物质能量组成中的比重超过 1/4。虽然它们可以通过观察其与可见物质的相互作用被间接观测到,但是目前还没有直接探测证据。人们正在通过天基实验(如 AMS),地面上的大型强子对撞机(LHC)以及一些深埋地下的实验来寻找它们。2013 年 4 月,AMS－02 国际团队公布了暗物质研究的首批研究成果,项目发言人、诺贝尔奖获得者丁肇中教授报告团队观测到宇宙射线流中存在过量的正电子。丁肇中称,作为迄今为止对宇宙射线正电子流最精确的测量,这些结果清晰地显示了 AMS－02 探测器的能力,AMS－02 是空间中首个测量精度达到 1% 的实验,这种精度将允许人们将正电子是来源于暗物质还是脉冲星区分开来。

根据美国 Thomson Reuters 科技集团的 Web of Science(简称 WOS)科学引文索引(SCI)数据库,对 AMS 任务共计检索到 516 篇期刊、会议和综述论文(检索日期:2016 年 1 月 20 日),从科技评价的角度来看,AMS 任务的科研论文产出已形成相当规模。从图 2 可以看出 AMS 任务产出论文规模(柱状)呈现稳定增长的态势,相应的引文规模(折线)在最近 3 年快速增长,体现出论文影响力的迅速上升。

深入分析发现,AMS 任务已经产出多篇极具影响力的高水平科研论文。AMS 任务的全部 516 篇论文中,有 9 篇被基本科学指标(ESI)数据库收录,其被引用的次数属于相关学术领域中最优秀的 1% 之列。9 篇高水平论文中有 1 篇被评为 ESI 热点论文,这篇 2014 年发表的论文被引用的次数是相关学术领域中最优秀的 0.1% 之列。在这 9 篇高水平论文中,德国和美国贡献最多,分别参与 8 篇论文。中国科学家参与了 5 篇论文,研究机构包括中国科学院、中国运载火箭技术研究院、中国科技大学、山东大学、上海交通大学、中山大学、东南大学、北京航空航天大学、北京师范大学、哈尔滨工业大学、西安交通大学等。

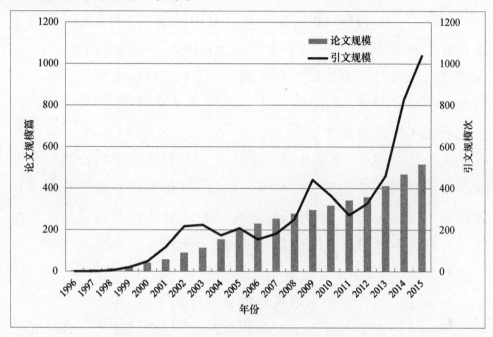

图 2　AMS 任务产出论文规模及引文规模随时间的变化

（二）为人类带来重大效益的科研项目

1. 人体健康

国际空间站开展了为数众多的人体健康研究实验,在了解空间对人体健康的影响的同时,也产生出造福地面的重要成果,如降低骨质流失的新方法、对细菌行为的新见解、创新的伤口愈合技术、远程医疗等。

基于国际空间站机械臂衍生的机器人医疗技术是人体健康领域的一个典型案例。由加拿大机械臂 Canadarm 衍生的 neuroArm 是世界首项可在磁共振设备中实施手术的机器人技术。neuroArm 的操作如同人手般灵巧,但更加精确,且不会颤动。neuroArm 采用与磁共振设备兼容的材料制造,不受设备磁场的影响,也不会干扰设备生成的图像。处于远程工作站的 neuroArm 操作者能够通过控制器获得触感,因此可以在手术过程中感触到设备与人体组织的界面,从而开展精准的手术。2008 年,利用 neuroArm 首次成功实施脑部肿瘤手术,此后还对 35 名常规无法手术的病人实施了手术。

2010 年,neuroArm 技术被授权给 IMRIS 公司,基于此开发更加复杂的下一代机器人手术平台系统 SYMBIS。利用 SYMBIS 系统,医生可以观看详细的三维大脑图像,通过手部控制器感触手术组织并施加压力。目前,美国食品药品管理局正在审查 SYMBIS 系统,一旦获批将实现商业化应用。

此外,基于航天飞机和国际空间站加拿大机械臂的计算机化起重和维护技术开发的影像引导自动机器人(IGAR)有望开展极其精准的微创乳腺癌治疗,未来还可能用于诊断和治疗其他癌症。加拿大卫生部已经批准 IGAR 自 2014 年 12 月起开始二期临床试验。

2. 对地观测与灾害响应

国际空间站为开展对地观测提供了理想平台,其外部暴露设施和内部空间可安装各种对地观测载荷,航天员的协助进一步强化了对地观测的能力,使之适用于开展全球气候、环境变化和自然灾害观测。

于 2009 年安装到国际空间站上的沿海海洋超光谱成像仪(HICO)作为国际空间站众多对地观测设备中的一个代表,在全球海岸地区环境监测方面发挥了重要价值。这一设计寿命仅为 1 年的设备稳定运行了近 5 年,利用超光谱成像技术从空间拍摄清晰的海岸环境图像,为全世界超过 50 家研究机构提供了宝贵数据,并产生众多成果。例如为美国国家海洋和大气管理局提供水深、水底类型、水质清澈度等水的光学特性信息;美国环境保护局利用 HICO 数据开发水质监测工具,公众可以通过手机程序查询水质信息;2011 年 9 月,利用 HICO 数据确定美国伊利湖发生可能威胁到数百万民众饮水安全的大规模微囊藻水华。HICO 最初由美国海军研究办公室资助开发和运行费用,在工作 3 年后,转由 NASA 支持运行并通过其网站公开全部数据。

3. 创新技术

国际空间站是验证未来用于空间的创新技术的绝佳平台,可提供长期微重力环境、与各种航天器系统互相作用以及航天员参与等各种有利条件,这些研究活动产生的新技术、新材料也为经济发展和提高人民生活质量带来诸多效益。

国际空间站机器人 Robonaut 是创新空间技术造福地面的一项典型案例。NASA 与美国国防部高级研究计划局合作开发的第一代 Robonaut 旨在开展复杂的舱外活动。此后,NASA 与通用汽车公司合作开发了在微重力环境下可使用航天员工具开展工作的 Robonaut 2(R2),目前正在国际空间站上服役。在二代机器人开发中产生的多项创新技术已取得 37 项专利,并在地面上发挥应用。例如,RoboGlove 是一种机器人手套,最初开发作为航天员的抓握辅助工具,未来有望用于汽车安全系统、制造业工人手套、工作航天服手套以及疾病康复等。NASA 与人类和机器认知研究所合作开发出旨在帮助空间中的航天员保持健康的 X1 机器人外骨骼,并在此基础上精简了 R2 的手臂技术,开发有望协助截瘫患者摆脱轮椅的束缚、可在各种地形上行走的外骨骼,其他相关研究还包括由脑信号控制的外骨骼等。

基于国际空间站环境控制和生保系统(ECLSS)开发的先进净水技术被用于欠发达缺水地区是空间技术造福地面的又一案例。水回收系统(WRS)是 ECLSS 的主要组件之一,负责水的净化和过滤,WSC 公司获得授权采用相关技术开发用于地面的水处理系统。此外,NASA 还曾开发出一种微生物单向阀,这种碘化树脂不需电力就可控制水中微生物的繁殖,并可向水中释放碘,为缺碘地区的人们提供重要的辅助营养。结合了微生物单向阀的 WSC 水处理系统在援助组织和 NASA 的技术帮助下,首次被用于伊拉克库尔德地区的村庄,此后还在印度、墨西哥、中美和南美以及巴基斯坦的一些偏远地区获得应用。基于 NASA 这一净水技术还开发出一种用于自然灾害、难民营、城市紧急状况以及偏远地区的救生包。

4. 全球教育

国际空间站在促进教育方面拥有独特的能力，驻站航天员通过开展丰富多样的教育活动有力地吸引和激励学生接受科学、技术、工程和数学(STEM)教育。作为一个形象的科普宣传推广平台，国际空间站增进了世界各地的学生、教师和普通民众对科学的认识和理解。从2000年到2012年，已有超过4200万名学生、280万名教师以及44个国家的25000余所学校参与到国际空间站开展的教育活动中。这些丰富多彩的教育活动和推广项目包括学生开发的研究项目、教育竞赛、教室版本的国际空间站研究项目、教育示范活动和文化活动等。

5. 空间经济发展

国际空间站正在催生近地轨道新经济的显现和发展。一方面，出现了一批向国际空间站的政府用户和其他潜在新用户推销独特的服务能力的商业公司。近年来蓬勃开展的国际空间站商业货运服务以及未来即将开展的商业载人运输服务被认为是最突出的NASA公私合作伙伴关系案例，是NASA理念的一次飞越。NanoRacks公司提供的国际空间站开放利用服务也非常新颖，任何人都可以通过购买使用NanoRacks公司开发的标准化立方体实验室和立方体卫星等小型载荷，在国际空间站上开展自己设计的实验。

另一种近地轨道新经济体现在越来越多商业公司投资在国际空间站上开展研究，借助独特的微重力环境开发新产品和新服务。例如宝洁公司开展胶体材料研究，开发均质性更好、保质期更长的产品；默克公司在国际空间站上生长更大的蛋白质晶体，用于开发单克隆抗体等。Amgen公司将小鼠送往国际空间站，研究骨保护素的效用，利用研究成果开发的新抗骨质疏松药物Prolia已经投入市场。

（三）使能未来探索的科研项目

国际空间站是未来载人深空探索的基石,在国际空间站开展的大多数科研项目都是直接着眼于服务这一目标的,例如各项人体研究实验致力于确保航天员在空间中更加健康地生活和高效地工作,技术开发和验证实验研究未来深空探索必需的环境生保、导航通信、舱内安全、辐射防护、机器人、航天器结构与材料等各项先进技术,生物学与生物技术实验研究如何在空间中生长蔬菜、了解空间中细菌致病性的变化等,物理科学实验研究微重力下火焰燃烧模式的改变和防火措施等。

近期,NASA 遴选出国际空间站当前正在开展的、最能助力未来载人火星探索的 10 项实验,分别是:测试在空间中制造零部件的"零重力下的 3D 打印技术验证"实验,探索如何在空间中更好生产食物的"Veggie 硬件验证测试"实验,研究最适于航天员的居住舱和环境的"国际空间站宜居性评估"实验,发现长期空间任务最需要哪种锻炼措施的"综合阻抗和有氧训练研究"实验,评估哪类食物最适合于开展长期空间任务的航天员的"航天员长期空间飞行的能量需求"实验,研究长期空间任务后的免疫反应的"验证航天员免疫功能的监测流程"实验,分析航天员的视觉如何受到长期空间飞行影响的"国际空间站航天员眼部健康的前瞻性观察研究"实验,探讨隔离和受限造成的心理影响的"与隔离和受限有关的行为问题:对航天员日志的审查与分析"实验,研究航天员功能绩效的"长期空间飞行后感觉运动功能的恢复"实验,以及"评估通信延迟对行为健康和绩效的影响:利用国际空间站进行的自主运行检查"实验。

三、结论与启示

国际空间站已经全面进入应用阶段,作为目前唯一在轨的大型、多学科空间研究平台,一方面推进实施对未来探索活动有显著推动作用的科研项目,一方面积极发展以重大科学发现和以服务国家社会民生为导向的研究活动,产出的成果和效益已经逐步显现、影响持续扩大。在我国空间站应用规划中,可借鉴参考国际空间站的经验和案例,统筹安排以重大科学发现、服务国家民生、使能未来探索三类应用效益为导向的科研项目,有针对性地设计谋划我国空间站的建设和应用。

（中国科学院文献情报中心）

NASA 综合业务网新进展

摘要:随着空间探索的发展,美国国家航空航天局(NASA)对通信网络的要求不再局限于数据传输速率的持续提升,对利用网络提供协作能力、实现数据共享的需要也日益强化,同时,对提升网络管理效率、改善网络安全的需要也更加迫切。2011 年,NASA 开始进行信息技术基础设施整合计划(I3P),作为该计划的重要组成部分,为 NASA 航天测控任务和日常管理活动提供通信支持的地面通信网,即 NASA 综合业务网(NISN)开始了新一轮的改进。NASA 此次改进主要是合并 NISN 的广域网和各中心局域网及业务,将它们改造成一个无缝的、端到端的网络,提供航天任务要求的协作能力,更好地服务于空间探索。

NASA 综合业务网(NISN)是连接 NASA 各中心、测控站以及相关机构的网络。NISN 的目标是为 NASA 任务控制、科学数据处理和 NASA 计划及设施的规划、管理提供高质量、可靠、保密、高效费比的通信系统和服务。2006 年,NASA 曾对 NISN 的业务与管理进行了评估,之后,由于 NASA 空间探索任务的需要、技术的发展、美国网络安全环境等各方面的因素,促使 NASA 对 NISN 进行了新一轮的改进,NISN 从网络的运营管理到网络性能都发生了较大变化。

一、发展历程

（一）雏形

NASA 自 1958 年开始组建航天测控网，最初，卫星跟踪与数据获取网、载人航天网和深空网都有各自的通信系统，对 NASA 而言，同时运行 3 个独立的通信系统成本太高，1963 年 7 月，NASA 开始协调共享通信系统，由此建立了 NASA 的专用通信网 NASCOM，这是将测控中心和测控站连接的中枢神经系统，是 NISN 的雏形。

（二）商业化运行

20 世纪 90 年代后期（1996 年），NASA 专用通信网设施上的通信业务向商业化转型，为此，将原有的包括 NASCOM 在内的多个地面网络整合，组建为 NISN，同时开始采用互联网协议（IP）提供服务。NISN 为 NASA 所有的企业、项目和中心提供商业化的数据、视频和音频广域网通信服务。

为了降低运营成本，1998 年 9 月，NASA 与洛克希德·马丁公司为首的小组签署综合航天运作合同（CSOC），通信业务商业化运营也包括在其中。2004 年 4 月，为期 5 年的综合合同终止，NASA 期望利用一个大合同替代多个小合同以降低成本提高效益的初衷没有实现，NISN 成为一个大量使用超期老旧设备的网络。

随后，NASA 重新就每个合同分别签订、管理，NISN 的运营管理与维护交由 AT&T 和 Qwest 公司负责，二者分别负责任务网与机构网的运行与维护。在 NISN 广域网中，任务网的带宽低于机构网，在技术上要滞后于机构网。此时，NISN 网络的性能及基础设施亟待改进。

2006 年，AT&T 维护下的任务网骨干网主要是多倍 T1（1.5 兆比特每秒）链路和一些 DS3（45 兆比特每秒）链路。任务网中存在许多老旧设备，为此，AT&T 在任务网中开展了任务操作话音增强（MOVE）项目，更换 NASA 各中心和站点的任务话音系统。同时，对任务网的交换设备进行免费升级,原因是相对于高昂的维护成本,置换具有更高的效费比。基于此,NASA 提出,在今后的服务合同中要确保关键设备的持续更新。此时的 NISN 任务网还支持一些传统协议,包括 4800 比特的 NASCOM 数据包,通常是压缩进 IP 包进行传输。保留对传统协议的支持可以提高网络的互操作性。约翰逊航天中心已经在进行从任务中消除 4800 比特 NASCOM 数据包的工作。

而 NISN 中的机构网正在由 Qwest 公司进行网络升级,到 2006 年底升级完成后,是一个达到吉比特每秒(Gbit/s)性能的光纤网。NISN 机构网服务于所有 NASA 中心的所有人员每天的日常通信活动,因此,其受控程度与任务网相比较低,但需面对一些突如其来的要求,由于其网络性能有限,定位所有位于马歇尔航天飞行中心的 E-mail 服务器的决定曾引起该中心的进出流量暴增,由于事前缺乏与 NISN 的协商,导致网络性能降级。

尽管在 AT&T 和 Qwest 公司接手时 NISN 网络存在诸多问题,但经过技术更新,以及在 2006 至 2010 年间部署 IP 话音(VoIP)业务和 IP 视频会议等新业务,替换掉陈旧、不可维护的系统,改进关键网络的可维护性和可靠性,优化网络连通性,优化网络带宽,网络建设还是取得了一定进展,能够为关键任务提供更可靠的服务。

(三)信息技术基础设施整合计划(I3P)

2011 年,NISN 划归 NASA 首席信息官办公室管理,成为 NASA 信息技术基础设施的有效构成部分。

同年,NASA 开展了信息技术基础设施整合计划(I3P),进行 I3P 计划有多方面的原因:①NASA 管理和预算办公室、NASA 项目分析和评估办公室各自独立进行的研究均表明,NASA 用于 IT 基础设施管理的组织机构超出平均水平,NASA 需要寻找更有效提供 IT 业务的方式,在局一级进行业务合并有助于获得规模经济;②新的航天任务(当时的"星座"计划,该计划后来取消,被其他计划所取代)在执行中要求 IT 基础设施在分布式工作模式(10 个 NASA 中心)下提供协作支持,各中心需要通过一个更强壮的一体化的网络来共享与"星座"计划有关的数据和应用,因此,需要一个项目来增加网络带宽、更换老旧设备、部署协作工具,以保障任务顺利实施;③既往事实表明,NASA 的 IT 安全问题与 IT 基础设施的设计、提供和管理关系密切,NASA 希望在控制系统接入、修补漏洞和弱点、监视/保护网络边界方面更加严格;④NASA 的几个大型 IT 合同期满;⑤NASA 需要执行总统国土安全指令 – 12(HSPD – 12),实施改进的身份、证书和接入管理,这需要在 NASA 的层面上执行和管理几个关键项目,从而能够使用智能卡进行有关系统的系统访问和认证。

这些原因可以简单归纳为:利用网络提供协作能力、实现数据共享的需要;提升网络管理效率、改善网络安全的需要。

因此,NASA 开展 I3P 计划的目标是"将 IT 业务迁移到更具效率的企业模型(如统一的网络操作中心),更好地支持 NASA 任务的协作要求(如移动视频)和基础设施安全(如 NASA 的防火墙)"。I3P 计划的核心是将 NASA 的 IT 基础设施业务从基于中心的模型转变成为基于企业的管理和供应模型。NISN 的通信业务是 I3P 计划的重要组成部分,其网络改进与运营合同 NASA 综合通信业务(NICS)于 2011 年交由科学应用国际公司(SAIC)执行,基本合同期5 年。NASA 此次对 NISN 的改进主要是合并 NISN 的广域网和各中心局域网及业务,将它们改造成一个无缝的、端到端的网络,提供航天任务要求的协作能力,在更安全的同时,更好地服务于空间探索。

二、网络概况

(一) 网络基本构成

NISN 为 NASA 提供地面通信服务,作为 NASA 的任务操作网,NISN 在 NASA 航天飞行支持网络、任务控制中心和科学设施间提供通信业务,并提供各 NASA 中心间的管理通信。NISN 由 2 个独立的广域网络构成：①任务网，用于在 NASA 地面站和任务操作控制中心间传输飞行任务数据，支持航天器控制，该网由 NASA 哥达德航天飞行中心(GSFC)任务网络控制室控制；②机构网，支持除航天器测控之外的更通用的 NASA 活动，如管理业务等，该网由马歇尔航天飞行中心(MSFC)机构网控制设施控制。2011 年以后，各中心的局域网也纳入 NISN 统一管理。

任务网是一个封闭的网络，用于在 NASA 地面站和任务操作控制中心间传输飞行任务数据，该网络的接入受到严格控制，骨干网主要使用专用线路。

比较而言，机构网是一个开放式的网络，提供诸如电子邮件以及接入互联网的服务。

维持 2 个独立网络的根本原因是实时任务数据的安全，由于任务网与航天器的安全和人员的安全息息相关，任务网的可靠性和可用性要求比机构网更严格。如：机构网的故障解决时间是 4 小时，而任务网的故障解决时间是 2 小时，如果涉及到正在进行的实时任务，则更加严格到仅有 20 分钟，对某些关键的实时业务，则仅有 1 分钟。对这两个网络的要求中，最显著的区别是：在一次任务之前及任务中，任务网必须"冻结"一段时间，这意味着其网络配置在这段时间内不会被改变(例如，不允许进行网络升级，任务网络业务不能有变化)。这样做是为了确保有一个稳定的网络平台来支持用户的任务。

（二）网络线路通过商业合同提供

两个网络的线路均通过美国通用业务管理局的联邦技术服务合同机制以商业化方式提供。通过联邦政府合同机制提供服务的战略确保了 NASA 得到最优的价格，因为在联邦技术服务规则下，承包商不能以低于政府合同的价格与非政府机构签订合同。

三、网络管理与运营改进

NISN 的管理由 NASA 负责，承包商负责网络的运营。由于

NASA 组织机构频繁调整,NISN 的管理在不同时期由不同的部门负责,但基本保持了比较一致的管理与运营的结构,马歇尔航天飞行中心与哥达德航天飞行中心一直在其中扮演着较为重要的角色。

NISN 保留了一支人数较少的 NASA 职员队伍。承包商员工完成大多数的工作,而作为骨干的 NASA 职员承担管理和决策制定的责任。NASA 职员制定政策,确定网络需求,设计网络,并监管承包商的活动;承包商负责网络的操作运行。

NASA NISN 当前的网络管理运营与 2006 年相比,主要的改进体现在下面几点。

(一) 调整管理机构,提升网络战略地位

2006 年,NISN 的管理职责由空间操作任务委员会(SOMD)下的空间通信办公室(SCO)负责,NISN 管理的组织结构如图 1 所示。马歇尔航天飞行中心负责操作机构网,哥达德航天飞行中心负责操

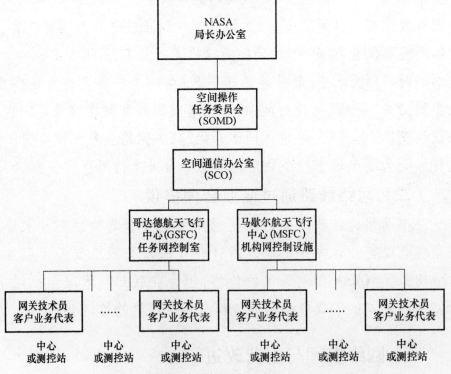

图 1　NASA NISN 2006 年管理组织结构示意图

作任务网。

当前,NASA 首席信息官办公室(OCIO)通过通信业务办公室(CSO)管理 NISN。首席信息官负责 IT 基础设施整合计划(I3P),因此在该计划下管理 NISN 的合同 NICS。其组织结构如图 2 所示。

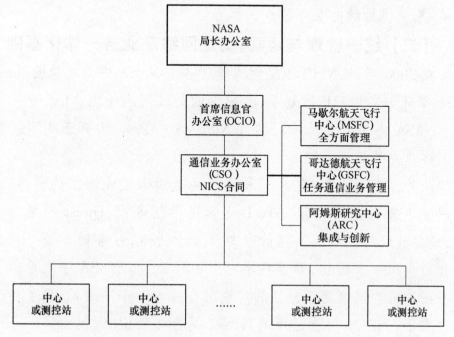

图2 NASA NISN 当前管理组织结构示意图

通信业务办公室主要依托马歇尔航天飞行中心、阿姆斯研究中心(ARC)、哥达德航天飞行中心 3 个中心。马歇尔航天飞行中心负责总体项目管理、行政管理和商业管理,并管理企业通信业务、各中心的局域网以及各中心的业务。阿姆斯研究中心提供交叉集成,并承担在 IT 安全、联网、新兴网络技术和创新、企业体系结构、项目管理领域的领导角色。哥达德航天飞行中心则负有对整个任务通信业务管理的领导权。

通信业务办公室负责交付企业级的通信业务,为 NASA 提供广域网话音、视频和数据服务,主要包括 NASA 的广域网、局域网、协同业务和各中心的申请业务。通信业务办公室通过 I3P 合同中的 NASA 综合通信业务(NICS),对这些业务提供支持。

管理机构的变更,标志着 NISN 网络地位的转变,从隶属于空间操作任务委员会下的航天通信网络,升级成为隶属于首席信息官的 NASA 通信网络基础设施,NISN 服务于航天任务的功能没有变化,但提升了 NISN 的战略地位,更加便于 NASA 信息基础设施的一体化演进,使得后续的业务整合更加可行。

(二) 统一管理与运营,奠定网络及业务一体化基础

在 2006 年时,NISN 不提供或管理各个 NASA 中心的局域网;自 2011 年开始实施 I3P 计划后,各中心的局域网也纳入 NISN 统一管理。NASA 将各中心局域网纳入 NISN 统一管理,为真正实现一体化网络奠定了管理基础。

此外,在 2006 年,任务网和机构网是两个彼此独立的网络,由不同的运营商提供运营,AT&T 负责提供任务网,Qwest 则得到合同,提供升级的机构网。经管理与运营改进后,任务网与企业网的运营商是同一家机构,都是科学应用国际公司。NASA 一直希望将任务网和机构网这两个独立的广域网合并为一个广域网,尽管由于各种原因,到目前为止还没有得到 2 网合并的消息,但由同一个服务商同时运营所有的网络,无疑更加有利于业务和网络的整合。

(三) 改进创新管理,促进新技术研发和应用

2006 年前后,NISN 进行的先进技术研发活动很少,仅有约 2.5 名员工从事该工作。在准备部署新技术之前,首先在实验室进行评估和建立原型,用于该项工作的网络测试平台包括马歇尔航天飞行中心、哥达德航天飞行中心、喷气推进实验室、格林研究中心、阿姆斯研究中心的实验室。由于这些实验室中只有一少部分接受 NISN 的资助,这项活动更多地是依赖共同的兴趣和来自其他团体的协作。过去,NISN 进行未来技术评估和建立原型的周期是 3 ~ 4 年,主要依赖 NASA 研究和教育网络(NREN)组研究较长期的技术发展。在 2004 年,NREN 的工作重点转向支持哥伦比亚超级计算设施(位于 NASA 阿姆斯研究中心),这导致 NASA 在技术评估方面的不足。

NASA 通过对 2006 年 NISN 管理运营的评估,意识到了其在研发方面的不足,在建立新的管理机制时,对此予以了改进,不仅将负责新技术和创新的阿姆斯研究中心纳入通信业务办公室,还增加了其管辖范围,赋予其更多的权利。此外,还利用业务设计和开发实验室(Services Design and Development Lab,SDDL)与通信新兴技术(CET)实验室,促进新技术的研发和应用。

(四)借助网络平台和新业务加强沟通,改进管理机制

在 2006 年时,用户可以通过一些定期的机制向 NISN 项目规划提出通信业务需求,年度性的 NISN 用户论坛是此类机制之一。用户在论坛中的反馈是建立 NISN 优先权和改进服务供应的关键元素。此外,根据 NISN 的项目规划,NISN 每年评估现有用户的需求,并从 NASA 各中心、计划/项目和任务委员会征询未来的网络通信需求。最终,NISN 与每个中心维持一个协议的备忘录,概略给出从 NISN 到各中心、从各中心到 NISN 的需求征集管理和协商。

当前,通信业务办公室充分发挥网站平台的作用,在其网站上公布了一些程序和规程,如 NICS 业务申请程序,NISN 网络配置控制管理委员会规程、故障报告、活动进度安排、任务冻结和主要消耗通告等,这些规定配合业务调整进行了更新,以保持规定的一致性;此外,还公布了一些政策,如互联网协议操作网(IONet)安全方针,以及一些业务撤销的规定;并公布了各种应用指南,帮助用户更好地使用新的应用。

在增加了新的更便利的网络业务后,通过 Web 站点、移动终端,订购通信业务更加及时方便,与通信业务办公室的沟通协调也更为及时,这些都极大地提高了通信业务办公室对 NASA 通信的有效保障。

四、网络性能改进

NASA NISN 当前的网络性能与 2006 年相比,主要的改进体现在下面几点。

（一）网络基础性能大幅提升

经过 2006—2012 年间几年的建设及改进,至 2012 年年底,NASA 骨干网络的网络拓扑结构及性能见图 3。

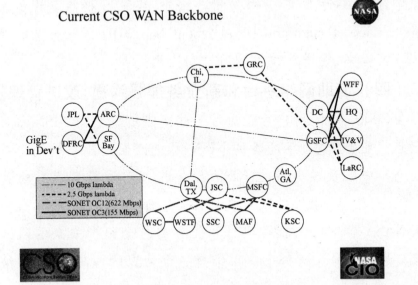

图 3　NASA 广域网 2012 年年底性能示意图

（图注:主干环路上的 Chi,IL、DC、Atl,GA、Dal,TX、SF Bay 为运营商节点;

GSFC—哥达德航天飞行中心;MSFC—马歇尔航天飞行中心;

JSC—约翰逊航天中心;ARC—阿姆斯研究中心;

其余为 NASA 的其他中心或地面站）

NASA 广域网基于同步光纤网（SONET）构建,具备环路保护（FRR）能力,故障恢复时间短于 50 毫秒。主干环路上共有 9 个节点,其中有 5 个节点是运营商的节点,NASA 有 4 个中心位于主干环路上。NASA 其他的各个中心或站点以双直连的方式连接到 NASA 位于主干环路的中心或运营商的节点。主干环路的容量为 10 吉比特每秒,支路容量为 2.5 吉比特每秒,还有部分线路为 622 兆比特每秒和 155 兆比特每秒。

为了使 NASA 获得当前正在涌现的 IT 前沿技术的经验,如:数据密集型网络空间基础设施、100 吉比特每秒的联网能力、图形处理器集群和混合高性能计算（HPC）体系结构，NASA 咨询委员会（NAC）建议 NASA 积极与国家科学基金会（NSF）和能源部（DOE）以及公共和专用机构合作，通过联合项目，促进终端用户开发创新应用，帮助 NASA 处于技术前沿，直至这些技术成为主流。该建议于 2012 年 3 月被采纳。

2012 年年底，NASA 咨询委员会考虑到通信业务办公室正在进行管理 NASA 通信需求、履行通信职责的工作，建议其开展商业项目，采办专用光纤网支持当前和未来的高数据量通信流量，并连接到 NASA 的超级计算机。

在 NICS 合同下，至 2015 年，NISN 的网络性能有了进一步的大幅提升。根据科学应用国际公司网站 2014 年 3 月 5 日消息，科学应用国际公司称其设计、开发并完成了 NASA 电信网的升级，性能提升 10 倍。

（二）网络业务进一步整合，通信系统内涵进一步扩大

在 NICS 合同下，NASA 整合了 NISN 的广域网和各中心局域网及业务，将它们改造成一个无缝的、端到端的网络，从而降低成本，实现一致的操作程序和过程，并改进安全，更好地整合 NASA 的人力、程序和信息以达成任务的成功。

在网络整合中，侧重为航天任务提供网络协作能力，提供各中心间的数据共享。由于已经将各中心的局域网纳入了 NISN 统一管理，且由同一个服务商同时运营所有的网络，便于业务和网络的整合，因此，这些措施连同网络整合措施一起，共同将 NASA 分布式的 10 个中心和多个测控站整合为一个整体。

经整合后，NASA 通信业务办公室当前提供的业务包括：NASA 局的广域网业务，局域网业务，到俄罗斯的通信业务，网络安全业务，网络体系结构，视频业务，中心独特通信业务，通信和网络创新，通信业务集成。上述 CSO/NICS 提供的业务可以划分为 2 大类：企

业类和中心独特业务。企业类业务向所有的中心提供,涵盖机构网、任务网及其支持服务;中心独特业务是由每个中心自选的、通过 NICS 提供的业务。

企业类业务包括:客户关系接口,网络业务,广域网业务,中心到中心的路由数据,直联(Peering),提供线路,局域网业务,虚拟专用网,远程接入服务(RAS),中心专用路由数据,IP 地址支持,防火墙支持,代理(Proxy)业务,远程话音业务,话音和视频会议业务及设施。

中心独特业务包括:射频,电缆布设(Cable Plant),紧急告警系统(EWS),公共地址(PA)系统,电话,VoIP 业务,有线电视分发。

随着 NISN 网络一体化建设的进展,以及信息技术基础设施集成计划(I3P)下其他项目的持续努力,NASA 通过 NISN 进行网络协作、共享数据的能力获得大幅提高。基于 NISN 等 NASA 的现有 IT 基础设施,NASA 开展了多个大数据和云计算项目,并取得了一定的成果。分析认为,经网络业务整合后,NISN 不再仅仅是航天通信系统,而是作为 NASA IT 基础设施的有机构成部分——通信网络基础设施,从传统意义上的通信系统发展成为集通信、网络和信息服务于一体的通信系统,通信系统的内涵进一步扩大。

(三)任务网和机构网仍然彼此独立

任务网和机构网是两个彼此独立的网络,保持两个独立的网络主要是由于用户要求的不同。然而,根据 NISN 管理评估,对这两个网络在可靠性和可用性上的要求不同正变得不那么重要,因为先进的网络技术本来就非常可靠。显然,唯一保留的真正的不同是任务网需要在任务发射和操作期间"冻结"。使用先进的技术,有可能合并两个网络,使用同样的一个网络基础设施,通过提供独立的信道来提供独立的服务。例如,在光纤网中使用独立的不同波长,使用虚拟专用网技术,或使用路由器技术。使用一套网络基础设施服务于两个网络将可以提供更高的效费比解决方案来满足用户需要。因此,在 NASA 2006 年对 NISN 业务及管理运营所做的评估中,建议再次评估共享一套网络基础设施服务于任务网和机构网的可能性。但尽管如此,在经过了 2011—2014 年的网络改进之后,NISN 依然保留了任务网和机构网分离的状况,到目前为止仍没有 2 网合并的消息。

(四) 多手段、新业务确保网络连通性

1. 增加应急通信能力,确保网络连通性

2013 年 4 月,NICS 合同中新增了应急通信车(ECV)的内容,以应对广域网连接所面临的潜在威胁,支持网络防御操作和应急管理职能。

应急通信车提供机动的应急数据、话音、视频和射频通信业务,能在电信业务发生灾难性破坏后提供关键操作支持,可在接到请求后 36 小时内部署。

应急通信车是 2 辆不同的车辆,具有近似的通信能力,包括:VHF、UHF、HF 和 700/800 兆赫的射频通信能力,业余无线电爱好者频段的视频监视能力,DVD 和 VHS 级别的视频存储能力,局域应急预警广播能力。

轻型应急通信车适用于初步响应能力部署,可空运;重型应急通信车更大型,部署展开需要更多的设备、人员和空间。

应急通信车的部署决策由通信业务办公室做出,在通信业务办公室的协调下,NICS 合同维持设备始终处于就绪状态,可随时快速部署。

2. 部署移动业务,提高工作的便利性

NASA 通过"低成本创新"和"灵活开发",持续改进业务性能,适应多任务不断变化的要求。其中的典型项目包括移动应用项目和移动视频会议业务。

在移动应用项目下,NASA 员工和承包商员工可以利用下载的移动应用 App 访问 NASA 的系统,这些移动应用支持用户从任何地方、在任何时间,通过个人和 NASA 的移动设备,完成关键的工作职

能。在项目开发中,NASA 识别出了 App 商店成功的关键要素,包括:清晰定义 App 商店的范围;与 IT 安全、身份、证书和访问管理团队良好协调;可升级的基础设施;灵活的体系结构能快速支持现有和正在涌现的移动平台(如苹果、安卓、黑莓等);专业的团队;帮助初始展示和未来改进的移动用户试点群等。

移动视频会议(Desktop Mobile ViTS,DMV)业务是 NASA 通信业务办公室最近新开通的一项业务,可以全天候提供虚拟视频协调室,用户可以随时随地通过移动终端与工作伙伴、客户等通过该业务进行会面商谈。

五、启示

回顾分析 NASA NISN 的管理和运营的发展,有很多做法值得我们关注,并可在相关工作中参考借鉴。

(1)通过合同将网络的运营交给合同商,减少了 NASA 用于 NISN 网络的员工数量,使其有限的人员可以将精力集中在更重要的工作中。

(2)通过定期机制征求通信业务需求,并每年对各业务单位的通信需求进行评估,以及利用网络收集业务需求,实现业务订购,做好需求管理,据此改进网络性能,满足工程和科研需要。

(3)重视风险管理,建立了完整的风险管理机制,根据风险的优先权和预算情况,分配资金的使用,提高了有限预算的高效使用,避免了人为因素的影响。风险管理是 NISN 项目的重要元素。其风险类型包括:成本,进度,人力资源,技术。NISN 项目的风险根据优先权进行管理。优先权最高的活动是提供和保持网络连通性。较低优先权的活动包括:升级设备,进行新兴技术的评估。在预算不足的情况下,优先权低的活动首先受到影响。例行操作和数据传输的持续性也具有高优先权,包括正在进行的服务的提供和支付线路及维护成本。在预算降低的情况下,低优先权事项还包括新倡议、业务改进(如老旧设备更换)和技术评估。

（4）重视先进技术研发管理,通过多个实验室的平台进行测试和评估,并在机构调整中有意识地加强负责新技术和创新管理机构的管理范围和管理权限。

（5）完整细致的规程和程序,确保了操作的规范和正确。

（6）NISN 员工与承包商员工的密切沟通,确保了网络为工程和科研提供保障。

（北京跟踪与通信技术研究所）

欧洲数据中继卫星系统的
现状与发展

摘要：中继卫星系统是半个多世纪以来,随着人类探索、开发和利用太空活动的不断深入而逐步发展起来的一种新的空间信息传输系统,其主要功能是进行天基测控和天基数据中继。与地基测控相比,中继卫星系统的最大优势在于它的覆盖率高。中继卫星系统作为信息获取类卫星的效能倍增器、空间信息共享的枢纽和高效的天基测控设施,可以增强空间信息传输能力和快速反应能力,提高获取战场信息的时效性和费效比,是各航天大国重点发展的航天装备之一。2008 年 6 月 27 日,ESA 发布了新的欧洲数据中继卫星(EDRS)系统计划,首颗搭载 EDRS – A 的 Eutelsat – 9B 卫星将在 2016 年 1 月发射。本报告详细介绍了 EDRS 系统的目标、规划、系统组成、用户、服务、在分析其特点的基础上,概括了 EDRS 系统的最新进展,并对未来前景进行了展望。

为了满足未来欧洲航天活动对空间通信数据传输速率和实时性不断扩大的需求,摆脱在非本土建站的依赖,2008 年 6 月 27 日,欧洲航天局(ESA)发布了新的欧洲数据中继卫星(EDRS)系统计划。2008 年 11 月,ESA 部长会议批准了该计划,投资经费约为 1542 亿欧元。2009 年 2 月 17 日,EDRS 计划正式启动。

作为 ESA 高级远程通信系统研究项目(ARTES – 7)的一部分,

EDRS 将提供更广泛的数据中继服务(以光学和 Ka 波段为基础)。光学星间链路(O - ISL)所需的光学通信技术是解决卫星与航天器/无人航天器(UAV)间链路、卫星与地面(如光学馈电链路)间链路,以及科学任务(如载人航天、深空、国际空间站等任务)的数据中继很好的方案。

一、目标与规划

(一) 目标

EDRS 项目的主要目标是:

(1) 根据针对卫星寿命(15 年)的服务级协议(SLA),为 ESA 提供数据中继和相关服务。如果全球环境与安全监测(GMES)计划和国际空间站(ISS)用户的需求较为成熟,且已确定了时间范围,则优先向这 2 个用户提供服务。GMES 计划由欧洲委员会和 ESA 于 2003 年共同签署,其目标是对全球环境与安全进行实时动态检测管理,实现欧洲的可持续发展。EDRS 项目的远期目标是向所有的 ESA 用户部门(包括运载火箭和"伽利略"导航系统)提供全球数据中继卫星服务。

(2) 通过与 ESA 以外的商业/政府用户共同使用数据中继卫星,促进卫星数据中继服务市场的发展。

(3) 借助 EDRS 和用户部门(地球观测卫星、无人机等)间可用的技术方案,促进光学数据中继卫星技术的标准化和应用。

(4) 通过与运营商/服务提供商之间的"公—私合作关系"(PPP),更加经济有效地开发 EDRS 项目。

(二) 规划

按照 EDRS 项目进度安排,ESA 制定了系统级和不同 EDRS 段(EDRS - A 空间段、EDRS - C 空间段和地面段)的时间节点。系统级在 2012 年 9 月完成初步设计评审(PDR),2013 年 12 月完成关键设计评审(CDR),2015 年 5 月开始提供 EDRS - A 服务,2016 年 8

月开始提供 EDRS - C 服务; EDRS - A 在 2012 年 4 月完成 PDR,7 月完成系统需求评审(SRR); EDRS - C 在 2012 年 9 月完成 PDR, 2013 年 10 月完成 CDR; 地面段在 2012 年 9 月完成 PDR,2013 年 4 月完成 CDR。

按照 EDRS 项目的进度表, EDRS 的 2 颗卫星分别计划在 2015 年和 2016 年发射。但受质子火箭爆炸的影响,发射时间有所推迟。据 ESA 公布的最新消息,搭载 EDRS - A 的 Eutelsat - 9B 卫星于 2016 年 1 月 30 日由俄罗斯的"质子"火箭从拜科努尔发射场发射。

从 EDRS 服务准备开始时,就对任务操作中心(MOC)进行配置和运行。数据地面站(DGS)(馈电电路地面站(FLGS)/备份链路地面站(B - FLGS))能够在地面上通过 EDRS - A 载荷或 EDRS - C 载荷接收用户数据。DGS 可在卫星部署前运行。

二、结构组成

EDRS 系统由 2 颗地球同步轨道(GEO)卫星组成,可实现低地球轨道(LEO)卫星(及未来的无人航天器)与地面站之间用户数据的中继。EDRS 可使 GEO 卫星和 LEO 卫星在更长的轨道面上相互可见,当其他 LEO 卫星相对于任意地面站只有很短的可视时间时, EDRS 可很好地延长通信时间。EDRS 还可极大地改善地球观测任务(如:时效性服务)对时间的苛刻需求。

目前在研的 EDRS 体系结构(如图 1 所示)可分为 2 个部分:空间段和地面段。

(一) EDRS 空间段

EDRS 空间段由 2 个载荷单元组成:

(1) EDRS - A 载荷包含一个激光通信终端(LCT)和一个 Ka 波段终端,分别用于光学星间链路和 Ka 波段星间链路。LCT 重 56 千克,平均功率约 185 瓦,能以高达 1.8 吉比特每秒的速度把低轨对地观测卫星的雷达和光学数据中继给用户。EDRS - A 载荷将搭载

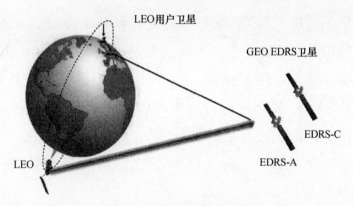

图 1　EDRS 体系结构

（在空间段有 EDRS - A 和 EDRS - C 节点的情况下）

在由阿斯特里姆卫星公司（法国）生产的 Eutelsat - 9B 卫星上。Eutelsat - 9B 卫星预计发射重量约 5300 千克，设计寿命 15 年，有效载荷功率 12 千瓦。Eutelsat - 9B 卫星以欧洲星 - E3000（Eurostar - E3000）平台为基础，定位于东经 9 度。

（2）EDRS - C 卫星（由德国 OHB 公司生产的专用卫星）携带 EDRS - C 载荷（包含一个用于光学 ISL 的 LCT）。EDRS - C 卫星以 OHB 公司开发的小型 GEO（SGEO）平台为基础，SGEO 具有更强的载荷能力（质量 360 千克，功率 3 千瓦），设计寿命 15 年。EDRS - C 卫星预计 2016 年初发射，定位于东经 31 度。

EDRS - A 载荷和专用 EDRS - C 卫星（包括 EDRS - C 载荷）的研发和生产平行进行。EDRS - A 载荷和 EDRS - C 载荷（包括 LCT）由德国的特萨特空间通信公司生产。

未来，EDRS 项目还计划补充第 3 个地球同步轨道节点，该节点将位于西太平洋上空，可使 EDRS 实现全球覆盖。

（二）EDRS 地面段

EDRS 地面段包括：

（1）EDRS 卫星控制中心（SCC）设备。专用 EDRS SCC EDRS - C 航天器运行商（如位于德国科隆的 DLR）相连，当用于 EDRS - A 载荷时，它是一个由 DLR 和欧洲通信公司（欧洲通信公司由 SCC 运行，用于 Eutelsat -9B 卫星)联合操作的载荷控制中心(PCC)。

(2) EDRS 任务操作中心和备份任务操作中心(B -MOC)是满足 EDRS 服务需求的用户接口。主 MOC 位于德国的奥托布伦(Ottobrunn),B -MOC 位于比利时的雷杜(Redu)空间服务中心。

(3) EDRS 数据地面站能够接收地面用户数据。在 EDRS -A LEOP(发射早期轨道段)的操作和在轨试运行完成后,2 个 EDRS DGS 将提供服务。

(4) 馈电电路地面站(FLGS)和备份链路地面站(B -FLGS)能够接收用户数据,并对 EDRS -C 卫星进行遥测/遥控(TM/TC)。FLGS 和 B -FLGS 的运行需要符合 EDRS -C 卫星的部署。

2012 年 6 月,阿斯特里姆服务公司与 DLR 签署了一份建造和运行地面网主要部分的合同。合同包括设计、建造、交付和运行 4 个地面站:分别为位于德国威尔海姆和英国哈维尔用于 EDRS -A 卫星的 2 个数据地面站(DGS),以及位于德国威尔海姆和比利时雷杜用于 EDRS -C 卫星的 FLGS/B -FLGS。DLR 还需要建造和运行位于德国科隆用于 EDRS -A 卫星的 PCC 和用于 EDRS -C 卫星的 SCC。地面站的主要部分由 DLR 和巴伐利亚独立王国联合投资。

EDRS 用户的空间段和地面段是端对端系统的固有部分,包括天对天、天对地以及地对地的结构。联合 GMES/EDRS 系统团队已确定支持端对端链路(包括"哨兵"系列卫星)。这包括关键性能指标(KPI)的定义,适用于 GMES 和阿斯特里姆服务公司间的 SLA。"哨兵"系列卫星是 ESA 专门为 GMES 计划研制的对地观测卫星,"哨兵"-1A 卫星是一颗 C 波段合成孔径雷达卫星,可提供连续图像(昼夜和各种气象条件),而"哨兵"-2A 卫星是一颗多谱段高分辨率光学成像卫星,可提供全球陆地表面的覆盖。目前,计划让 4 颗"哨兵"卫星同时服役,每个轨道有 10 分钟的通信时间。SLA 预计 2015 年开始实施,服役寿命可延长到 2030 年。

EDRS 运行时使用 EDRS 和用户卫星间可用的可视窗口,在 EDRS MOC 和用户 MOC 间计划和调整通信链路协议。根据每个链路的协议参数,对 EDRS 和用户的空间基础设施进行配置。用户数据可从 LEO 用户卫星传送到任一 EDRS 有效载荷(如,EDRS – A 或 EDRS – C),并中继到地面的 DGS 和/或 FLGS/B – FLGS,这样用户数据从地面网到用户站就都可使用(如图 2 所示)。用户还可运行自己的用户地面站直接接收用户数据。

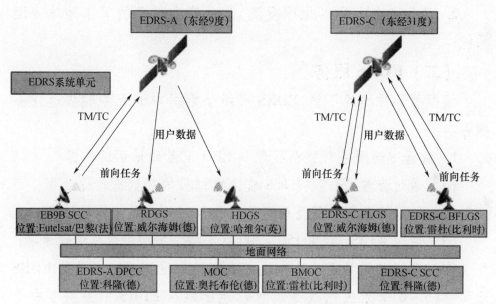

图 2　包括空间段和地面段各种单元的 EDRS 系统结构

(注:DPCC(EDRS – A 载荷控制中心))

三、用户和服务

(一) EDRS 用户

数据中继卫星具有广泛的潜在用户,如运载火箭、载人航天、地球观测卫星等。除此之外,还有海基、陆基、空基用户,如无人机、飞机、地面车辆和舰船等。由于数据中继卫星系统属于军民两用技术,因此也可以提供与军事/安全相关的服务。EDRS 的目标用户有:

1. ESA 的 EDRS 主要用户

（1）GMES 项目提供的用户。

（2）为"哨兵"-1、"哨兵"-2 卫星至少 50% 的任务数据提供数据中继服务。

（3）装载数据中继终端。

（4）随着"哨兵"星座按期发射，EDRS 系统会按时部署。

（5）为其他潜在的用户提供服务。

2. 其他潜在的 EO（地球观测）运营商和特殊的军事地球观测系统

（二）EDRS 服务

按照服务种类的不同，EDRS 可提供数据中继服务和快速任务服务。

1. 数据中继服务可重新获取从 LEO 卫星到地面的数据

（1）通过光学 ISL 获得 1.8 吉比特每秒的高数据传输速率；

（2）通过光学 ISL 获得 600 兆比特每秒的高数据传输速率；

（3）通过 Ka ISL 获得 150~300 兆比特每秒的中数据传输速率；

（4）数据提供给用户的方式或是直接传输到用户自己的 EDRS 地面站（5~6 米天线），或是通过陆地链路从 EDRS 中央网络中心传输。

2. 快速任务服务需要对 LEO 卫星进行重新设计

（1）通过光学 ISL 获得几千比特每秒的数据率；

（2）通过 Ka ISL 获得 1 兆比特每秒的数据率；

（3）对 UAV 提供相同的服务（使用 Ka ISL）。

此外，EDRS 还可依照传输的用户数据进行激动。相比于传统的直接从 LEO 到地面的下行链路，每个地面站通信的访问时间都受可视时间（对于 LEO 卫星来说，大约是轨道周期的 10%）的限制，数据中继充分增加了经过 GEO 卫星到 LEO 用户卫星的通信时间，GEO 的位置可延长可视时间（如，1 颗 GEO 卫星可提高 LEO 卫星大约50%的可视时间)。此外,数据中继下行链路超过了欧洲的覆盖范围。因此数据可直接下行到DGS和FLGS,或用户自己的地面站,这样就减少了传回用户数据的成本,便于将数据分发给最终用户。

除下行链路能力外,在直接视线期间,EDRS还可提供从地面近实时的访问LEO用户卫星的服务,这样可重新设定EO LEO载荷/卫星,因此一旦出现紧急事件,可缩短EO LEO卫星的反应时间。

从技术上来看,EDRS可使用光学星间链路(O-ISLs)和Ka波段星间链路(Ka-ISLs)分别提供光学和Ka波段的不同类型服务。LEO用户和GEO卫星间的这2种星间链路都是双向的,可作为返向链路(RTN,从LEO用户到GEO)和前向链路(FWD,从GEO到LEO用户)。EDRS-A和EDRS-C载荷可提供光学服务,而Ka波段服务只在EDRS-A载荷上提供。

光学服务分为RTN服务和FWD服务。光学RTN服务是一条高数据率信道,可将用户数据从LEO用户卫星经由GEO中继卫星传送到地面。为了满足未来用户的需求,当光学RTN服务采用所谓的"哨兵"模式(如"哨兵"-1A和"哨兵"-2A)时,用户数据传输速率为600兆比特每秒,当采用所谓的高级模式时,用户数据传输速率为1.8吉比特每秒。因此,为了支持这些用户数据传输速率的需求,需要对EDRS RF的馈电链路进行设定。光学FWD服务是一条低数据率信道(受上行TM/TC信道的限制),可将遥控指令近实时地传送到LEO用户卫星(如,重构的地球观测LEO载荷/卫星)。

即使选择光学RTN服务,EDRS仍能提供Ka-ISL RTN服务,可将用户数据以300兆比特每秒的数据传输速率从LEO用户卫星传送回地面。

四、特点

(一) 起步较晚,起点较高

从各国中继卫星的发展来看,美国于1983年发射了首颗中继卫星,目前已发展了三代,俄罗斯于 1982 年发射了首颗中继卫星,目前已发展了两代军用、三代民用中继卫星,日本已发射了 2 颗实用性数据中继卫星,我国目前有 3 颗中继卫星在轨,ESA 虽然在 1989 年就制定了数据中继卫星的发展计划,但因各种原因一直进展缓慢,直到 2008 年才发布了新的 EDRS 计划,目前仅发射过 1 颗试验卫星,首颗数据中继卫星尚未发射,可以说起步相对较晚。但 2001 年发射升空的"阿特米斯"(Artemis)试验卫星却具有很高的技术水平,其上搭载的激光通信终端在人类历史上首次在太空建立了激光通信链路,成功进行了大量的双向轨道间激光通信,充分验证了不同轨道卫星之间激光通信的可行性,这使 ESA 在空间光学通信领域具备领先优势,为 EDRS 项目未来的发展奠定了相当高的起点。

(二)将具备独立进行载人航天测控的能力

作为 EDRS 的试验卫星,"阿特米斯"激光通信卫星是数据中继技术的试验台,也是欧洲数据中继卫星项目的先行者,它为 EDRS 的顺利推进做了充分的探索研究和技术储备。在国际空间站的任务中,通过国际合作,ESA 使用他国数据中继卫星提高了其测控覆盖率,积累了丰富的载人航天天基测控的经验。未来,随着 EDRS 系统 3 颗卫星部署完成,实现全球覆盖,ESA 将具备独立进行载人航天飞行测控的能力。

(三)"公—私合作关系"更加经济有效

在 EDRS 项目的开发上,ESA 与阿斯特里姆服务公司之间建立了"公—私合作关系",共同为 EDRS 项目提供研制资金。2011 年 10 月 4 日,ESA 与阿斯特里姆服务公司签署了 EDRS 的研制与发射合同,ESA 同意向阿斯特里姆公司支付 2.75 亿欧元(约 3.66 亿美元),作为 ESA 在 EDRS 系统建设方面的出资份额。阿斯特里姆服务公司同意为系统研制工作提供资金。阿斯特里姆服务公司负责整个空间和地面系统结构的总体设计和研发。系统完成后,阿斯特里姆服务公司将获得 EDRS 的所有权,从 GMES 计划的"哨兵"-1A 和-2A LEO 卫星开始后,在接下来的 15 年里运营 EDRS 系统,为 ESA 提供服务。采用这种公—私合作的方式,一方面能使 ESA 及其各个成员国分担 EDRS 项目的创新研发成本,有效减轻各成员国的国防支出压力;另一方面也更好地保持了欧洲卫星运营商和制造商的竞争力。

五、进展与前景

(一) 进展

2014 年 10 月 14 日,ESA 发布了 EDRS 需求意见书(RFI)。RFI 的主要内容包括 EDRS 的机遇、条件和原则、处理和评估标准以及方针。附件中介绍了 EDRS 的技术、操作、哥白尼(Copernicus)SLA 关键特性,以及 ISS/"哥伦布"舱 SLA 关键特性。

2014 年 11 月 27 日,ESA 首次成功测试了"阿尔法"卫星和"哨兵"-1A 卫星之间的激光通信链路,数据传输速率达到 600 兆比特每秒。该链路具备 1.8 吉比特每秒的数据发送能力,未来可扩展至 7.2 吉比特每秒。

2015 年 2 月 20 日,欧洲委员会、ESA 和空客公司对 EDRS 的投资和管理达成了协议。按照协议,由空客公司来管理激光数据中继系统,使其运行时间远远超出欧洲委员会当前 2014—2020 年预算周期的限制。

(二) 前景

EDRS 系统完成部署后,欧洲空间系统的业务能力将得到进一步提高,系统具有广阔的应用前景。EDRS 系统可通过 Ka 和 S 波段的指令控制与数据中继,支持国际空间站的机器人任务、"自动转移飞行器"和"乘员空间运输系统"。系统可为地球观测(S 波段遥测遥控)、载人航天器(S 波段)和运载火箭跟踪(S 波段)提供低速下行链路业务,并提供 ESOC 与欧洲地面跟踪网(ESTRACK)远端站间的补充通信(Ka 波段)。系统还可为地球观测(如"哨兵"系列卫星)、运载火箭(如"阿里安"5 重型运载火箭、"织女"小运载火箭)、"伽利略"导航系统等任务提供数据中继服务。除了上述 ESA 任务之外,EDRS 还可以支持各种卫星的服务和应用,尤其是与政府/军事安全任务相关的服务和应用,未来 EDRS 的应用前景广阔。

六、结束语

数据中继卫星系统作为一种战略空间资产,在国家的航天事业与军事领域发展中具有举足轻重的地位和作用,其"天基"测控思想不仅从根本上解决了测控、通信的高覆盖率问题,同时也解决了高速数据传输和多目标测控通信等技术难题,并具有较高的经济效益,是 20 世纪航天测控领域的一次重大变革。因此,世界主要航天国家利用其强大的经济与技术优势竞相开展了中继卫星系统的建设。虽然目前欧洲的数据中继卫星系统建设起步较晚,尚未正式开始部署。但 EDRS 作为一个独立的欧洲卫星系统,能够降低大数据量传输的时间延迟。它通过弥补快速、可靠和无缝的欧洲独立通信网络的能力不足,使得欧洲空间系统的业务能力得以提高,可靠性增强,对非欧洲系统(地球同步轨道数据中继卫星/地面站)的依赖性减小,因此对于欧洲国家具有重要的战略意义。

(北京跟踪与通信技术研究所)

美国 SLS 火箭发射任务控制中心设计配置分析

摘要：世界各航天国家研制的运载火箭型号各不相同，针对每类运载火箭的发射任务均设计配置了相应的控制中心及操作流程，以实施发射与飞行操作。本文对美国国家航空航天局新一代大型运载火箭发射与飞行任务所配置的控制中心架构及相应职能进行了详细论述，并对航天发射与飞行任务的控制中心设计配置的考量因素和各国控制中心的异同点进行了相应的分析总结。

美国国家航空航天局（NASA）在过去的数十年里，先后实施了"土星"系列一次性运载火箭和航天飞机可重复性运载器的地面操作、发射与飞行任务，航天任务的高成功率反映出 NASA 所配置的功能齐全的控制中心体系结构和高效的操作流程。

NASA 研发的新一代重型运载火箭——航天发射系统（SLS）可用于向近地轨道及更远的空间发射多用途载人飞行器（MPCV）和大型有效载荷，以满足载人登陆小行星、载人进入火星轨道等深空探索任务的需求，还可作为国际空间站商业乘员运输系统的备用运输工具。针对其任务需求所配置的控制中心模式主要为：发射控制中心（LCC）设在肯尼迪航天中心（KSC），任务控制中心（MCC－H）设在约翰逊航天中心（JSC）的休斯顿，SLS 火箭技术保障中心（SESC）设在马歇尔航天飞行中心（MSFC）的亨茨维尔操作保障中心（HOSC）。这 3 个控制中心各司其责，共同对 SLS 火箭的发射、上升飞行以及 MPCV 的空间任务提供操作保障。

图 1 为以上 3 个控制中心在 SLS 火箭发射日当天所实施的技术保障与控制方案构成。

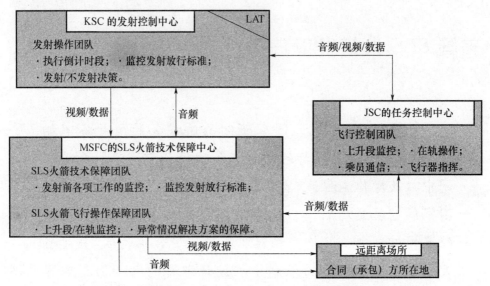

图 1　SLS 火箭发射日的控制操作实施方案构成示意图

一、SLS 火箭发射任务的主要控制中心配置及职能

（一）肯尼迪航天中心的发射控制中心

1. 职能与人员构成

设在 KSC 的发射控制中心主要用于非商业性运载火箭的最后组装、综合测试以及射前操作处理等发射期间的监测与控制,适应性改造后的发射控制中心控制室突出简洁实用性,发射控制系统技术特点较为先进。设在发射控制中心内的地面系统研发与操作(GSDO)保障团队将负责 SLS 火箭发射前后的整个任务实施,操作人员则比航天飞机项目减少一半。进入发射倒计时阶段后,发射控制中心、任务控制中心和技术保障中心以及与运载火箭和飞船相关的各远程技术保障团队共同对 SLS 火箭和"猎户座"飞船的发射操作实施保障与控制。

2. 主要操作流程

发射倒计时程序将从火箭—飞船/有效载荷—活动发射平台组合体驶入履带运输车道之时起就启动。发射控制中心内的发射控制系统(LCS)一直跟踪火箭和飞船的健康状态,并将 SLS/MPCV 的健康状态与报警数据(包括过程性箭载指令数据)提供给地面系统。GSDO 操作团队将针对 SLS 的状态数据展开异常故障(可能引起操作终止、发射暂停、飞行与地面人员紧急撤离等)检测与隔离操作。有效载荷的状态数据将通过地面系统传送给有效载荷用户。此外,气象官将对发射场气象状况进行监测,并向发射主任和任务管理团队提供相应的气象简报。

当完成推进剂加注后,进入有效载荷或"猎户座"飞船则要通过乘员通道。随后,将由控制人员、发射主任和任务管理团队按照发射放行标准(Launch Commit Criteria,LCC)对 SLS 进行控制。控制人员在控制室向火箭发送指令,乘员组通过飞船显示系统了解掌握系统状态信息。SLS 转入内部动力和系统自主验证状态后,通过地面系统硬线接收地面计算出的任务参数。发射控制与任务管理团队根据发射放行标准、飞行规定以及靶场安全规则完成相应的评估后,做出"发射/不发射"(Go/No-Go)的决策。最后倒计时包括运载火箭的起飞、T-0 脐带和其他接口的分离,也就是在此节点,任务控制中心开始负责火箭上升段的控制,而技术保障中心则负责火箭上升阶段的保障。

(二) 约翰逊航天中心的任务控制中心

1. 职能与人员构成

设在 JSC 的任务控制中心主要用于 SLS 火箭上升段的飞行、"猎户座"飞船与火箭的分离以及火箭主芯级的溅落控制,并由设在任务控制中心内的飞行控制团队负责实施。任务控制中心根据每项发射与飞行任务的要求均与其他控制中心保持相应的实时接口,包括:NASA 各中心(如:KSC 的发射控制中心、国际合作方(欧洲航天局的控制中心)、美国政府机构以及私营企业(商业货运与乘员合作方的火箭控制中心)等。

1)指挥控制功能

任务控制中心通过各类分系统实现其指挥控制功能,主要包括:

(1)通过 TDRSS 从白沙试验场区采集遥测下行链路数据,并进行相应的处理、显示与分配;

(2)对指挥上行链数据进行生成、发送与验证;

(3)对轨迹、时统、音频、视频及其他辅助数据进行采集、处理和分配;

(4)对以上任务数据进行记录、存储和分配。

2)任务保障功能

任务控制中心的任务保障包括集成、培训与认证、产品研发与分析,主要为:

(1)针对实时任务保障进行外部接口协调;

(2)提供人员培训与认证标准;

(3)研发飞行管理与操作产品与规程;

(4)开展任务前规划与实时任务再规划;

(5)提供运载器分系统建模,以用于监控、评估和分析;

(6)提供用于功能研发、集成、分析和测试的相应设施;

(7)提供异常情况跟踪与解决方案;

(8)保证远程访问以及上述各项功能的有效利用。

3)飞行控制团队

任务控制中心内的飞行控制团队(FCT)通过相应的培训和认证后,结合各空间飞行任务实施其所受与的作用与职责,包括运载火箭与飞船在上升、在轨和返回操作过程中的指挥、控制与监视以及与机器人操控、舱外活动(EVA)和交会对接相关的特殊操作任务。

针对 SLS/MPCV 空间探索任务的实施,飞行控制团队的人员构成主要包括:飞行主任;运载器系统的操作员与专家(火箭和飞船);有效载荷的操作员与专家;EVA、机器人以及乘员系统的专家;轨道分析、设计和操作的专家(包括上升段、入轨、在轨操控以及轨道碎片避撞等);运载器(火箭/飞船)/乘员活动、实时再规划以及外部用户集成的规划人员;对乘员健康进行监控的飞行外科医生;负责乘员与飞行控制团队之间联络的舱体通信员(CAPCOM);为发射和着陆提供气象观测和预报的空间飞行气象组(SMG);负责任务控制中心和保障设施的维护与操作的地面控制官;公众事务官。配合每次空间飞行任务的飞行控制团队均会被划分在"前厅"和"后厅"。位于飞行控制间的前厅飞行控制人员主要负责任务集成并对运载器进行系统级监控,而位于多用途保障间内的后厅飞行控制人员则从本地、远程和综合性层面对运载器进行分系统级监控。

此外还可根据任务需求,在任务控制中心内或其他远程为飞行控制团队配置一些飞行保障组,主要工作包括:为运载器及其分系统提供相应的工程保障;对专项科学试验或有效载荷实施操作;操作任务控制中心的设施;向包括 NASA 其他中心、国际合作方的飞行控制团队、美国政府部门以及私营企业等外部机构提供接口等。其培训与认证级别无需与飞行控制团队保持在一个等级上。

2. 主要操作流程

针对 SLS 火箭和"猎户座"飞船的发射与飞行任务,当火箭和飞船进入加电和加注燃料状态后,任务控制中心与发射控制中心保持主要实时接口,包括:飞行器遥测、倒计时钟/任务耗用时间、气象数据与飞行器初始荷载、火箭导航数据、跟踪数据、音频、视频和保障系统数据等,以此确保飞行硬件、任务保障人员与设施、网络设施、空间飞行气象保障、靶场以及搜救资源均全部协调到位。

SLS 火箭飞离发射台升空后,就进入飞行操作阶段,位于休斯顿航天中心任务控制中心内的飞行控制室将接管火箭的上升与飞行段控制。固体火箭助推器在火箭升空飞行约 2 分钟后与主芯级分离。在助推器分离后,火箭主芯级继续飞行,直至达到预定轨道,然后发出关机的内部指令。有效载荷整流罩的抛射在助推器分离之后,其碎片落入大西洋。SLS 火箭飞行段的操作将随着助推器、主芯级、整流罩和适配器的抛离而结束。

在 MPCV 或有效载荷分离后,SLS 将沿设定轨迹安全坠落在海洋上,但实际任务轨迹将根据发射日当天的天气状况和目标轨道进行最后确认。飞船与 SLS 分离后,将按设定要求展开其目的地之旅。

(三)马歇尔航天飞行中心的操作保障中心

1. 职能与人员构成

设在 MSFC 的技术保障中心是针对 SLS 火箭而建造的新一代技术保障设施,其主要用途为:①为 KSC 的发射操作团队提供发射前的操作技术保障;②为 JSC 的任务控制中心提供飞行操作技术保障。技术保障中心设有 SLS 火箭工程保障和飞行操作保障等 2 个技术团队。

1) SLS 工程保障团队的职责

SLS 火箭工程保障团队由系统工程师、项目经理、首席工程师、安全工程师以及 SLS 火箭各部件系统专家等组成,主要为 GSDO 的发射操作团队提供整个发射的技术保障,并在发射日当天参与作为发射主管团队(LAT)的一部分。技术保障工作包括:

(1)对 SLS 火箭的倒计时活动进行监控;

(2)根据需求,配合发射控制中心对发射放行标准限制要求之外异常情况进行响应并对相应的解决方案提供协助;

(3)根据需求,向 SLS 火箭项目经理和发射控制中心提供 SLS 火箭的状态;

(4)参与发控制中心和任务控制中心实施的"发射/不发射"决策;

（5）向发射取消往返回场提供 SLS 火箭的输入值。

2）SLS 飞行操作保障团队的职责

在 SLS 火箭发射升空后，SLS 火箭的工程保障团队将控制操作移交给 SLS 火箭的飞行操作保障团队，直至 SLS 火箭溅落处理完成。SLS 飞行操作保障团队的主要工作职责包括：

（1）为任务控制中心提供相应的 SLS 火箭技术保障；

（2）在上升和在轨操作阶段，对 SLS 火箭进行监控；

（3）根据需求，向任务控制中心提供相应的 SLS 火箭上升和在轨阶段的工作状态；

（4）根据需求，与任务控制中心协调提供 SLS 火箭的飞行规则；

（5）根据需求，参与任务控制中心的 SLS 火箭飞行异常分析；

（6）根据需求，参与任务控制中心的 SLS 火箭飞行后情况分析。

2. 主要操作内容

从倒计时之始至 SLS 火箭各部件被最终处置的整个过程，技术保障中心的两个保障团队都将提供统一的保障操作，主要包括发射和飞行技术保障所需音频、图像、数据和操作工具，技术人员需经过相应培训、认证后才能实施操作。远程工程专家在提供包括音频、图像、数据在内的技术保障服务时无需经过相应的操作认证。

除了针对火箭发射与操作保障外，技术保障中心还为航天任务相配套的工作提供技术服务，包括：系统测试、运载器测试、训练与模拟的远程保障，此外还针对发射延迟所形成的问题解决方案提供操作保障以及为 SLS 火箭的飞行和测试遥测数据建档并为各合作方提供用于飞行后分析的数据检索服务。

二、控制中心的设计配置考量与异同性分析

（一）设计配置的考量因素

NASA 针对 SLS 火箭和 MPCV 飞船的发射与飞行任务进行控制中心的设计配置主要基于若干因素：一是地理位置。发射控制中心

通常都设在发射场,以便在集成化的场所对火箭和有效载荷提供综合性的组装和发射操作处理;技术保障地一般设在生产厂或设计方,以减少往来费用和人力,只有在必需时才派员驻场。在进行有效载荷控制中心的配置时,从专家、当地技术保障团队访问以及可靠性通信等角度考量,地理因素也起着关键性作用。二是任务持续时间。运载火箭的发射前操作耗用时间较长,其上升飞行时间只需数分钟,但有效载荷飞行任务的耗用时间则会跨度数年。因而,配置独立型的控制中心对于航天发射飞行任务而言是比较有利的,这样可使发射场集中主要地面设施和操作人员为后续发射任务提供技术保障,而有效载荷控制中心则可集中实施长期性飞行任务的分段控制。三是载人飞行任务。由于涉及到乘员的安全性,因而对火箭、飞船以及在轨操作的控制要求都非常高。需要配置一体化的发射与飞行控制团队对运载火箭和飞船进行综合性控制和决策,以提高乘员的安全性。以上 3 个因素只是实施航天发射与任务过程中进行控制操作的基本考量,在控制中心的具体设计配置时还应视各国、各类任务的实际需求而定。

(二)异同性比较与发展

1. 相同性

从 NASA 针对 SLS 火箭和 MPCV 飞船的发射与飞行任务进行控制中心的设计配置及其功能来看,目前与包括俄罗斯、中国、日本、印度和欧空局在内的其他世界主要航天国家和机构在实施各自航天发射与飞行任务所设计配置的控制中心都具备一定的共性,体现 3 个主要功能,即:发射控制、技术保障以及有效载荷控制。控制中心的结构模式则将根据地理条件、任务性质(载人与否)、飞行控制团队协同方式以及任务寿期对地面设施和操作人员加以不同的配置,从而完成某个主要功能的具体操作实施。

2. 差异性

对于非载人航天发射任务,只需在发射场内配置一个控制中心即可完成所需的发射前准备、发射以及飞行操作等各项内容。任务设计方无需进驻发射场，一般配置在生产场地或集中型技术合作场所，其中包含技术保障团队，这样的配置可以大大地减少往来费用。某项航天发射任务可能会根据所发射的有效载荷数量而配置多个有效载荷控制中心，并基于不同要求而设在不同的场所。独立式的火箭与有效载荷控制中心要求控制团队在针对不同火箭和有效载荷的任务需求以及执行各项航天发射任务的连续性方面具备很强的灵活性，而对火箭与有效载荷的操作处理流程的效率也要求非常高。

虽然从控制中心设计配置的基本原则角度分析，NASA 为新一代 SLS 火箭和 MPCV 飞船设计配置的控制中心与其他航天国家的控制中心具有相同的功能，但在功能的具体实施划分上略有差异，其目的是高效、安全和低成本地展开各项操作。主要差异体现如下：

（1）由发射控制中心管理的发射前与发射过程中的全部操作均在发射场内完成，任务控制中心为发射控制中心提供相应的飞行操作保障，而技术保障中心则提供 SLS 火箭的工程保障。

（2）在火箭发射升空后，控制操作的责任转由任务控制中心负责，技术保障中心则继续提供工程保障。其中，对于载人飞行任务，将组成综合性的飞行控制团队对火箭和飞行实施控制操作，这种基于运载火箭—飞船以及乘员安全影响的综合性、一体化的控制方式能够有效地强化飞行安全。对于载货飞行任务，上述控制方法同样适用，但飞行控制团队的规模将会缩小。

（3）根据有效载荷的具体要求，在任务控制中心、技术保障中心或用户所在场所内配置一个独立的有效载荷控制中心，或根据任务的需求配置一个多用途型或多个有效载荷控制中心。

三、结束语

控制中心是航天发射与飞行任务实施过程中一个神经中枢性

的地面设施,是进行试验指挥与控制、测试发射、数据收集交换、数据处理和信息显示与分析的场所。在开展航天发射与飞行任务时,航天管理部门将根据任务需求、发射区和发射工位的数目以及可靠性的要求,进行一个或数个控制中心的设计配置。随着航天技术的不断发展,控制中心的设计配置及其功能也得到相应的改进与提高。NASA 通过数十年的航天项目实际操作经验的积累与总结完善,针对新一代空间运输系统(SLS 火箭和 MPCV 飞船)的未来发展任务需求,进行发射控制中心、任务控制中心和技术保障中心这样的"三个中心"任务控制结构,目的是能够高效、安全和低成本地开展和实施未来空间探索任务。

（北京特种工程设计研究院）

美国航天部门解决乘员与公众安全问题研究

摘要:所有载人发射与返回式运载火箭的研发目标是如何在合理的任务成本、进度以及技术限定条件范围内,确保使乘员和公众所面临的风险能够降到最小。本文对美国国家航空航天局(NASA)、联邦航空总署(FAA)和空军基地靶场针对载人发射任务而设定的减缓乘员与公众所面临的风险的安全策略进行了概述,对如何减缓乘员与公众的风险从而达到平衡一致的一种创新性方法进行了论述,最后总结了这些机构所积累的经验教训,供参考借鉴。

对于任何一项航天发射、飞行与返回任务,在其设计和操作过程中的一个关键性元素就是靶场安全问题,确保安全的基本原则就是要最大限度地降低航天发射给公众、发射场人员和发射场资产带来的风险,研发者需确保运载器的各项性能达到靶场安全要求,而载人航天任务则面临更大的乘员与公众之间风险平衡的挑战。过去的数十年的经验教训表明,许多载人航天发射任务在处理乘员与公众之间的风险平衡问题上不是十分地优化。

国外航天发射场大都将安全问题作为航天发射、飞行与返回任务实施过程中所考虑的首要问题。美国作为世界航天技术领先的航天大国,通过数十年航天任务的经验积累,针对靶场安全这一重点领域逐步形成了一些切实有效的工作方法和管理要求。美国航天发射场的安全职责主要是在空军、NASA 和联邦航空总署(FAA)

之间进行分工。空军和 NASA 负责各自管辖的联邦航天发射场范围内的人员和财产安全,避免在发射任务期间危害公众利益,其职责任务规定主要源自美国 60 号公众法、联邦规则以及空军和 NASA 制定的各种定义、指导原则和标准;FAA 则负责针对商业发射任务和非联邦发射场的安全制订相应的规则,并颁发相应的许可,获得认可的一方将在联邦安全规则的框架下负责其运营任务的安全。

一、NASA 载人任务的乘员安全要求

NASA 针对其载人航天发射与飞行任务所制订的安全要求主要侧重于保护乘员的安全。在启动新一代航天发射系统(SLS 火箭)的研发后,于 2011 年 4 月发布了新版《乘员运输与服务要求文件》,对乘员的安全性提出了更高的要求。目前 NASA 针对乘员的安全性处理所应用的安全要求文件主要为 2011 年 4 月的新版《乘员运输与服务要求文件》(CCT – REQ – 1130)和 2012 年 5 月补充修订后的《航天系统的载人要求》(NPR 8705.2B)。

(一) CCT – REQ – 1130 的安全要求

新版 CCT – REQ – 1130 文件的主要目的是针对 NASA 乘员和货物运输等商业服务任务而编制的研发(设计、制造、测试、认证及生产)与操作方面的要求。相关安全与任务保证的要求有:

(1) 乘员运输系统(CTS)只能从美国本土或美国批准使用的发射场和着陆场进行发射和着陆,并通过减少系统中止回收的人员与设施、增加与美国医疗设施的临近度、提高安防级别等方式来减缓风险,以确保发射和应急着陆场区的任务准备完善而避免面临危险与潜在的安全问题。

(2) 除了在执行发射决策并进入倒计时段直至发射窗口关闭的过程出现靶场安全气象限制条件和雷电情况外,只有在发射概率不低于 95% 时才能实施 CTS 的发射。

(3) CTS 应能自动探测危险情况并确定是否需要实施上升中

止。CTS 应具备在发射台实施发射中止的能力以避免出现上升推力失控以及飞行高度或飞行路线失控的情况。CTS 的上升中止系统的可靠度应不小于 0.995。CTS 应具备在实施上升中止时使飞船降落在下靶场中止禁区(DAEZ)之外的能力。中止系统的自动启动设计能够为乘员生存提供最佳时机,同时保护公众避免处于意外危险状态。乘员和控制中心均可启动发射台和上升段中止程序。当检测到置于发射台的火箭、飞船以及地面系统出现危及乘员的情况时,CTS 应具备确保地面人员和飞行乘员能在启动逃逸程序后的 4 分钟内进入安全区域。

(4) CTS 在一项国际空间站(ISS)任务中的乘员损失(LOC)总概率分布的平均值应不大于 1/270,上升段的 LOC 概率分布应不大于 1/1000,返回段的 LOC 概率分布应不大于 1/1000。一项 ISS 任务的任务损失(LOM)概率分布的平均值应不大于 1/55。

(5) 在降落过程中出现意外时,乘员必须能够在 3 分钟内迅速逃离飞船并到达安全地点。在返回过程中出现高度或飞行路线失控以及主着陆系统失控情况时,应确保 CTS 具备能够将乘员安全地送回地面的能力。

(6) 通过对与系统相关的危险、故障模式和风险进行分析,对重大事件设置相应的故障容限。NASA 允许的例外包括:通过分析确定该风险变量与故障容限降低相关、风险可接受、危险可控。如果故障容限手段不足以控制危险,需采取其他特殊措施:①对受控危险的重要性进行识别;②确保设计的耐久性;③对设计、生产、测试、分析以及部件的检测给予充分的重视。

(二) NPR 8705.2B 的安全要求

NASA 的 NPR 8705.2B 文件主要针对载人航天飞行任务的乘员安全风险管理设定了相应的规程与技术要求,其中,第 3.6 部分涉及火箭与飞船处于上升段飞行、上升中止以及返回地球过程所实施的安全要求,与新版 CCT - REQ - 1130 文件的相关内容类似。

NPR 8705.2B 适用于 NASA 和其他用户研发和操作所有载人航天系统。

二、美空军航天司令部和联邦航空总署的靶场安全要求

美国空军航天司令部（AFSPC）和 FAA 针对载人与非载人航天发射与飞行所制订的安全要求主要侧重于保障公共安全的利益，对在发射场范围内所有活动的安全水平进行定量和定性的描述，确定风险范围，规定可接受的风险水平。

（一）AFSPC 的靶场安全规定

在目前 AFSPC 所辖的东（卡纳维拉尔角空军基地，ER）、西（范登堡空军基地，WR）2 个靶场中，只有 ER 用于支持载人航天任务。

（1）AFSPC 指南（AFSPCI 91 - 701）规定 AFSPC 司令官（AFSPC/CC）负责制订靶场安全策略。靶场安全用户要求（AFSPCMAN 91 -710）对从或进入 AFSPC 靶场的所有航天活动的策略、处理过程、批准及其级别等方面的职责与权限进行详细规定。靶场司令官委员会标准（RCC 321 - 10）将提供发射风险可接受度的相关背景信息。空间安全与灾难预防指南（AFI 911 - 217）针对与地面、轨道和动/定能航天系统的使用、测试与操作相关的空间安全、灾难预防、任务效果提出总体性要求和风险标准。

（2）按照 AFSPC 的靶场安全规定，作为东靶场用户的 NASA 应在实施载人航天任务时，根据成本、进度和技术条件的实际寻求乘员与公众安全性的最大化。NASA 需同时遵守其规程要求（NPR）和 AFSPCMAN 91 - 710 有关乘员和公众安全性的相关规定。

（3）靶场安全策略是确保将公众、发射区域以及发射工位人员和设施的风险处于可接受的程度，并通过 3 类风险管理加以实施：

公众安全、发射区域安全和发射工位安全。靶场部门避免使用豁免权限。

（4）为保障公众安全，靶场应保证火箭和有效载荷的发射和飞行不能比普通飞行从上空飞过对公众和发射场人员带来的危险更大。根据靶场制订的公众安全风险管理标准，造成公众伤亡的概率不能大于 30×10^{-6}，造成主发射区人员伤亡的概率不能大于 300×10^{-6}（见图1）。

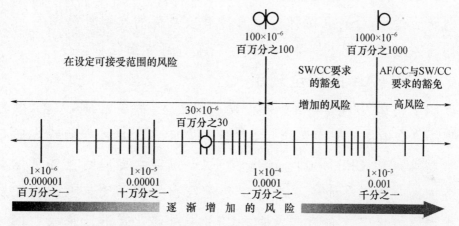

图1　非FAA许可的发射任务的AFSPC靶场通用公众综合风险标准

（5）为了有效地实施靶场安全策略，AFSPC将飞行安全系统（FSS）并入靶场安全关键系统中。应用地面FSS的作用主要是防止任务飞行控制官（MFCO）实施火箭发射终止、确定正常或非正常状态中的火箭性能、下达飞行中止指令或未经授权的飞行中止系统（FTS）指令。

（6）AFSPC安全部门对从或飞经靶场的运载火箭进行鉴别，以确定该火箭经过靶场批准并满足能够将公众、发射区域和发射工位人员和设施面临的风险降到最小的安全要求。靶场安全部门应制订飞行中止标准以及任务飞行规定，以确保航天发射任务操作不超过可接受的公众安全要求范围。

（7）AFSPC安全部门应针对每次发射任务和火箭型号，设置和控制危险发射区域及相应操作规程，以保护处于地面、海面和空中的公众。不允许完整的运载火箭、碎片或有效载荷以及火箭和有效载荷分系统落入落点限制线之外的地面。需制订安全范围以避免出现过度严苛的飞行中止（自毁）限制条件。

（8）根据2011年的《商业航天发射法案》，美国联邦航空总署（FAA）负责商业许可发射任务的公众安全。AFSPCMAN 91-710中有关靶场安全的要求与 FAA 的要求基本趋于一致。FAA 对 AF-SPC 的2个靶场进行安全评估（LSSA），并确定现有靶场安全操作的级别是否适用。SW/CC 针对政府性有效载荷的发射任务所自行处置的高一级别风险决策不能应用于商业许可发射任务。

（二）FAA 的安全规定

（1）根据2004年《商业航天发射修正案》的要求，FAA 在《联邦法规14》第460部分中编制了《乘员与空间飞行参考者的载人航天飞行要求》（12 CFR 460）。目前的 FAA 规定主要使商业许可发射任务中的公众安全处于一个可接受的级别并确保乘员意识到在发射和返回过程中所面临的风险。FAA 不对商业发射任务或返回运载器上的乘员所面临的风险做出任何限定，而是要求操作人员告知参与空间飞行的乘员"美国政府认为用于载人的运载和返回式火箭不是安全的"。

（2）与 FAA 有关商业载人航天飞行的要求相比，《联邦法规14》中第417和431部分分别针对一次性运载火箭和可重复运载火箭的发射任务而制订了许多限制性要求以确保公众的安全，如：公众风险可接度定量标准的预期伤亡率为 3×10^{-5}；在起飞到入轨过程中每个危险源的最大单个风险所导致的伤亡概率为 1×10^{-6}。

（3）《商业航天发射修正案》要求 FAA 从2012年12月起，针对商业许可载人运载火箭的设计或操作拟定相应的规定，以对乘员和空间飞行参与者的健康与安全实施保护。目前 FAA 正在总结经验，掌握相关的创新、有效手段以实施乘员和公众安全性的要求。

三、提高乘员与公众地面安全性的一种创新方法

AFSPC 的 RCC 风险委员会为了更好地解决乘员与公众间安全问题,针对需要进行"安全问题协调"的事件应用了一种创新的定量风险评估(QRA)方法,即"条件风险管理"。"安全协调"主要针对 ELV 和 RLV 任务实施过程中所采取的面向整个靶场的风险减缓措施,例如:ELV 任务的安全协调措施包括对 FTS 的启动,而 RLV 任务则是实施在备用着陆场的应急中止。

条件风险管理方法主要用于对 RCC 321 - 10 的现有风险管理要求进行相应的补充,确保提出的安全问题协调方案能够对具有"重大影响"的条件性风险的不可接受级别进行说明,并在实施协调解决方案时能够导入合理的条件性风险。相关实施程序见图2。

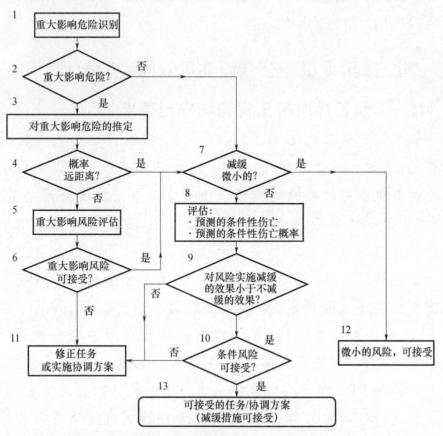

图 2　针对安全问题协调所应用的条件风险管理方法示意

图 2 中引用了许多未定义的术语和标准,如远距离概率、重大影响性危险、可接受的条件性总体与个体风险等。虽然美国现有标准针对发射和返回的风险可接受度未对"重大影响性危险"进行正式定义,但这些危险显然包括那些会产生长远或不可逆转后果和影响的危险,如公众伤亡、主要环境影响、对国家安全或外交利益的负面影响等。即使没有对图 2 所引用的术语加以定义,但如果某项安全协调措施的合理目标对于某一发射或返回运载火箭的任务实施是可接受的,那么条件风险管理方法的处理程序仍能体现相应的效用。

图 2 所显示的"条件风险管理"方法有 2 个中止点:①如果分析显示不存重大影响事件,且安全协调的概率是微小的,那么第 12 项即为最后的步骤;②分析显示安全协调措施所形成条件风险是可接受的,则第 13 项为最后的步骤。

四、减缓乘员与公众面临风险的经验教训

(一) 从设计阶段重视靶场安全要求

航天飞机项目的任务实践与"星座"探月计划的初步设计工作表明,必须在设计阶段就注重相应的靶场安全要求以确保公众安全并避免形成额外的操作复杂情况或对乘员的安全产生威胁。例如:由于不切实际的发射中止估量概率,使得航天飞机的某些设计特性将乘员与公众的安全性置于不一致的状态。虽然这些风险最终得以减缓并达到平衡,但在制订可接受的操作规定与规程方面耗用了大量的时间、人力和物力。此外,由于开展了后续大量、高昂的再设计工作,才使得乘员与公众间的安全性达到优化平衡。例如:在航天飞机任务中增加了第二个落点限制线、移除外贮箱的 FTS、在某些应急中止情况下进行外贮箱的抛置、轨道器返回飞行规则要求即使出现危及运载解体的故障或损害也必须保护公众的安全。

（二）对重要系统需同时解决乘员与公众的安全性

"星座"探月计划的初步设计规划分析工作表明,应在某些系统中同时关注乘员与公众的安全性问题。例如:进行用于乘员舱与火箭分离和中止运载火箭飞行的发射中止装置(LAV)的延迟启动设计,可使 LAV 有充足的时间与火箭分离并达到一个安全的分离距离。但该延迟启动的时长设置不能使火箭碰撞到 LAV 并导致在较近的距离内自毁,从而使乘员飞行器面临碎片坠落形成的极大风险。

（三）液体推进系统比固体型推进系统更具优势

如果在载人任务中应用固体火箭发动机推进系统,FSS 启动的任何时间延迟都将导致公众面临更多的风险。近年来 AFSPC 的靶场安全分析表明,液体推进系统在处置载人飞行任务中的乘员与公众安全性问题上更具有优势,这是由于液体推进系统的推力在飞行安全系统启动之前就被中止了,增加的延迟时间能够乘员的安全性而不会对发射区域或下靶场飞行区域内的人员和关键设施的安全性产生影响。

（四）对乘员与公众安全问题缠结的区域无需设置乘员安全设计要求

航天飞机与"星座"探月计划的任务实践经验表明,研发人员不能对运载器发射和/或返回过程中的技术性区域在出现乘员与公众之间安全问题相互缠结而无负责公众安全的组织机构介入时设定乘员安全设计要求或解决方案。例如:"星座"探月计划的研发人员发现,如果在上升段出现性能异常并导致明显的速度过低,抛置的服务舱的碎片可能将坠落在欧亚大陆,这时发动机将提前关机以避免公众面临抛置碎片的风险,但其结果将导致乘员舱的燃烧时间过长而增加了乘员面临的风险。研发在"星座"计划取消之前一直没有找到该问题的解决方案,而负责公众安全的 AFSPC 靶场至今也未介入。

（五）应用可突破传统技术限制的新型安全系统

日益增多的商业空间运输任务逐渐凸显出非传统型安全问题解决方法的优势。FAA 现有的可重复使用运载火箭（RLV）应用规则表明，传统的 FTS 对于包括载人亚轨道火箭在内的某些 RLV 任务可能无法达到优化的效果。"太空船" 1 号项目显示，采用配备 1 名飞行员的相对无危险性的亚轨道飞行器（不使用高毒性或爆炸性推进剂）即可按照 FAA 的现有公众安全要求对 RLV 任务进行演示验证，而无需运用传统的 FTS。AFSPC 东靶场安全部门按照上述同样的方法，在近期完成了可以从成熟型号的液体推进火箭上去除 FTS 的分析研究，从而将会使推力中止系统（TTS）成为东靶场 FSS 方案中的重要组成。

（六）解决多机构参与管理形成的冲突矛盾

近年来在商业许可载人发射与飞行任务中，有多个政府性机构参与负责发射与返回过程中的公众安全问题。但实践表明，应尽可能地避免有关公众安全问题要求的重叠与潜在的冲突。NASA 与 FAA 和空军三方已签署了有关各职能和义务的高级别协议，努力限制安全要求的重叠性。为了更好地遵守和实施这些协议，各航天部门相互合作，确保：①在实施与安全问题相关的决策、批准程序，特别是对非顺从性请求或"符合意图"性检验进行评估时，不能增加靶场用户/许可人的工作量；②AFSPC 靶场安全部门能够及时完成安全问题的评估与分析，以解决各航天部门按照各自的公众安全要求开展评估时出现的不同任务进度。

（七）不断应用创新型风险管理方法

美国航天部门应用创新方法以致力于解决乘员与公众安全问题，如条件风险管理方法。近期的实践工作表明，应用实时系统和风险管理方法将有助于解决乘员与公众安全问题。"哥伦比亚"号航天飞机事故调查分析显示，对运载火箭的发射或返回进行跟踪并在出现灾难性解体事故时激活飞行器危险区域，从而能对飞行器实施高级别的保护,以避免对正常的空中交通运营造成不可估量的影响。在发生紧急情况时,实时系统可用来管理条件风险。RCC 321-10引用了一种条件风险管理方法,作为现有风险管理要求的补充,以此确保所实施的安全问题协调方案能够形成合理的条件风险,并对"重大影响性"条件风险的不可接受级别进行说明。

五、结束语

在过去数十年的美国航天发射场及航天发射与飞行任务的经验教训表明,必须在设计阶段就注重相应的靶场安全要求以确保公众安全并避免形成额外的操作复杂情况或对乘员的安全产生威胁;设计人员必须将靶场安全要求纳入到乘员安全要求的设计中。对于载人飞行任务,其飞行安全系统的最终目的和操作方案是要在使乘员生存可能性最大的同时保护公众。虽然包括传统定量风险评估方法和条件风险管理方法在内的风险管理有助于处置载人运载器(特别是处于自主控制状态的运载器)发射与返回过程中的应急中止事件,但对于运载器的设计和操作仍必须考虑到能够控制意外状况的长期性规则要求与决策理论。此外,可接受的安全减缓措施通常必须要降低总体和条件性风险。

美国 NASA、FAA 和空军基地在处理载人航天任务安全要求的先进理论、经验总结与方法,值得我国相关研究人员借鉴和思考,在未来载人航天发射与飞行任务的实施过程中,制定和掌握相应的发展方向和原则。

(北京特种工程设计研究院)

美国商业航天运输项目运作与实施效果分析

　　摘要:近年来,美国商业航天的发展已经取得了初步的成功。距航天飞机退役仅短短的 3 年时间里,美国已经拥有了两套可以独立完成空间站货运任务的航天运输系统,并且计划在 2017 年实现空间站的载人运输能力。本文重点对美国商业轨道运输项目进行了系统、全面的研究,对其运作模式进行了总结,最后从 NASA 预算角度对实施效果进行了分析。

一、背景

　　随着航天飞机的退役,美国面临国际空间站(ISS)运输的断档期。为减少对俄罗斯航天系统的依赖,同时推动美国载人航天商业运输的发展,美国决定发展商业轨道运输系统。因此制定了商业乘员与货物运输计划(C3P),并在此计划下先后制定并实施了商业轨道运输服务(COTS)计划和商业载人航天发展(CCDev)计划。政府的支持让 SpaceX 等私人航天公司获得了巨大的成长空间。由美国国内航天企业负责运载火箭、飞船研发,提供航天运输综合解决方案,由政府支付购买服务的新兴商业模式应运而生。

(一) 商业轨道运输服务计划

　　2006 年 1 月,NASA 发布 COTS 计划招标书,向美国商业航天公司征求航天运输系统方案,提出了系统能力要求,包括向国际空间站运送增压和非增压货物以及安全返回等。COTS 计划的实施分为两个阶段:第一阶段是商业公司完成系统研制和能力验证;第二阶段由 NASA 采购发射服务。两阶段中标方案见表1。

表1　COTS 计划中标方案

阶段	中标企业	合同标的	合同金额/美元
第一阶段	SpaceX 公司	"猎鹰"9 火箭/"龙"飞船	2.07 亿
	轨道科学公司	"安塔瑞斯"火箭/"天鹅座"飞船	1.7 亿
第二阶段	SpaceX 公司	12 次发射	16 亿
	轨道科学公司	8 次发射	19 亿
合计		38.77 亿	

目前,COTS 计划已经完成 2 个阶段任务,SpaceX 公司的"猎鹰 9/龙"系统和轨道科学公司的"安塔瑞斯/天鹅座"系统都已正式投入使用,执行了国际空间站任务,并且正在规划下一轮货运计划。截止 2015 年年底,"猎鹰 9/龙"系统共完成 7 次补给任务,6 次成功,1 次失败,为国际空间站送去近 10 吨补给。虽然在 2 次任务中曾出现故障,但未影响空间站任务。"安塔瑞斯/天鹅座"共执行 3 次补给任务,其中 2 次成功,1 次遭遇重大失利,为国际空间站送去约 2.76 吨补给。

COTS 计划成功实施后,美国拥有了安全、可靠、低成本的商业轨道运载器和航天器,具备了近地轨道商业货运能力,摆脱了对国外发射供应商的依赖。

(二) 商业乘员计划(CCP)

CCP 计划始于 2010 年,分为四个步骤:首先是商业乘员开发计划第一阶段,完成近地轨道商业乘员运输系统的研制和验证;第二步是商业乘员开发计划第二阶段,对系统进行完善;第三步是商业乘员综合能力计划,发展发射场、运载器、地面操作等乘员运输综合能力;最后一步是商业乘员运输能力计划,开展认证并执行任务,并在 2017 年实现乘员演示验证飞行。表2给出了各阶段的中标方案。

表 2 CCP 计划中标方案

发展阶段	中标企业	方案	合同金额/美元
商业乘员开发计划第 1 阶段 (2010—2011)	内达华山脉公司	"追梦者"飞行器	2000 万
	波音公司	7 座 CST – 100 太空舱	1800 万
	联合发射联盟	应急监测系统	670 万
	蓝色起源公司	4 座太空舱	370 万
	帕拉冈空间开发公司	环控和生保系统	140 万
商业乘员开发计划第 2 阶段 (2011—2012)	波音公司	CST – 100 太空舱	9230 万 +2060 万*
	内达华山脉公司	"追梦者"飞行器	8000 万 +2560 万*
	SpaceX 公司	"猎鹰 9/龙"系统	7500 万
	蓝色起源公司	4 座太空舱	2200 万
	阿连特技术系统公司	"自由"号火箭	无投资 SAA 合同
	神剑钻石公司 (EAI)	重复使用返回型航天器	无投资 SAA 合同
	联合发射联盟	应急监测系统	无投资 SAA 合同
商业乘员运载综合能力 (2012—2014)	内华达山脉公司	"追梦者"飞行器	2.125 亿
	SpaceX 公司	"猎鹰 9/龙"系统	4.6 亿
	波音公司	7 座 CST – 100 太空舱	4.4 亿
产品认证合同	内华达山脉公司	"追梦者"飞行器	1 千万
	SpaceX 公司	"猎鹰 9/龙"系统	958.9 万
	波音公司	7 座 CST – 100 太空舱	999.3 万
商业乘员运输能力发展	波音公司	7 座 CST – 100 太空舱	42 亿
	SpaceX 公司	"猎鹰 9/龙"系统	26 亿

备注：*2011 年 NASA 追加金额

在商业乘员计划下,NASA 对商业乘员运载器提出了 4 方面的技术要求:可搭载 4 名航天员和相关设备进入空间并能够返回地球;紧急情况下可搭载一定人数的航天员返回地球;紧急情况下可作为 24 小时紧急避难所;可在空间站停留 210 天(航天飞机仅能够停留 12 天）。

从 2010 年发展至今，发展了波音公司、SpaceX 公司、内华达山脉、蓝色起源等多家合作商。目前该计划进入最后一步认证及执行任务阶段，最终决定向波音公司和 SpaceX 公司注资，发展 CST – 100 飞船和"猎鹰 9/龙"系统，并将在 2017 年开展载人演示验证飞行。

二、运作模式

商业航天项目开展的计划流程（如图 1 所示）为：NASA 提出系统的技术需求和性能指标；各商业公司根据需求提出系统方案；NASA 进行方案选择并售出研制合同；NASA 采取里程碑的形式评估系统研制进度，若商业公司不能按时完成里程碑事件，NASA 不再继续进行资金支持；商业公司完成系统研制并通过 NASA 的鉴定后，NASA 开始向商业公司购买发射服务。

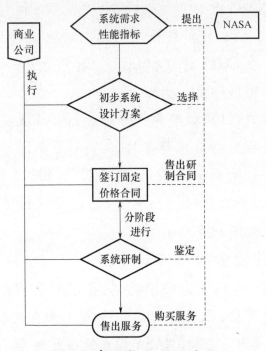

图 1　商业航天项目流程

（一）研制过程从政府主导转换为企业主导

以往通常是 NASA 主导整个系统的研制工作,例如航天飞机的设计、研制和项目管理都是由 NASA 主导,而且后期的运行维护也是由 NASA 下属航天中心完成,需要大量的政府人员参与到项目的实施过程中。在商业航天项目下,整个项目的运行,包括整个航天运输系统的设计、研制工作以及后期的发射操作等都交由商业公司完成,而 NASA 只需要在关键节点进行鉴定(里程碑事件),并在系统完成后,向商业公司购买服务,不再插手项目研制过程。这样的方式减少了大量的政府监管,改变了政府主导下的官僚主义弊病,使得商业公司能够相对独立地开展系统研制,可以大幅提高效率。

（二）竞争机制贯彻始终

竞争是商业航天项目持续快速发展的重要因素。和传统 NASA 项目相同,商业航天项目是通过多家公司竞标,而且通过资金投入和技术支持的方式吸引了多家新兴商业航天公司的参与。在存在竞争的情况下,NASA 要从价格、技术及管理等方面对各家公司进行对比,不仅激发了商业公司在技术研制上的快速进步,而且可以进一步压低成本。在 COTS 计划和 CCP 计划中,SpaceX 公司都是依靠较低的合同价格得以胜出。此外,商业航天计划下各项目都是分阶段售出固定价格的合同,参与竞争的商业公司只能获得固定金额的资金投入来完成相应的里程碑事件,NASA 不会因为项目进展困难而追加投入。如果研制资金不足,需要公司来筹集资金,如果不能完成里程碑事件,公司就要退出竞争,这样可以保证 NASA 不会在没有前景的项目上浪费投入。

（三）多种资金筹集方式并存

无论是 COTS 计划还是 CCP 计划,基本可以分为研制和购买两个阶段。在研制阶段,私营公司的资金基本来自政府和企业融资。在一份审计报告《商业货物:NASA 商业轨道运输服务和 ISS 商业补给》中指出,截至 2013 年 6 月,SpaceX 公司和轨道科学两家私营公司已经为商业货物运输项目提供了近50%的研制资金,SpaceX公司的"猎鹰"9火箭的首次验证飞行的费用全部由私营公司自己承担。而在 COTS 计划下首轮竞标成功的 RpK 公司由于无法融资而多次延误研制节点而被取消资格,因而在私营公司的研制阶段,政府和公司融资同等重要。而在购买阶段,情况相对简单,主要是政府出资购买服务,私营公司提供服务。

三、实施效果与未来发展

(一)降低政府经费投入

作为商业航天项目的执行机构,NASA 的活动范围非常广,覆盖了基础科学研究、航空、空间技术、航天探索、空间活动、教育等9个领域。其中,航天探索和空间活动两个领域的经费投入占到 NASA 总经费的40%以上(见表3)。航天探索主要开展深空探索系统的研制计划,包括重型运载火箭和深空载人飞船,而商业航天项目也是包含在该领域内。空间活动则围绕国际空间站进行,包括空间站的运行维护、空间站上开展的研究活动以及空间站人员和货物的运输服务,以及航天飞机项目。

表3　NASA 近年各领域的经费投入(单位:亿美元)

财年	基础科学	航空	空间技术	航天探索	空间活动	教育	跨部门合作	建设环保	监察	总经费
2007	46.069	5.938	0	28.698	51.135	1.159	29.499	0	0.322	162.85
2008	47.332	5.114	0	32.994	54.272	1.468	32.514	0	0.326	174.019
2009	45.03	5	0	35.055	57.647	1.692	33.564		0.336	177.824
2010	44.976	4.97	2.752	36.258	61.418	1.801	30.176	4.528	0.364	187.243
2011	49.497	5.335	4.563	38.212	51.463	1.454	29.564	4.329	0.363	184.48
2012	50.737	5.694	5.737	37.073	41.84	1.361	29.939	4.954	0.383	177.7
2013	47.816	5.295	6.145	41.132	37.249	1.163	27.11	6.646	0.353	168.652
2014	51.482	5.66	5.76	41.132	37.74	1.166	27.93	5.22	0.375	176.465

在航天飞机退役前,NASA 需要投入大量资金进行维护运行,以维持国际空间站的运输能力。据美国科罗拉多大学的分析报告,1971—2010 年间 NASA 在航天飞机项目上的投入高达 1920 亿美元。

航天飞机在 2011 年退役后,NASA 通过采购俄罗斯的航天运输服务作为过渡,同时投资本国商业航天企业并提供技术支持,加速开展商业航天计划,逐渐摆脱了航天飞机这个巨大的包袱,空间活动领域在 2011、2012 和 2013 财年的经费明显降低,平均降幅在 8 亿美元左右,但由于 NASA 总体预算经费的降幅也在 7 亿美元左右,因此对于其他领域内的经费影响不大,仅在空间技术、基础科学等领域略有增长,如表 3 所列。

从具体项目的经费投入而言,商业航天计划的实施之所以能够降低经费总额,是由于该计划显著减少了 NASA 在航天运输系统上的投入。而 NASA 在航天运输系统上的投入一方面用于研制深空探索系统,另一方面用于支持国际空间站的近地轨道人员和货物运输,如表 4 所列。

表 4　NASA 近年来在航天运输系统上的经费(单位:亿美元)

财年	空间站运输[①]			探索系统[②]
	商业航天项目	航天飞机	空间站运输服务	
2007 财年实际经费	0.911	33.153	0	20.236
2008 财年实际经费	1.305	32.954	0.823	25.453
2009 财年实际经费	2.43	29.795	4.652	31.901
2010 财年实际经费	0.391	31.014	6.28	32.875
2011 财年实际经费	6.068	15.929	8.568	29.821
2012 财年实际经费	4.06	5.993	11.857	30.016
2013 财年实际经费	5.25	0.388	10.403	28.838
2014 财年实际经费	6.96	0	13.973	31.152

① 其中,商业航天项目为本土航天企业研制空间站运输系统提供经费支持;航天飞机是 2011 年前国际空间站的运输方式;空间站运输服务的经费用于采购俄罗斯或者美国本土的近地轨道运输服务。
② 2007 财年至 2010 财年探索系统研制计划为星座计划,2011 财年开始进行 SLS 重型运载火箭和猎户座飞船的研制计划

如表 4 所列,2007—2011 财年 NASA 在国际空间站运输上的经费投入平均为每年 34.85 亿美元。航天飞机退役后,2012—2014 财年国际空间站运输的经费投入平均每年 19.63 亿美元,下降了 59%。从图 2 中也可以看到上述趋势,这也就证明了商业航天计划的实施显著降低了 NASA 在国际空间站运输上的经费投入。

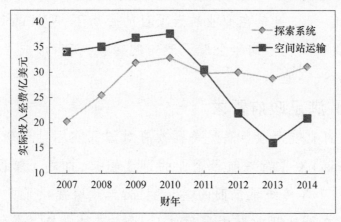

图 2 NASA 在航天运输领域内的经费投入变化

此外,从图 2 中可以看到 2014 财年比 2013 财年的空间站运输经费有所回升,这是由于目前 NASA 在购买运输服务的同时,开始为商业载人航天运输系统的研制投入大量的资金支持,在这一过渡时期必然会导致经费有所增加。

综上所述,NASA 在开展商业航天运输项目之后,通过采购商业运输服务的方式替代了航天飞机,显著降低了政府对国际空间站近地轨道运输的经费投入。

(二) 带动行业发展

NASA 实施商业航天项目的一个重要目标就是带动整个航天产业的发展,就像航空产业和因特网的发展过程一样。这些技术开始也是由政府专有,但是随着技术和时代的发展,市场对这些专有技术逐渐有了需求,政府就需要进行技术推广,培育出一个新兴行业,让商业公司来满足市场需求。

对于航天产业而言,商业通信卫星发射、空间站近地轨道运输、小卫星组网以及太空旅游等需求逐渐显现，NASA 通过商业轨道货运服务计划和商业乘员计划向国内的航天企业投入资金或提供技术支持①，开展新型航天运输系统的研制计划，这一过程引导大量资金进入航天领域，培养出了 SpaceX 公司、内华达山脉公司、蓝源公司等新兴航天企业。虽然部分公司在竞争过程中被淘汰，甚至有公司只是昙花一现，但是在商业航天项目的带动下，NASA 积累了几十年的技术逐步实现了向整个航天产业的转移，初步形成了一些具有竞争力的新兴企业。

（三）满足政府需求

首先，商业航天项目满足美国政府对国际空间站运输能力的需求；其次，SpaceX 等新兴航天企业的迅速崛起，打破了美国波音、洛克希德·马丁等传统承包商的垄断地位，为政府提供了更多选择。

NASA 在开展商业航天项目之后，形成"猎鹰 9/龙"和"安塔瑞斯/天鹅座"两种国际空间站货运系统，"猎鹰 9/龙 V2"和"宇宙神"5/STS－100 近地轨道载人系统也将在 2017 年实现首飞，这样美国就能完全依靠本国商业航天运输系统满足国际空间运输任务。在上述过程培养出来的新兴航天公司为行业引入了竞争机制，各航天企业能够提供更为廉价和优秀的航天运输系统，例如 SpaceX 的"猎鹰"9 火箭竞争空军发射项目，联合发射联盟公司意识它的"德尔它"4 火箭将不具备竞争力，决定研制新型运载火箭来替代现有产品，美国政府就能从中受益。

（四）进一步提升美国在国际商业发射市场的竞争力

全球商业发射市场每年发射费用大概在 25 亿至 30 亿美元，发射次数平均每年 19 次，占总体发射次数的 25% 左右。2008 年美国曾占当年商业发射的 21%（6 次商业发射）。但近年来，美国火箭逐

---

① SpaceX 公司的主力发动机"隼"－1D 就采用了"阿波罗"登月舱下降段发动机的喷注器。

渐失去在商业发射市场上的占有的份额。2011 年 0 次商业发射，2012 年仅 2 次商业发射。在 2013 年签订的 32 颗商业卫星发射订单中，欧洲卫星发射公司的订单数量为 18 颗，占据全球商业卫星中的最大份额。

随着 COTS 计划的成功实施，美国具备了安全、可靠、低成本的商业轨道运载器和航天器，实现了近地轨道商业货运能力，在国际空间站货运任务得到满足的同时，也让商业界看到了美国私营发射供应商的实力。促使了美国开拓商业发射市场，希望将市场占有率从现有的 13%（2008—2012 年间的平均值）增加至 28%。其中 SpaceX 公司签订的商业订单为这种增长提供了巨大贡献。在美国私营航天的强力竞争下，传统的卫星发射市场将面临廉价、可靠、完善服务等方面的挑战。表 5 给出了 GTO 运载能力 4~6 吨火箭的发射价格。

表5　运载火箭发射价格比较

国家/地区	美国			俄罗斯/乌克兰		日本	欧洲
运载火箭	"猎鹰"9	"德尔它"4M	"宇宙神"5	"质子"号 M	"天顶"号 3SL	H-2A	"阿里安"5
GTO 运载能力/吨	4.6	4.2	5.0	5.5	6.0	4.2	10.5
发射价格/亿美元	0.5	1.4	1.5	1.0	1.1	0.9	2.1（双星）

未来，随着商业轨道运输项目的进一步发展，SpaceX 公司、轨道科学公司等企业继续完善商业轨道运输系统的可靠性，展现其在商业发射领域的竞争力，美国将有望提高在国际商业发射市场上的占有率。未来，借助商业航天公司的迅猛发展、航天工业的雄厚基础以及美国政府的扶植（政府载荷发射价格高于商业发射价格），美国将有可能在不久的将来动摇俄罗斯和欧洲在商业发射市场上的主导地位。

（五）应用领域不断拓宽

NASA 开展商业航天项目的直接目标是实现近地轨道运输能

力,向空间运送人员和货物。目前近地轨道货物运输系统已基本成熟,乘员运输系统也将在 2017 年实现首飞。在完成上述目标后,NASA 还计划延伸商业运输系统的应用范围,向近地轨道运送推进剂,为卫星或者深空探索任务提供推进剂在轨加注服务。

商业航天公司也在进一步挖掘潜在需求,例如 SpaceX 公司和谷歌合作开展拓宽互联网可用性的卫星研发项目,发射 700 多颗廉价卫星,提供网络接入服务,争夺互联网入口。这样的计划将给商业轨道运输系统带来重要的发展机遇。此外,部分商业航天公司还在拓展直接面向消费者的太空旅游市场,例如维珍银河公司、XCOR 公司都在研制可重复使用的亚轨道飞行器,搭载游客进行短时间的亚轨道太空飞行,目前这两家公司都已经接受了大量订单。

四、启示

(一) 国家政策的扶植促进美国商业航天发展

美国商业航天运输的成功与国家政策的扶植和政府机构的大力支持是密不可分的。2010 年 6 月 28 日,美国政府公布的《国家航天政策》中明确指出:"具有竞争力的商业航天活动对于航天的可持续发展十分重要。美国政府将致力于鼓励并推动美国商业航天的发展,满足美国自身的需要、形成全球竞争力,加强美国在新兴市场和创新驱动型企业中的领导地位"。2012 年 NASA 公布美国载人航天未来发展路线图,通过构建新能力将载人空间探索延伸至更遥远的深空,同时积极促进商业轨道运输能力的发展。COTS 计划和 CCP 计划都制定了清晰的发展目标,规划了明确的发展步骤。完善的航天政策规划为商业航天推进指引了方向。

此外,在 COTS 计划和 CCP 计划中,美国政府给商业公司都提供了资金和技术支持。NASA 为了支持商业航天项目,开放了"阿波罗"计划的部分技术和试验设施,帮助商业公司进一步降低成本。SpaceX 公司"猎鹰"系列火箭所使用的"隼"发动机就采用了登月舱下降段发动机的技术。而在商业公司验证工作全面推迟、节点任务未按合同规定完成的情况下,提前向商业公司拨款以帮助其追赶进度。这些都是美国对商业航天发展提供政策支持的具体体现。

（二）商业运输系统的可靠性还尚需验证

COTS 计划实施以来,虽然已成功进行了 10 次空间站任务,但从任务执行力上来看,两家公司都出现重大失利情况。2014 年 10 月"安塔瑞斯"火箭 130 型由于一子级俄制 AJ－26 发动机涡轮泵故障,升空 6 秒后爆炸。2015 年 6 月,SpaceX 公司也由于二子级氦气瓶支架失效导致火箭发生爆炸。除 NASA 开展的商业航天计划外,专注于亚轨道太空旅游的维珍银河公司在 2014 年也出现了飞行器坠毁,造成驾驶员一死一伤的重大事故。从商业航天公司的产品表现而言,虽然价格低廉具备良好的市场竞争力,但在缺乏政府有效监管的情况下,新兴的航天公司在质量管理、风险管控模式等方面缺乏经验,导致产品的可靠性问题。当初 NASA 将发射合同授予商业航天公司时就曾受到许多质疑,而目前看来,由于新兴商业航天公司在产品研发方面经验缺乏和技术的不成熟甚至有可能在前期造成较大的经济损失,商业发射系统的可靠性还有待验证。

（三）新型商业模式以及社会资源的成功引进

航天飞机退役后,美国结合航天发展需要,及时地探索了解政府研究机构与商业公司的共同发展道路,将社会资源全方位引入航天技术研发。美国在航天政策调整中将商业化运作纳入近地轨道乘员与货物运输,这一举措不仅缓解政府预算紧缩压力和弥补美国政府载人运输能力外,而且在确保安全的前提下引入竞争机制,既降低了运输费用,又可将 NASA 在载人航天领域的成熟技术与经验向商业公司转移,大力推进近地轨道商业运输能力建设,培育新型航天工业基础,继而保持未来近地轨道航天活动能力,并为未来深空载人探索提供基础。

（北京航天长征科技信息研究所）

NASA《火星之旅：开拓太空探索新篇章》报告分析

摘要：2015 年 10 月 8 日，美国国家航空航天局（NASA）公开发布《火星之旅：开拓太空探索新篇章》报告（下称《火星之旅》报告），全文 35 页，概要介绍了美国分三个阶段实施载人火星探索系列任务的规划，重申将在 21 世纪 30 年代实现载人登陆火星的终极目标。NASA 规划载人火星探索活动已有数十年时间，此番报告的发布是最新举措，意在向公众和国际社会"传达其探索策略并分享进展"。本文介绍了该报告出台的背景，归纳和分析了主要内容和观点，得出了几点启示。

一、报告出台背景

美国开展载人航天活动已超过半个世纪，始终将火星作为载人航天的长远目标。奥巴马总统上任后提出"21 世纪太空探索"新战略，目标是进行"月球以远"的载人空间探索，将目标定为在 21 世纪 30 年代中期实现载人火星轨道飞行，之后实施载人火星登陆。此后，美国对载人火星探索之前的过渡目标一直举棋不定，因此采取了多目的地探索策略，以火星为终极目标，将月球、近地小行星、拉格朗日点等目标都作为备选跳板，注重发展技术能力，以期在目标确定之时具备相应工程能力。

《火星之旅》报告则是直接响应了 2010 版"美国国家空间政策"

的指示，也得到了近年国会授权法案的支持。"2010 财年 NASA 授权法案"首次正式将"实施载人火星探索"定为美国载人航天计划的长远目标；"2014 财年 NASA 授权法案"重申了这一承诺，并确认，载人火星探索是 NASA 的首要使命。

二、报告主要内容

《火星之旅》报告分六部分，回答了"为什么要探索火星"的问题，给出了未来若干年的探索目标和战略方针，提出了"三步走"的发展战略设想，重点介绍了 NASA 以火星探索为中心在技术开发和系统研制方面已经取得的最新进展，并总结了火星探索面临的挑战。

（一）探索火星的目的和目标

1. 探索目的

火星科学价值极高，其形成和演变的过程和地球相似，可帮助人类了解更多关于地球历史和未来的信息。NASA 认为，对火星进行探索可以回答一系列问题：

（1）地球以外是否曾出现过生命？

（2）火星未来能否成为人类的家园？

（3）火星能否提供宇宙其他地方是否存在生命或者地球上生命如何起源的信息？

（4）火星是否能够告诉我们有关地球的过去、现在和未来的信息？

2. 探索目标

NASA 致力于领导美国和全球火星探索活动，旨在向太阳系深处和火星表面拓展人类足迹，采用人类和机器人联合探测的方式填补知识缺口并探寻可能存在的地外生命。在此过程中，依靠日益增多的国际和商业合作伙伴实现目标并获得经济效益，巩固美国在地球上和太空中的领导地位。

（二）探索途径指导方针和特点

针对载人火星探索途径，NASA 制定了一组指导性方针，为可持续、可负担的载人航天计划提供全局指导，以确保 NASA 的投入有效且高效。这些方针可归纳为：

（1）近期适应当前预算额度，中、远期考虑国家经济增长潜力；

（2）探索与科学互相促进；

（3）近期任务应用高成熟度技术，同时持续投资突破性技术；

（4）采取联合探测方式，协调开展载人任务和机器人任务；

（5）推动美国相关企业广泛参与，进一步提升工业基础；

（6）形成弹性体系结构，基础设施强调多用途、牵引性、可演进；

（7）密切新型国际和商业合作伙伴关系，充分利用当前国际空间站的合作伙伴关系，并构建新型商业协作性探索机制。

在该报告中，NASA 提出了逐步发展的"弹性"探索途径，该路径具有如下特点：

（1）后勤需求最小化：尽量减少所需系统数量，使用原位资源进行维护，以实现任务的自给自足；

（2）模块化：硬件标准化及对复杂分系统采用简单接口；

（3）通用性：开发可在多个目的地服务多种用途的系统；

（4）可扩展性：研制具有应用强化路径的初始硬件；

（5）可负担性：针对全系列任务而非单一任务优化系统开发，最大程度降低开发成本。

（三）"三步走"发展战略设想

NASA 力图整合全局资源，并与众多伙伴合作，从当前的"依赖地球"型载人航天计划起步，经由地月空间"试验场"，发展出"摆脱地球"的深空能力。NASA 遵循以下增量式步骤发展并验证相关能力：

（1）"依赖地球"阶段：主要指国际空间站上的研究活动。试验技术并推进人体健康和绩效研究，为将来长时间深空任务奠定基础。

（2）"试验场"阶段：NASA将尝试在深空环境（主要是地月空间）中进行复杂任务，但将其复杂程度限定为"乘组可在数天内返回地球"，借此提升并验证人类在距离母星地球非常遥远的深空中生活、工作所必需的能力。

（3）"摆脱地球"阶段：建立在空间站和深空探索既得经验的基础上，使前往火星附近（低火星轨道或火星其中一颗卫星）的载人任务成为可能，并最终实现载人登陆火星。登上火星后不仅是到访，还要长期驻留。

（四）已取得的进展

在以火星探索为中心的技术开发和系统研制中，NASA已经取得了一些进展，且正在对未来所需技术进行分析。

1. 近地轨道空间站

NASA当前的载人探索活动限于国际空间站为主的"依赖地球"型框架中，并将空间站视为验证关键探索能力和运行方案的试验平台。NASA在空间站上进行针对火星级任务的人体健康和行为绩效研究，大力发展最先进的生命保障系统、打印3D零件并分析可用于原位资源利用的物料搬运工艺。SpaceX公司下一次"商业补给服务"任务将发射"毕格罗扩展活动舱"，验证充气式空间站居住舱段。

NASA还为商业公司参与近地轨道载人航天运输提供了机会，其资助的"商业轨道运输服务"（COTS）计划造就了两种新运载火箭和两种新货运飞船，太空探索技术（SpaceX）公司和轨道－ATK公司都在NASA的支持下成功向空间站运送过货物。根据"商业补给服务"（CRS）及后续合同，商业合作伙伴有望每年执行6次飞行任务以维持空间站运行。2014年9月，NASA宣布向波音公司和SpaceX公司授出"商业乘员运输能力"（CCtCap）合同，意味着这两家公司完成研制并通过认证后,将为 NASA 执行国际空间站载人往返运输服务。这对于 NASA 和企业是双赢的安排,刺激了新型市场,培育了新兴商业航天工业。

2. 地月空间

NASA 为地月空间"试验场"任务确定出若干项目标,都是向终极目标过渡的关键步骤。

1)探索运输系统

尽管美国放弃了重返月球的"星座"计划,但保留了作为其核心的"猎户座"乘员探索飞行器。"猎户座"外形类似于"阿波罗"飞船,但技术性能有大幅度提高,其分系统和元件多采用创新技术,具备到达月球、小行星、火星及其卫星等多个目的地的能力。"猎户座"设计支持 4 名乘员飞行 21 天的近地轨道以远任务,但不支持舱外活动。

在航天发射系统(SLS)研制中,NASA 采取了演进式设计方法,初始构型"Block 1"SLS 可将飞船、货物、设备等运送到地月空间中的中转点,使用液氢/液氧推进系统和固体火箭助推器,沿用"德尔它"低温第二级作为上面级,近地轨道运载能力可达 70 吨。NASA 计划升级助推器并研制先进上面级,将其运载能力逐步提高到 Block 1B 的 105 吨和 Block 2 的 130 吨。这一有效载荷能力远超当前和已规划的商业运载火箭能力。

此外,NASA 正在发展健全的发射服务能力,不只可以支持上述探索系统,还可供众多商业发射供应商使用。在 NASA 的探索策略中,大功率太阳能电推进是首要关键能力,可减少之前预估的载人火星任务成本。

2)"小行星重定向任务"

2020 年进行"无人小行星重定向任务",从一颗近地小行星上采集一块巨石,将其拖拽到地月空间"试验场"中;之后,"载人小行星重定向任务"将发射航天员与之交会、勘测并采样。"小行星重定向任务"是验证若干项长期深空任务能力的近期机会,此外,还可在地月空间留下深空基础设施，作为今后奔火途中的中转站。"无人小行星重定向飞行器"还能对到访飞行器提供一定支持，包括用于接近和对接的 S 频段转发器、X 频段通信链路等。

3）深空居住系统

深空居住系统为乘员提供可居住的增压环境以及在长时间持续任务中保持乘员健康和活力的所有功能（如生命保障、工作站、医疗保健等）。为评估新技术，NASA 建造了居住舱验证装置，试验和评估用于可能目的地的居住系统建筑结构和任务运行方案。

3. 火星附近

在规划和实施"试验场"阶段任务的同时，NASA 还将利用已有和已规划的机器人任务及研究工作，更好地了解未来系统设计面临的挑战和机遇。NASA 及其国际和工业合作伙伴已确定出"摆脱地球"所必需的核心能力，包括已经在"试验场"阶段验证过的能力、火星表面着陆器、先进高效原位资源利用、表面机动性、表面永久居住舱和乘员转移飞行器。未来 10 年中，NASA 将依靠机器人火星探测器帮助选定人类可达的着陆区，预先安置基础设施，并指引载人目的地系统设计工作。

（五）面临的挑战

在深空中生活和工作的技术和运行挑战可分为三类："运输"，高效、安全、可靠地将人类乘员和货物送入空间并在其中航行；"在太空中工作"，实现乘员和机器人系统的生产性作业；"保持健康"，可为人类提供安全、健康和可持续探索环境的居住系统。克服这三类障碍是长达 1000 天的载人火星任务和延续数十年的探索系列任务面临的首要挑战。

具体包括：

1. 运输

（1）商业货运和载人：NASA 当前正与商业企业合作，促使近地轨道往返运输运作模式转型，NASA 可依靠成本较低、较灵活的商业市场提供近地轨道运输服务,为近地轨道以远和行星际运输释放出资源。

(2)近地轨道以远的运载系统:单独一次载人火星任务可能需要向火星表面运送若干次、每次 20 吨到 30 吨有效载荷。除质量外,有效载荷体积也是挑战。为实现货运任务,NASA 设想了新的10 米直径整流罩。商业货运服务或许可用于补充航天发射系统的核心作用。

(3)空间中的电源和推进:NASA 期望使用大功率太阳能电推进系统(150~200 千瓦)。

(4)进入、下降与着陆(EDL):这是最大的挑战之一,也是多轮技术评估所确定出的火星探索最高优先级能力。需要针对载人规模进入、下降与着陆制定全新的技术方案。

(5)行星表面上升:火星上升飞行器(MAV)用于从火星表面向火星轨道转运乘员。MAV 驱动着陆器和 EDL 要求,继而影响空间中推进及从地面发射的总质量,这是任务成本的一项主要决定因素。MAV 对乘员生存也同样重要,要求额外可靠性和冗余度。当前研究仍停留在增进对关键组件的理解。

(6)深空导航和通信:国际空间站数据率为 300 兆比特每秒,未来载人火星任务可能需要高达 1 吉比特每秒的数据率,要求使用激光通信降低质量和功率。此外,要求有抗干扰和容错的行星际组网和增强的导航能力,以保证飞行轨迹准确、着陆精确。

2. 在太空中工作

(1)舱外活动:新型舱外活动系统必须满足出舱过程中的基本生理需求,提供有害环境防护,并实现舒适性、灵活性和灵巧性。舱外活动系统将与各种飞行器接口集成和测试。

(2)人—机操作与自主任务运行:可持续探索的重要特点是预先安置设备资产,重复使用基础设施,并依赖机器人能力支持人类航天员。机器人系统可在有人和无人情况下协助部署系统、组装结构和执行维护工作。

（3）原位资源利用和表面供电：可持续的探索必须充分利用水和其他有价值的资源，打破来自地球的后勤供应链。原位资源利用系统将使用大功率发电系统，如太阳能发电或裂变发电。

（4）表面居住和机动：载人探索任务最重要的挑战是确保乘员在长期任务中的安全。居住舱及配套系统和补给品，包括食物、衣物、大气气体等，是所有探索架构的重要组成部分。居住能力包含深空转移和表面居住两方面。

3. 保持健康

（1）环境控制与生命保障系统：NASA 利用国际空间站验证先进环控生保能力，将在"试验场"环境中进一步验证系统，并将其并入可靠的深空长时间居住能力。

（2）乘员健康：长时间载人任务可能会增加乘员骨质流失、肌肉萎缩、精神创伤、神经血管问题、视力退化和患病的风险。需要有新的诊断、监测和治疗工具及手段。

（3）辐射安全：在地球磁场以外，乘员和电子设备被暴露在高能粒子环境中，包括不频发但可能致命的太阳粒子事件及持续接触银河宇宙射线。这些高能粒子会减弱免疫反应、增大致癌机率和干扰电子设备。

三、报告的几点分析

从报告提供的关键信息上看，与 NASA 以往不同时期公布的载人火星探索"规划"无二致，既没有给出具体的任务时间表，也没有给出整个计划的大概预算，因此，如 NASA 所说，该报告仅为传达其探索策略并分享进展。

（一）时逢美国联邦政府新财年，有争取政府经费支持之意

虽然美国政府和美国国会都支持载人火星探索，但在预算和拨

款上微乎其微,载人火星计划也没有立项和给予专项拨款。经费问题成为制约载人火星计划的最大瓶颈。每年 10 月 1 日是美国联邦政府新财年的开始,因此,NASA 多选择在这一时间发布规划和重大发现,有争取经费之意。NASA 先是在 9 月底高调宣布火星表面存在液态水活动的证据,又分批公布了"阿波罗"探月期间的大量高清照片,紧接着在 10 月 8 日发布了《火星之旅》报告。NASA 选择这一时机发布报告和 NASA 高层上下奔走,意在继续宣传和游说,为载人火星探索工程立项做努力。

（二）载人火星探索挑战巨大,技术突破和国际合作必不可少

一旦着手实施载人火星探索,就意味着开始了人类历史上持续时间最长、距离最远、规模最大的航天活动。载人火星探索除必须有国家级持续投入的保障外,技术和合作伙伴关系也都是关键要素。

参照美国"火星设计参考架构"系列研究,载人火星任务地火转移出航和火地转移归航时间各 180 天左右,火星表面停留时间 500 天左右,总任务时间近 1000 天,地球出发质量数百吨。超长的任务周期和恶劣的空间环境明显超出人类已证明的、没有来自地球直接补给而在太空中维持生存的能力,给航天员生理和心理健康带来了极大的挑战。实施载人火星探索需全面突破运载、推进、进入下降与着陆、辐射防护、原位资源利用、测控通信、环控生保等关键能力。

火星探索所需投资之巨大,非一国所能独立承担。因此,开展国际合作是未来载人深空探索,尤其是载人火星探索的必然途径,《火星之旅》报告中也屡次提到国际合作伙伴关系的重要性。2011年 9 月,NASA 牵头,美、俄、欧、日等 12 个国家或组织共同发布了《全球探索路线图》,并于 2013 年 8 月更新,亦将火星作为各国一致的长期发展目标。不过,未来载人空间探索虽以国际合作为主,但仍由美国主导,《全球探索路线图》也是按照美国的意图制定,其他

国家参与开发所需的系统和技术。

（三）瞄准火星探索，NASA 持续推进相关系统研制和技术开发

美国是大型在轨载人航天器国际空间站的主要合作伙伴，近年逐步将近地轨道运输服务转交给商业公司，NASA 自身则瞄准近地轨道以远探索能力，发展相关系统和技术。美国正在研制的新型载人航天器和重型运载火箭，发展完备后可到达深空多个目的地，实现美国目前采取的多目的地探索策略。在载人火星探索所需的关键技术方面，美国也在通过技术投资规划、创新技术开发计划等并行开发、试验、验证和应用。虽然美国还没有确定载人火星探索的具体时间表，但就目前形势而言，各系统和技术进展良好，已为载人火星探索奠定重要技术基础。

（四）美国国内反应平平，规划落实受多方掣肘

虽然 NASA 公布的载人火星探索规划雄心勃勃，但美国国会对该报告提出批评。同样，该报告及 NASA 最近的一系列举措也没有引起美国公众的强烈反响。

NASA 局长查尔斯·博尔登屡次在公开场合高调宣传载人火星探索。10 月 28 日，博尔登局长发表演讲称，总统换届已使美国载人航天发展多次陷于危局，如果下一任总统再次改变主意，在载人火星探索的问题上有任何迟疑，NASA "必遭毁灭"。

国会则不太理会 NASA 的宣传手段，指出该报告没有实质内容，敦促 NASA 制定更详细的载人火星探索计划，并警告说，NASA 不顾细节的做法会使整个计划受困，美国无法依靠其实现载人火星任务；同时称，美国载人火星探索缺乏进展是奥巴马政府之责，因其总想削减 NASA 深空计划经费。

似是在回应国会一直以来的批评之声，奥巴马总统在 2015 年国情咨文演说中强调，"投资空间技术至关重要"，并表示美国的长远目标是"要驻留在太空中，而不仅仅是到访"。白宫在 10 月底发

布新版《美国创新新战略》，表示将大力支持空间探索等九大领域；与白宫协商后，参众两院亦在 10 月底批准通过两党预算协议，决定 2016 和 2017 财年将联邦非强制性开支上限提高 800 亿美元，意味着联邦政府各研发机构的经费可能会有不同程度的增加。但这都不应引发盲目乐观，如 NASA 局长所说，2016 年美国大选将至，在总统决定政策的联邦体制下，新总统的战略思想才是关键。

（北京空间科技信息研究所）

NASA 载人小行星探索策略研究

摘要:随着深空探索能力的发展,小行星探索逐渐成为深空探索的热点,在主要航天国家之中,只有美国明确提出了载人小行星探索计划。美国对此的规划由来已久,最早可追溯到美国国家航空航天局(NASA)成立初期,自 20 世纪 70 年代以来就在研究利用已有能力到访小行星的可能途径,2010 年提出载人登陆小行星的愿景,2013 年提出创新的小行星探索路线,并于 2015 年确定任务方案。本文主要研究 NASA 当前的载人小行星探索策略,分析其整体技术途径,旨在客观描述 NASA 在载人小行星探索领域的发展情况,准确判断当前形势。

一、引言

小行星是太阳系早期的孑遗,是太阳系中一些绕太阳旋转的比行星小、比流星体大的固态小天体。近地小行星(NEA)是指轨道在地球轨道附近或与地球轨道相交的小行星,近日点在 1.3 个天文单位以内。截至 2015 年,人类对小行星还仅停留在零星的无人探测阶段。在主要航天国家之中,只有美国明确提出了载人小行星探索计划。

NASA 对于小行星任务的新规划根植于该机构的传奇历史,想法可以追溯到成立初期。在 1964 年一份名为"长远未来任务规划"的文件中,NASA 就表达了在 20 世纪 70 年代结束之前利用无人探测器到访小行星的愿望,但彼时最先进的技术也不足以实现这一目标。自 20 世纪 70 年代以来,NASA 一直在研究利用已有能力到访小行星的可能途径,先后执行过多次发射任务,或专门研究小行星,或在飞向其他行星的途中飞越小行星。经过多年规划和近期的技术发展,NASA 认为现在有能力加快计划,以实现其构想了 40 多年的小行星探索计划。

二、NASA 载人小行星任务的提出背景

美国总统奥巴马早在 2010 年就提出了载人探索小行星的想法。2010 年 2 月,奥巴马总统取消了已经进入工程研制阶段的"星座"计划,同时发布"21 世纪新太空探索"战略,确定的目标是进行月球以远的载人深空探索,实现多目的地深空探测任务。同年发布新版《国家空间政策》,提出在 2025 年前实施月球以远的载人探索任务,包括载人到访小行星,2035 年左右实现载人绕火星探索活动。

在美国的新空间政策背景下,NASA 的空间架构团队开始评估载人探索近地小行星所需的系统和资源,与外部科学、学术和工程团体合作开展了主体研究,并于 2010 年 8 月举办了综合性近地天体探索主题研讨会。同年,NASA 成立近地小行星用户团队,作为近地小行星全面规划、分析和操作概念方案制定的"办公室"。

2013 年 4 月,NASA 在新财年预算案中提出一项全新的"小行星倡议",并为该计划分配了约 1.05 亿美元的启动资金,涉及 NASA 全部三个任务部。"小行星倡议"出现在 NASA 关于如何实现空间探索目标的重大战略转移中,这一战略被称为能力驱动架构,利用并整合了 NASA 在载人探索、空间技术和空间科学方面的活动,以期提升未来载人和无人任务所需的能力。

三、NASA 载人小行星探索整体技术途径

(一)"小行星倡议"总体方案

"小行星倡议"由两部分独立但相关的活动组成:"小行星重定

向任务"（ARM）和"小行星大挑战"（AGC）。

1. 小行星重定向任务

ARM 将部署一个无人航天器捕获一整颗小行星或从一颗小行星表面采集一块巨石，再拖至月球附近的稳定轨道上，随后由航天员与其交会并进行就位研究。

ARM 分为三个主要阶段：

（1）观测活动：识别足够数量的潜在目标，围绕其可制定并执行可行的任务实施计划；

（2）小行星捕获：飞行器具有充足的器载推进能力，捕获一整颗小行星或从一颗小行星表面采集一块巨石，再拖至月球附近的稳定轨道上；

（3）载人探索：在地月空间与已重定向的小行星或巨石交会，以便勘测、研究和采样，确定其成分和内部构造，并评估资源利用潜能。

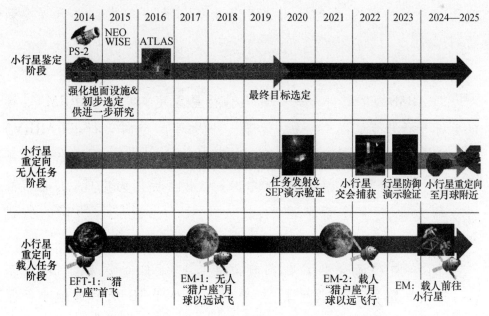

图 1　NASA ARM 进度安排（2015 年 4 月）

2. 小行星大挑战

2013 年 6 月，NASA 宣布发起 AGC，作为对 ARM 的补充，旨在找到所有会对人类构成威胁的小行星并掌握应对威胁的方法。该挑战需要大规模的跨学科协作及与其他政府机构、国际合作伙伴、业界、学术界和公民科学家的广泛合作。AGC 是为响应 2011 年奥巴马总统发布的《美国创新战略》而设定的,其规划过程由 NASA 首席技术专家办公室领导。

(二) 目标观测、发现和表征

载人小行星探索技术研究的首要问题是确定探索对象。以安全性、可达性和探测价值为核心,从众多小行星中选取合适的目标。

观测活动由 NASA 近地天体搜寻计划中开发的设备和技术实现。截至 2015 年,大部分近地小行星的观测和发现活动由卡特林那巡天系统、全景观测望远镜和快速响应系统－1(Pan－STARRS－1)和"太空监视"系统完成,数据校正和轨道确定由国际天文联合会小行星中心完成,精确轨道分析则由设在喷气推进实验室的近地天体项目办公室执行。未来几年内将扩大当前勘测并开展全新勘测。

(三) 小行星捕获任务方案

即 ARM 的第二部分——无人小行星重定向任务(ARRM)。选定目标小行星后,NASA 将发射无人小行星重定向飞行器(ARRV)与之交会。在该任务阶段,ARV 将利用能力超过当今最先进水平 30 倍的太阳能电推进(SEP)技术,将太阳能转化为电能,以非常高的效率水平产生连续小推力,极大降低了往返航行所需的推进剂量。

NASA 针对这一部分在两种方案之间进行了权衡评估,方案(A)捕获一整颗小型小行星:与平均直径小于 10 米的近地小行星交会,捕获质量低于 1000 吨的旋转小行星;方案(B)前往一颗较大的小行星,从其表面取回一块巨石:与一颗较大(直径约 100 米)的近地小行星交会,采集直径 2～4 米的巨石(质量 10～70 吨)。两种方案都计划演示验证行星防御技术,随后将捕获到的小行星/巨石机动至稳定的、乘员可达的月球轨道——"远距离逆行轨道"（DRO）。

NASA 在 2015 年 3 月选定了方案（B），暂名为"机器人巨石捕获"（RBC），任务概念方案如图 2 所示。

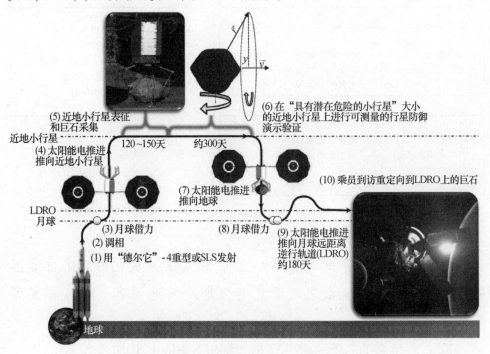

图 2　ARRM 基线概念方案（NASA）

（四）载人小行星任务方案

2013 年初，NASA 将 SLS/"猎户座"飞船的第二次探索任务（EM－2）调整为"载人小行星重定向任务"（ARCM），实现航天员到访和探索。2015 年 3 月，NASA 选定采集母体小行星巨石并重定向的方案（B），对原先已制定的任务方案产生影响，在重新制定方案的过程中，NASA 遵循以下原则：对 EM－2 构型的改动降到最低限度，通过扩展工具箱提供额外功能，所有性能分析都以 SLS/"猎户座"基线要求为基础；每一次设计权衡时都要考虑可负担性。任务方案制定的关键权衡因素包括：乘组规模、任务持续时间和轨道设计，对接或抓捕，发射质量（包括食物、衣物、氧气、氮气和水在内的乘员消耗品）及任务风险。

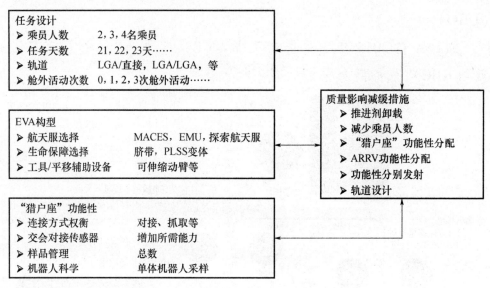

图 3　ARCM"权衡空间"（NASA）

　　根据当前的任务设计参数，完整的载人任务从发射到乘员溅落将持续 26 天，实际天数取决于发射日期及其他因素。任务方案如图 4 所示。

　　两人乘组搭乘"猎户座"飞船，由 SLS Block 1 构型发射。进入奔月轨道后，在第 7 飞行日执行月球借力（LGA）机动，在第 9～10 飞行日与 DRO 上的 ARV 交会、对接。在此，两人乘组将进行两次 4 小时的舱外活动，以验证深空舱外活动能力并采集小行星样品。组合体运行总时间为 6 天，包括交会、对接操作和应急预留时间。在第 15 飞行日组合体解除对接，开始返回地球并再一次执行月球借力机动。在第 26 飞行日，飞船执行跳跃式再入地球大气层，溅落在加州沿海水域。

（五）飞行系统方案

1. 载人航天器总体设计

　　"猎户座"设计支持 4 名乘员飞行 21 天的近地轨道以远任务但不支持舱外活动。将乘组规模从 4 人减到 2 人提供了额外的内部

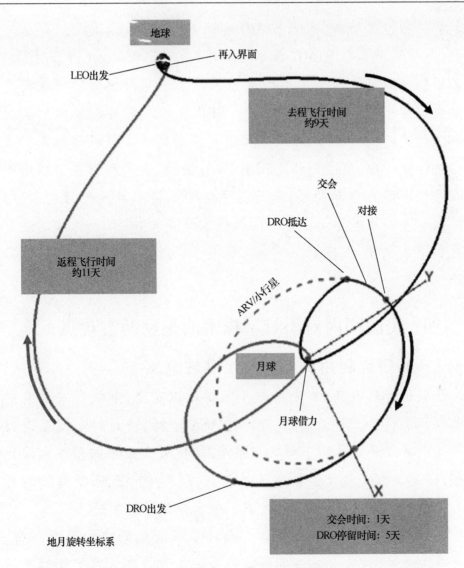

图 4　ARCM 参考任务轨道和方案概况(2015 年 6 月,NASA)

装载和质量能力,允许加装 ARCM 任务套件,扩展飞船支持 ARCM 飞行的能力。任务套件的基础设计准则是在套件内提供整装的必要功能,对"猎户座"基线配置和地面保障设备的改动最小化。

2. 无人飞行器总体设计

ARV 采用模块化设计方法,使得各模块可并行研制、集成和测试,同时实现未来的重复使用。ARV 飞行系统包括以下三个模块:太阳能电推进模块、任务模块和捕获模块。太阳能电推进模块涵盖全部能源和推进功能,兼容 STMD 在研的 50 千瓦级太阳能电池翼技术,电推进衍生自 STMD 霍尔推力器/功率处理单元(PPU)技术,但采用传统的热控和反作用控制分系统。任务模块为整个飞行器提供主要的指令和数据处理能力。SEP 模块和任务模块共同构成了一个功能性航天器平台,未来可用于多种任务。捕获模块提供执行相对导航、小行星表面相互作用、巨石捕获、上升和返航过程中的巨石限位所需的全部功能,此外还要增进支持乘员舱外活动,包括乘员抵达之前和舱外活动之间的机器人预备操作,以及可能的巨石表面和下表面样品机器人采集、暂存,供乘员评估、收集并返回地球。

四、美国国内对小行星探索的正反两方观点

(一)研究利用和任务可扩展性意义

开展小行星研究,首先是为了保护地球安全,加快解决具有潜在危险的小行星,即"行星防御"。NASA 坚持,通过对小行星进行有人探索可以更详尽地了解太阳系起源,探索太阳系的形成和演化过程,满足人类文明发展的需要以及人类探索宇宙、不断超越的好奇心和欲望。同时,还能帮助人类了解生命起源问题。

NASA 始终坚持 ARM 是其载人火星探索规划中的重要一步。在未来十年内,载人火星任务所需的先进能力将在地月空间试验场中得以验证,很多为 ARM 开发的技术和制定的概念方案都可扩展到载人火星探索。

ARM 的可扩展性包括无人部分和载人部分两方面。对于无人任务部分,太阳能电推进系统能力可用于其他载人探索任务;在地月空间接近小行星原材料的便利条件,实现了原位资源利用的演示验证,可以确定原料能否转化为有用的产品;机械臂与小行星交互的用途适用于其他 NASA 任务,如卫星在轨服务,为今后载人近地小行星或火星卫星任务提供表面接触或操纵能力;末端执行器/抓

爪(即微刺技术)可用于未来月球、火星、火星卫星的无人探索,还可用于探索近地小行星、主小行星带等天体;行星防御技术和通过该任务可能获得的经验也与未来任务相关且可扩展。对于载人任务部分,除采集和返回样品外,还将验证重型运载火箭与新型载人飞船支持地月转移任务的能力,飞船与无人飞行器的交会对接系统,以及深空舱外活动和相关工具,这些都代表了对 NASA 其他任务的可扩展性潜能。此外,ARM 概念性设计方案对可持续的载人探索亦有贡献,尤其是对火星分段式任务途径。分段式任务的多种可选方案都可采用利用太阳能电推进在火星轨道预置货物供载人火星任务所用的策略。

(二)虽初步认定可行,但质疑声音更大

"小行星倡议"提出至今仍未获美国国内广泛认可。NASA 内部咨询机构和外部独立研究机构纷纷表达了对 NASA 目前坚持的小行星探索策略的意见,主要包括 NASA 咨询委员会(NAC)、小天体评估工作组(SBAG)和美国国家科学研究委员会(NRC)。这三家研究机构给出的专业意见足以代表美国相关科研工作者的共识。除此以外,国会也对当前的小行星探索计划成见颇深。就目前形势而言,小行星探索前景堪忧,若要继续推进,得到国内学术界尤其是立法机构的认可必不可少。

美国国内各界对 ARM 的质疑主要集中在以下几点。

质疑之一:该任务的真正目的不明确

NASA 在解释"为什么坚持实施 ARM"的问题上做得不尽如人意。NASA 局长博尔登承认是因为 NASA 同时在搞 ARM 和"大挑战"所以引起很多混乱:行星防御不是 ARM 的目的,而是"小行星大挑战"的目的。但 NASA 其他很多官员都把行星防御列为 ARM 的重要理由。NASA 既已承认 ARM 并非科学任务,而打算利用它试验载人火星探索所需的技术能力,但它发布的官方情况说明仍将该任务定义为"重要的科学调研并开发深空探索乃至行星防御所需能

力"。麻省理工学院行星科学教授理查德·宾泽尔强调,这与遴选科学任务的过程相反,科学任务应由严谨的科学和只能由空间任务回答的难题支撑,认为"ARM 这样的'一锤子买卖'将不可挽回地破坏小天体探索计划。"

质疑之二:探索与科学价值均不明显,载人登火目标没有明显关联

NASA 将载人小行星探索的地位定为载人火星探索的垫脚石。但曾作为高级顾问深度参与 NASA 载人航天工作的道格·库克认为,小行星捕获任务或许可以验证技术能力,但与载人火星任务的长远战略之间没有显而易见的联系。NASA 兰利研究中心载人架构团队成员帕特里克·特劳特曼认为火卫一和火卫二更值得探索,因为它们距离火星足够近,科学价值高,且可以应用与登火任务相同的乘员运输系统。宾泽尔教授认为,ARM 不存在任何科学价值,因为将一颗小行星拖到离地球近一点的地方对铺垫载人火星任务的作用微乎其微。

质疑之三:与最初目标相悖,捕获的小行星不同于在天然轨道上的小行星

拉马尔·史密斯主席表示更期待看到航天员重返月球,严厉指责 ARM 是"随意"构建的计划,他在"捕获小行星对于载人探索是否浪费时间"这个问题上持坚定的反对立场,认为由无人探测器来完成更好。2010 年,奥巴马总统指示 NASA 在 2025 年之前将航天员送上小行星,而不是把一颗小行星拖到航天员面前。2013 年,白宫却提出 ARM 取而代之。宾泽尔教授明确表示,总的来说他不反对载人近地小行星任务,只反对 ARM。

质疑之四:小行星探索计划能否持续到政府换届之后存在疑问

小行星的愿景一直在 NASA 讨论范围内,但任务规划受政治方向千变万化之苦,使 NASA 无法坚持长期探索路线图。美国学术界人士也表达了相同的担忧,尤其是 2016 年大选将至,政府换届不可

避免,"很多团体认为 ARM 与本届政府有关",而后会被下届政府取消。这种担忧不无道理。美国的载人航天计划主要由总统制定,总统换届可能导致载人航天计划的整体变动。

质疑之五:成本/技术风险巨大,可能远超 NASA 预想

NAC 担心 ARM 可能会引起不可接受的成本和技术风险。洛克希德·马丁公司前高管汤姆·杨担心美国在接下来 20 年中花费 1600 亿美元在载人航天上,但只是"无比接近"载人登火。NAC 建议 NASA 在做出选择前先进行一项独立的成本和技术评估,但 NASA 并未采纳这一建议。

五、结束语

与世界领先水平相比,我国在小行星探测领域才刚刚起步。2012 年 12 月 13 日,嫦娥二号在距离 3 千米处飞掠 4179 号小行星"图塔蒂斯"并用太阳电池翼监视相机拍下近距离清晰影像,从而实现了我国小行星探测"零"的突破。

小行星重定向任务的参考任务说明中已明确提出该任务是为了"巩固美国在近地轨道以远无人和载人空间探索领域的领导地位"。载人小行星探索目标是在奥巴马政府上台并取消重返月球的"星座"计划之后提出,取消"星座"计划、转而走上小行星探索途径的根本原因可归结为美国已经实现过人类首次登月,更期望探索人类未及疆域。虽然 ARM 对载人火星的意义饱受诟病,但也有专家认为 ARM 在此更重要的作用时新思路的强效催化剂,围绕 ARM 展开的讨论或许可以刺激学术界、工程界构想出更多、更有效、更合理的载人探索途径。

载人小行星探索技术难度高、规模大、系统复杂、涉及领域广,高度依赖于先进的技术水平。对于我国而言,目前需要突破的关键技术较多,技术鸿沟明显存在,因此引发的成本风险、进度风险、可靠性风险等相较美国更为巨大,如不慎重对待则会导致成本失控、

进度拖延,从而严重损害未来的空间探索计划。在从航天大国向航天强国发展的关键时期,我国应从自身战略需求出发,不跟随、不盲从,以独立视角规划全局,制定长远、自主、可持续的战略规划。

（北京空间科技信息研究所）

综　述　篇

2015 国外载人运载器发展综述

2015 年,全球共执行 86 次航天发射,与载人航天及深空探测相关的发射活动有 15 次(见表 1)。参与发射的火箭包括俄罗斯"联盟"FG、"联盟"U、"联盟"2 -1a,美国的"猎鹰"9 -1.1、"宇宙神"5 -401 和日本的 H -2B 火箭。其中,俄罗斯"联盟"2 -1a 火箭发射"进步"M -27M 货运飞船失败,美国空间探索技术公司的"猎鹰"9/"龙"飞船系统发射失败,两次失败给国际空间站项目带来了巨大经济损失。

表1 2015 年载人航天活动发射情况

国家	运载火箭	日期	有效载荷	结果	发射场
俄罗斯	"联盟"FG	3.27	"联盟"TMA -16M 载人飞船	成功	拜科努尔
		7.22	"联盟"TMA -17M 载人飞船	成功	拜科努尔
		9.2	"联盟"TMA -18M 载人飞船	成功	拜科努尔
		12.15	"联盟"TMA -19M 载人飞船	成功	拜科努尔
	"联盟"U	2.17	"进步"M -26M 货运飞船	成功	拜科努尔
		7.3	"进步"M -28M 货运飞船	成功	拜科努尔
		10.1	"进步"M -29M 货运飞船	成功	拜科努尔
	"联盟"2 -1a	4.28	"进步"M -27M 货运飞船	失败	拜科努尔
		12.21	"进步"MS 货运飞船	成功	拜科努尔

（续）

国家	运载火箭	日期	有效载荷	结果	发射场
美国	"猎鹰" 9 – 1.1	1.10	"龙"飞船	成功	卡纳维拉尔角
		4.14	"龙"飞船	成功	卡纳维拉尔角
		6.28	"龙"飞船	失败	卡纳维拉尔角
		2.11	DSCOVR 太阳观测卫星	成功	卡纳维拉尔角
	"宇宙神" 5 – 401	12.6	"天鹅座"飞船	成功	卡纳维拉尔角
日本	H – 2B – 304	8.19	HTV5 以及 Flock – 2b 等 18 颗小卫星	成功	种子岛

一、任务执行情况

本年度 15 次发射中,1 次为深空探索任务,4 次为国际空间站载人任务,10 次为国际空间站货运任务。载人发射任务紧密围绕国际空间站项目进行。

（一）载人发射由俄罗斯独揽

自美国航天飞机退役之后,国际空间站的载人发射任务就由俄罗斯的"联盟"FG 火箭一肩承担,尽管目前美国积极发展商业载人运载器,但本年度仍未改变这种局面。而"联盟"FG 火箭也不负众望保持了很高的成功率,分别于 2015 年 3 月 27 日、7 月 23 日、9 月 2 日、12 月 15 日,将"联盟"TMA – 16M、"联盟"TMA – 17M、"联盟"TMA – 18M 和"联盟"TMA – 19M 共计 4 艘飞船以及搭载的 12 名宇航员成功送往国际空间站。

"联盟"FG 两级液体运载火箭,低地球轨道(LEO)运载能力为 6.8 吨,主要用于执行俄罗斯国内的有效载荷和载人航天器的发射任务。自 2001 年 5 月 20 日首次发射,截止 2015 年年底,共执行了 54 次发射任务,成功率高达 100%。2020 年前,俄将继续使用"联盟"FG 火箭执行国际空间站框架内的"联盟"载人飞船发射任务。

（二）国际空间站载货发射任务遭受两次重创

本年度国际空间站的 10 次载货任务由俄罗斯、美国和日本分担，其中俄罗斯 5 次，美国 4 次，日本 1 次。美、俄各失败 1 次。

2015 年 4 月 28 日，俄罗斯"联盟"2－1a 火箭由位于哈萨克斯坦境内的拜科努尔发射场 31 号发射工位将"进步"M－27M 货运飞船送入太空，但在飞行第 526.716 秒时，火箭末级与飞船分离异常，飞船被送入轨道的远地点高出预定轨道 40 千米，最终坠毁。造成近 50 亿卢布（约 1 亿美元）的损失。俄罗斯国家事故调查委员会通过模拟、系列试验和分析得出关于"联盟"2－1a 火箭发射"进步"飞船故障的最终结论。本次事故是由于火箭末级与飞船的异常分离导致，主要原因是飞船与运载火箭的连接结构频率响应异常。委员会认为，该连接结构在火箭系统的设计试验工作中未加以充分考虑。

"联盟"2－1a 火箭是"联盟"2 火箭的改进型，为两级中型火箭，起飞质量 312 吨，最大长度 46.3 米，LEO 运载能力为 7 吨。"联盟"2－1a 火箭以前主要用于发射"宇宙"系列军事卫星、"子午线"双用途通信卫星，现在将逐步转入"进步"货运飞船的发射。在货运飞船飞行试验框架内，"联盟"2－1a 火箭需执行 4 次货运飞船发射，首次发射于 2014 年完成，2015 年进行 2 次（1 次失败），2016 年还需进行 1 次发射。"联盟"2－1a 火箭将替代"联盟"U 火箭，未来还可能用于载人飞船发射。截止 2015 年年底，"联盟"2－1a 系列火箭共完成 21 次发射，19 次成功，发射成功率为 90.47%。

2015 年 6 月 28 日，美国 SpaceX 的"猎鹰"9－1.1 火箭搭载"龙"飞船执行其第 7 次国际空间站货运补给任务（CRS－7），火箭升空 2 分 19 秒后，火箭头部开始出现推进剂泄漏（或冷凝物）形成的浓雾，并逐渐包围了整个火箭。随后，浓雾包裹的火箭开始有碎片进出，"龙"飞船脱离火箭。在出现故障后 8 秒，即发射后 2 分 27 秒，火箭随着一次剧烈爆炸而损毁，"龙"飞船及其携带的 1.9 吨左右的载荷也全部损毁。事故调查结果显示:在一子级工作期间,火箭上面级液氧贮箱中的氦气瓶支架失效,引起氦气泄漏,最终导致液氧贮箱因压力过大而破裂。氦气瓶支架采用钢材料制造,长60厘米,厚2.5厘米,最大设计承载能力为44.5千牛。但是此次飞行中,载荷达到其最大承载能力的1/5时,支架就发生了失效。

"猎鹰"9为两级液体火箭,全长68.4米,LEO运载能力为13.15吨,地球同步转移轨道(GTO)运载能力为4.85吨,是SpaceX公司的主营产品,它是美国商业轨道运输系统发展的产物,旨在为美国近地轨道运输提供安全、可靠、性价比高的发射服务。"猎鹰"9火箭发射费用仅为6120万美元,截止2015年底,共进行了20次发射,成功18次,成功率90%。

(三)轨道ATK公司借助"宇宙神"5实现"天鹅座"飞船复飞

2015年12月6日,美国"宇宙神"5-401火箭搭载新一代"天鹅座"飞船于美国佛罗里达州的卡纳维拉尔角空军基地成功发射升空,将3.5吨的补给与仪器送往国际空间站。这是继2014年10月"安塔瑞斯"火箭发射"天鹅座"飞船失败爆炸以来,美国轨道ATK公司首次恢复向国际空间站的货物运输,也是轨道ATK公司第四次向空间站发射货运飞船。

"宇宙神"5火箭原计划于12月3日发射,但由于当地天气状况突变,大风、浓厚的云层和降雨等恶劣气候条件导致发射时间连续3天推迟,终于在6日迎来好天气。

"天鹅座"飞船此次携带超过3.5吨的物资,包括食品、零部件配件和科学实验设备。NASA称,这次补给中的1/3是6名空间站宇航员的给养,若无补充,空间站上的食品预计明年4月告罄。

2011年航天飞机退役后,美国NASA使用轨道ATK公司和SpaceX公司的商业货运飞船为国际空间站运送物资。在2014年10月的第三次货运任务中,轨道ATK公司的"安塔瑞斯"火箭在点火起飞 6 秒后爆炸,飞船和准备运送的物资遭到损毁,此后任务一直暂停。

根据与 NASA 签署的价值 20 亿美元合同,轨道 ATK 公司需在 2012—2018 年间完成至少 10 次货运发射任务,向国际空间站运送 28 吨重的货物。此次发射的扩展型"天鹅座"飞船是新研制的,质量更重、承载能力更强,也是"宇宙神"系列火箭发射过的最重载荷。因此,"天鹅座"这次"浴火重生"对轨道 ATK 公司继续履行合约补给空间站至关重要。

(四)日本发射第五艘 H-2 转移飞行器

2015 年 8 月 19 日,日本航空航天探索局(JAXA)使用 H-2B 火箭在鹿儿县种子岛宇宙中心成功发射了第五艘 H-2 转移飞行器——HTV-5,向国际空间站运送食品、水和实验装置等 5.5 吨物资。自 2014 年起,美国和俄罗斯向空间站补给物资相继失败,因此此次发射备受期待。应 NASA 紧急请求,HTV-5 飞船还追加了发射失败的"龙"飞船原计划运送的水处理装置的过滤器等。据称过滤器需要随时更换,但空间站已无备用品。此次发射原定于 8 月 16 日进行,后因天气原因推迟至 17 日,之后再推迟至 19 日。

H-2B 火箭是在 H-2A 基础上改进而来,为两级大型运载火箭,LEO 运载能力为 16.5 吨,GTO 运载能力为 8 吨。2003 年 9 月 10 日投入使用至今已完成 5 次发射,全部获得成功,有效载荷均为 HTV。

(五)SpaceX 公司发射 DSCOVR 太阳观测卫星

2015 年 2 月 11 日,SpaceX 公司的"猎鹰"9-1.1 火箭携带美国国家海洋和大气管理局的 DSCOVR 太阳观测卫星从卡纳维拉尔角的 40 号发射台发射升空。任务原计划 2 月 9 日进行,但由于跟踪雷达故障和天气原因先后推迟了 2 次。

火箭在发射 36 分钟后,将卫星送入近地点 187 千米、远地点 1241000 千米、倾角 37 度的预定轨道。随后,这颗卫星历时 110 天到达距离地球 1500000 千米的 L1 拉格朗日点,开始执行太阳活动观测任务,该探测任务旨在实现美国对空间气候的早期预警监测,预报灾害性的空间气候。该项目由美国国家海洋和大气管理局、NASA 和美国空军合作完成,美国空军为此次发射服务向 SpaceX 公司支付了9700 万美元,这是 SpaceX 公司首次发射涉及美国空军的载荷。

二、政策规划

(一)美国公布新版技术路线图和火星探测报告

2015 年 5 月 11 日,NASA 发布《2015 NASA 技术路线图》,进一步明确未来能力和技术需求。该路线图在 2012 年版的基础上进一步完善,更为详细地介绍了未来 20 年(2015—2035 年)NASA 所需的任务能力和技术发展的需求。《NASA 技术路线图》涵盖包括发射推进、空间推进技术等在内的 15 个技术领域,并首次公布了NASA 关注的 1273 项候选技术。NASA 明确指出路线图的制定是以任务为牵引、能力为基础,并依靠候选技术实现未来 20 年的探索任务,提高 NASA 的核心探索能力,以实现载人登陆火星的终极目标。

2015 年 8 月,NASA 公布《火星之旅:开拓太空探索》报告,进一步明确将登陆火星计划分为 3 个阶段,即近地轨道—地月空间—火星附近,并列出每个阶段所要完成的工作重点及所需要的技术储备,总结了火星探索面临的挑战。"近地轨道"阶段主要在国际空间站(ISS)上开展科学研究,为深空探索任务做准备;"地月空间"阶段的主要目标是发展深空运输基础设施,并在地月空间开展一系列验证试验,验证人类火星探索任务所需要的能力;"火星附近"阶段将载人飞船送入火星轨道,最终实现宇航员登陆火星表面,开展科学技术研究。

(二)俄罗斯修订《2016—2025 年联邦航天计划(草案)》

2015 年 11 月,俄罗斯联邦航天局完成《2016—2025 年联邦航天计划(草案)》的初步修订,受俄当前的经济形势以及国际石油价格持续走低的影响,预算总额将从原来的 2.8 万亿卢布(约合 536.7 亿美元)降至 1.406 万亿卢布(约合 199.652 亿美元)。草案取消了大部分登月项目,包括:月球着陆系统建设、月球轨道站建设、月球基地建设、登月航天服研制以及月球机器人技术保障系统研制等,仅保留未来可执行登月任务的飞船研制项目。另外,为确保俄航天业的持续稳定发展,在当前预算框架内,主要的项目和技术储备均被保留。主要包括以下几个方面:①通信、地球探测、基础研究等领域的卫星数量保持在最低需求;②新一代民用、科研航天器的研制时间推迟 2~5 年;③"进步"系列飞船年发射次数由 4 次降至 3 次;④保留新一代载人飞船项目;⑤开展中型及大型火箭(运载能力在 38 吨以下)研制工作等。此外,该计划最终版本包括研制"联盟" 5.1("凤凰"号)火箭,用以替代"天顶"号火箭,并为研制运载能力为 120~140 吨的重型火箭进行技术储备。

三、未来载人运载器项目进展

(一)美国重型运载火箭通过设计评审

2015 年,NASA 重型运载火箭 SLS 顺利通过关键设计评审(CDR)。该评审对象为 SLS 三种构型的初始构型,即近地轨道运载能力为 70 吨的 SLS 1 型。评审于 2015 年 5 月开始,7 月结束,10 月份项目组将评审结果提交 NASA 项目管理委员会。评审结果显示整个火箭的设计和研制符合项目预算和进度要求。SLS 顺利通过 CDR 是该项目的又一重要里程碑事件,这意味着 NASA 朝着 SLS 首飞和载人深空探测的目标又进了一步。

SLS 项目在概念和设计阶段共经历了四次评审,分别为系统需求评审、系统定义评审、初步设计评审和关键设计评审。下一步将在 2017 年进行设计鉴定,在硬件的制造、组装和试验完成后,将实际生产的最终产品和设计进行对比。项目的最后一次评审为飞行准备评审,将在 2018 年 11 月火箭首飞前进行。

目前,SLS 项目已经完成了火箭芯级发动机和助推器的首轮试验,首飞使用的主要硬件已进入生产阶段,飞船和有效载荷的 CDR 也接近尾声。

(二) 美政府持续推进商业载人项目

尽管近两年内商业航天遭遇了 2 次重大的发射事故,但政府仍在继续支持商业载人航天的发展。NASA 延长了第 1 阶段货运补给合同并积极筹备第 2 阶段合同的竞标,还向波音公司和 SpaceX 公司分别售出了商业载人发射合同。

NASA 自 2014 年开始修改首轮商业轨道货运补给服务合同(CRS-1)后,于 2015 年夏天确定了最终方案,首轮 CRS 合同延期 1 年,并增加了 5 次货运任务。其中 SpaceX 的任务次数由原来的 12 次增加至 15 次,轨道 ATK 公司的任务次数由 8 次增加至 10 次。在 2008 年签署的 CRS-1 合同中,轨道科学公司和 SpaceX 公司各获得 19 亿美元和 16 亿美元,进行 8 次和 12 次发射任务。目前轨道科学公司使用"安塔瑞斯/天鹅座"系统完成了 2 次任务,失败 1 次; SpaceX 公司使用"猎鹰"9/"龙"系统完成了 6 次任务,失败 1 次。

2014 年,SpaceX 与波音公司分别在商业乘员运输能力发展(CCtCap)项目下获得 NASA 授予的 26 亿美元和 42 亿美元的合同。 SpaceX 公司的"猎鹰"9/"龙"飞船系统和波音公司的"宇宙神"5/ CST-100 飞船系统为中标方案。2015 年,NASA 先后向波音公司和 SpaceX 分别授予 2 次和 1 次的商业载人订单。按照该合同,波音和 SpaceX 将最早在 2017 年执行将航天员送往国际空间站的发射任务。

(三) 美国联合发射联盟公布下一代运载火箭方案

受到来自商业竞争和政治局势变化的双重压力,作为政府发射主力的联合发射联盟(ULA)公司于 2015 年 4 月正式宣布分阶段研制"火神"(Vulcan)火箭。该火箭计划采取渐近式发展模式:首先研制初始构型,全新一子级将采用美国国产发动机,计划于 2019 年实现首飞;随后在本世纪 20 年代初应用新型上面级;而后将进一步开展火箭可重复使用技术以及"多次发射—在轨组装"模式的探索。

"火神"火箭的初始构型为两级结构,芯级直径 5 米,二子级采用半人马座上面级,可选用 5 米或 4 米直径的有效载荷整流罩(与"宇宙神"5 状态基本相同),GTO 运载能力约 11 吨。ULA 公司估计在年发射 10 ~ 20 次的条件下,单发"火神"初始构型火箭的起步价为 1 亿美元。该火箭投入使用后将取代现役"德尔它"4("德尔它"4H 除外)和"宇宙神"5 系列火箭。

(四)俄罗斯计划研制新型"联盟"5 系列火箭

俄罗斯进步航天中心拟研制"联盟"5 系列火箭。其中,作为基本型的"联盟"5.1 火箭可靠性指标不低于"联盟"2,发射价格不高于 5000 万美元,未来"联盟"5 系列或将完全取代"联盟"系列的所有现役火箭,在商业发射市场上,将与美国"猎鹰"火箭竞争。首飞火箭拟于 2021—2022 年制造完成,届时进步航天中心每年可生产约 20 枚该系列火箭。

"联盟"5 系列火箭包含中型"联盟"5.1、大型"联盟"5.3 及重型共 3 种构型,采用模块化设计,推进剂采用液氧/甲烷,由"东方"发射场发射。"联盟"5.1 为两级构型,起飞质量约 269 吨,最大高度 50.1 米,LEO 最大运载能力 9 吨,采用"弗雷盖特"上面级可执行太阳同步轨道、大椭圆轨道、地球同步转移轨道及地球同步轨道的发射任务。"联盟"5.3 采用三级构型,捆绑 2 枚芯级助推器,起飞质量约 690 吨,最大高度 56.7 米,LEO 运载能力 24 吨,用于发射载人和载货飞船、卫星,采用"弗雷盖特"SBU 上面级可执行地球同步轨道、大椭圆轨道、GTO 轨道和地球同步轨道任务。

(五)欧洲积极推进下一代运载火箭及地面设施研发工作

欧洲航天局在逐步改进现役"阿里安"5ECA 和 ES 火箭、提升运载能力和适应性的同时,为新一代"阿里安"6 火箭的研发进行相关准备。2015 年 8 月 12 日,欧洲航天局分别与空客—赛峰集团、法国航天局和欧洲运载火箭集团公司签订了价值 24 亿欧元的"阿里安"6 火箭研制合同,以及价值 6 亿欧元的发射设施建设合同。其中,"阿里安"6 火箭研制经费中的 6.8 亿欧元将用于完成阶段 A 和阶段 B 初始研制任务,并预计在 2016 年中期完成火箭的初步设计评审,确保火箭在 2020 年实现首飞。

"阿里安"6 火箭研制计划是在 2014 年 12 月欧洲航天局部长级会议上得到一致确认的。火箭将采用现有"火神"2 主发动机和新型芬奇上面级发动机,捆绑 2 枚或 4 枚固体助推器,形成 GTO 运载能力 5 吨和 11 吨的两种构型,计划 2020 年首飞。欧洲正在改进现有发射设施,以满足"阿里安"6 新型上面级芬奇发动机的试验要求,发动机的鉴定评审计划于 2017 年进行。

(六)日本确定 H-3 火箭基本构型和未来研发计划

2015 年 7 月 2 日,JAXA 宣布正式将在研大型火箭命名为 H-3 火箭。此前,宇宙政策委员会于 4 月确认 H-3 火箭转入设计阶段。随后,JAXA 于 6 月召开"基本设计中间确认会",对包括火箭二子级发动机数量在内的火箭系统构成以及项目可行性进行了确认。

H-3 火箭全长约 63 米,芯级直径约 5.2 米,固体助推器直径2.5 米,可加装 2 或 4 个助推器。一子级采用 2 或 3 台推力为 150吨的 LE-9 发动机;二子级采用 1 台推力达到 14 吨的发动机。太阳同步轨道(SSO)运载能力为 4 吨以上,GTO 运载能力为 6.5 吨以上。未来,H-3 火箭的发射价格力争比在用的 H-2A 火箭减少一半,降至 50 亿日元(约合 4 千万美元)左右。JAXA 还将研制液体火箭射前自动检测技术,将发射准备时间缩短为 H-2A 火箭最短发射准备时间(53 天)的一半,将发射人员数量降至现有人数(100~150 人)的 1/3 或 1/4。此外,JAXA 还计划对 H-3 火箭的发射场进行一系列改进,包括改进 H-2B 发射架,将发射控制塔移至竹崎地区,并采用垂直组装以简化发射准备程序,采用新设计的移动发射台和转运车减小火箭运输过程中的损伤等。首枚 H-3 火箭计划于 2020 年发射升空。

（七）商业公司争相验证可重复使用技术

美国 SpaceX 公司 2015 年对"猎鹰"9 火箭一子级进行了 2 次海上平台回收试验,虽然都未能成功回收,但是验证了回收所需的各项技术以及一子级的性能,为后续实现火箭的垂直返回降落和回收利用奠定了技术基础。12 月 22 日,"猎鹰"9 火箭从卡纳维拉尔角的第 40 号发射工位发射,一子级在约 80 千米的高度与二子级分离,分离速度马赫数 10,之后滑行至 140 千米的最高点,后通过 3 次点火,利用栅格翼和着陆支架成功返回第 1 着陆区域。一子级长 43 米,直径 3.66 米,推进剂 409.5 吨,推力为 756 千牛。此次发射对 SpaceX 公司的意义重大,这是在经过 1 月和 4 月两次海上平台回收失败后,SpaceX 最终在陆地上实现了火箭一子级回收,也是人类历史上首次在火箭发射中成功完成一子级有动力垂直回收,将对进一步降低火箭发射价格产生深刻影响。

蓝源公司的亚轨道重复使用飞行器"新谢帕德"在第 2 次试验中到达 100.5 千米高度后,乘员舱同助推级分离后依靠降落伞安全收回,助推级实现了有动力垂直着陆。"新谢帕德"是 1 枚完全重复使用的垂直起降的航天运载器,由乘员舱和助推级 2 部分组成。乘员舱设计可搭载 6 名乘员。助推级由 BE-3 氢氧发动机提供动力,起飞推力 489 千牛。此次试验为蓝源公司亚轨道太空旅游计划的顺利实施铺平了道路,同时也为将来研制具备可重复使用能力的轨道运输系统积累了经验。

四、小结与展望

2015 年,美国公布《火星之旅:开拓太空探索》报告,火星之旅计划愈发清晰,SLS 重型火箭的研发工作取得重要进展,并售出商业载人轨道运输合同,商业运输领域遭遇挫折,但政府未改变支持其发展的决心。俄罗斯完成《2016—2025 年联邦航天计划》的初步修订,受预算额度限制,删除了大量与载人登月相关的内容,俄载人登月建立月球基地计划不能如期执行,但仍将为发展重型运载火箭进行技术储备。美、俄、欧、日等国家和组织都在考虑研制下一代运载火箭,目标是确保任务的适应能力、高可靠和低成本,提高火箭的商业竞争能力。

2016 年,美国 SLS 重型火箭项目将进行芯级的第 2 轮热试车和 4 台发动机联合试验,助推器也将实施第 2 次鉴定试验。同时,地面系统和飞船系统也按计划向前推进,力争 2018 年实现首飞。用于国际空间站货物运输的"安塔瑞斯"火箭面临复飞,SpaceX 公司研制的"猎鹰"重型火箭计划进行首飞,并将为政府和商业用户提供发射服务。欧洲经改进后的"阿里安"5ES 将发射"伽利略"卫星,以减少对俄"联盟"ST 火箭的依赖。"阿里安"6 新型上面级芬奇发动机将进行热点火测试。

(北京航天长征科技信息研究所)

2015 国外载人航天器发展综述

回首刚刚过去的 2015 年,载人航天领域是成功与失败交织的。这一年,载人航天领域相继迎来"人类首次舱外活动 50 周年"和"国际空间站连续有人驻留 15 周年"的纪念性事件,国外共进行了 14 次载人及货运飞船发射任务,其中却有两次任务失败。

2015 年,俄罗斯成功发射 4 艘"进步"货运飞船和 4 艘"联盟"载人飞船,"进步"M-27M 飞船任务失败;美国商业公司成功发射 3 艘货运飞船,SpaceX 公司第七次合同任务"龙"飞船在发射时遭火箭解体爆炸;日本成功发射一艘货运飞船,即第五个 H-2 转移飞行器(HTV-5)。

一、各国围绕国际空间站积极开展空间活动

(一)国际空间站连续有人驻留 15 年,延寿已成定局

2000 年 11 月 2 日,第一批长期考察组进驻国际空间站,自此之后 15 年来,这一迄今规模最大的在轨航天器,始终保持有人驻留的状态。国际空间站从 1998 年 11 月开始建造,共有代表 15 个国家的 5 个空间机构为此付出财力和物力,总花费超过 1600 亿美元。15 年的连续驻留离不开之前所有的长期考察组、俄罗斯"进步"货运飞船和"联盟"载人飞船、美国商业公司的"龙"飞船和"天鹅座"飞船,也离不开"发现"、"阿特兰蒂斯"、"奋进"等轨道器完成的 37 次航天飞机建造和装配任务。15 年来,共有 45 批长期考察组先后在站上生活和工作,期间,共进行了来自 83 个国家的 1760 多项科学研究,以这些实验和成果为基础产生了 1200 份科学出版物。

2015 年,国际空间站计划的国际合作伙伴美国、俄罗斯和日本先后正式批准延长其运行期限,即从原先的 2020 年延寿到 2024 年。美国于 2014 年 1 月率先提出空间站进一步延寿的想法,终在 2015 年获立法保障。

(二) 俄罗斯载人及货运飞船状况频出

2015 年 4 月 28 日,"联盟"-2.1a 火箭从拜科努尔航天发射场点火起飞,执行"进步"M-27M 飞船的发射任务。飞船入轨后即发生严重的并发故障,地面也无法与其取得联系,飞船在轨道上处于失控翻滚状态。俄罗斯联邦航天局在 4 月 29 日晚间宣布,此次任务无法挽救是不可避免的事实。飞船于 5 月 8 日再入大气层。任务失败造成的损失估计达 5050 万美元。6 月 1 日公布的最终调查结果显示:火箭与飞船的频率和动力学特性导致两者配合出现问题,火箭第三级与飞船分离异常,造成飞船受损。在安排该火箭和该飞船组合飞行时未全面考虑两者的结构特性。

2015 年 12 月 15 日,"联盟"TMA-19M 飞船在拜科努尔航天发射场载三名航天员升空。在轨飞行 6 小时后,飞船准备与空间站对接。但在对接前的最后逼近阶段,飞船控制系统突发警告,小型定位推力器(DPO)未能正常启动。"航向"系统自动下令中止自动对接程序,导致飞船退离其对接目标,后由航天员手动控制与空间站对接。

最近几年来,"联盟"系列/"进步"系列飞船均频发在轨故障,地面系统运行也不太稳定,甚至在 2011 年 8 月出现了"进步"系列飞船历史上第一次发射失败,引致对俄罗斯载人航天能力水平下滑和管理混乱的质疑。

(三) 日本发射第五个 H-2 转移飞行器

2015 年 8 月 19 日,日本航空航天探索局(JAXA)使用三菱重工的 H-ⅡB 火箭在种子岛航天中心成功发射第五个"H-2 转移飞行器"(HTV-5)。HTV-5 向国际空间站运送了饮用水、食物、日用品和实验器材等共计 5.5 吨货物补给。飞船于 8 月 24 日晚与国际空间站交会,站上日本航天员操作机械臂夹持 HTV - 5 完成停靠、对接。由于欧洲"自动转移飞行器"(ATV)已于年初退役,目前负责对国际空间站进行货物补给的仅剩美国、俄罗斯和日本货运飞船,而 HTV 已成为目前运力最大的空间站货运飞船。

二、商业载人航天有得有失

(一) SpaceX 公司"龙"飞船任务两成功一失败

2015 年 1 月和 4 月,美国太空探索技术(SpaceX)公司先后发射了两艘"龙"飞船,分别执行该公司第五、第六次"商业补给服务"合同任务,均圆满完成,共向国际空间站运送了 4200 多千克货物,显示了 SpaceX 公司日渐成熟的火箭和飞船技术能力。

2015 年 6 月 28 日,SpaceX 公司的"猎鹰"9 火箭从卡纳维拉尔角空军基地点火升空,预备执行该公司"龙"飞船的第七次合同任务,爬升约两分钟后,火箭爆炸解体。

随飞船损毁的有 1867 千克加压货物,其中包括价值最高的国际对接转接器(IDA),本打算安装在空间站"和谐"号节点舱前端作为未来商业载人航天器和其他航天器的对接口,另一部 IDA 原定于 2015 年 12 月在"龙"飞船第九次任务中发射,地面虽还有零件可用于再造一部 IDA,但整个计划已耗费美国国家航空航天局(NASA)近 1 亿美元,此次毁坏一部损失巨大。损毁货物还包括行星实验室公司的 8 颗立方体卫星,这是该公司第二次在空间站货运任务中损失卫星:26 颗"鸽群"卫星毁于 2014 年 10 月"安塔瑞斯"火箭/"天鹅座"飞船事故。空间站商业货运计划连遭重创,高度频发的航天事故引发国际航天界的关注。

(二) 轨道 - ATK 公司"天鹅座"飞船复飞

2015 年 12 月 6 日,"宇宙神"5 号火箭成功将轨道 - ATK 公司①

---

① 与 NASA 签约时该公司名为"轨道科学公司"。2015 年 2 月原公司与阿连特技术系统(ATK)公司合并,成为现在的轨道 - ATK 公司。

的"天鹅座"货运飞船送入轨道。此次任务是继 2014 年 10 月发射失败之后,轨道－ATK 公司发射的首次国际空间站货运补给任务。此次任务中,"天鹅座"飞船升级了服务舱和加压货舱,货运能力提升到 3500 千克以上。事故发生后的一年多以来,轨道－ATK 公司经历了艰难的复原过程。此次任务的成功发射有助于增强 NASA 的信心,稳固轨道－ATK 公司在美国载人航天商业化进程中的地位。

(三) NASA 继续推行载人航天商业化

NASA 于 2014 年 9 月敲定由波音公司和 SpaceX 公司共同为其执行未来的国际空间站载人运输任务。美国联邦审计总署(GAO)按既定期限在 2015 年 1 月 5 日对内华达山脉公司(竞标公司之一)起诉 NASA 授出"商业乘员开发"合同一案进行裁决,称 GAO 不同意内华达山脉公司对于 NASA 评判标准的论点,因此正式驳回其关于此事的起诉,由此,NASA 商业载人运输合同摆脱争议。2015 年 5 月和 11 月,波音公司和 SpaceX 公司分获 NASA"商业乘员运输能力"合同第一份订单,12 月波音公司获第二份订单,最早从 2017 年起为 NASA 执行空间站载人运输任务。2015 年 5 月,SpaceX 公司载人"龙"飞船成功完成发射台中止试验,通过了作为载人航天器的重要里程碑,最早可于 2016 年 12 月进行无人试飞。波音公司宣布将其为该计划研制的 CST－100 载人飞船重新命名为 CST－100"星际客船"(Starliner),亦在 2015 年完成众多关键里程碑,将从 2016 年开始地面试验。

在 2014 年 9 月启动的空间站第二轮"商业补给服务"方案征集中,尽管投标者众,也不乏波音、洛·马等宇航巨头,NASA 还是决定在 SpaceX 公司、轨道－ATK 公司和内华达山脉公司之间做出抉择,为其执行 2017 年之后的空间站货运任务。

NASA 局长查尔斯·博尔登在首届太空商业研讨会及展览会上发表演说,称商业公司和国际合作伙伴很有可能要在载人重返月球的进程中担当领导作用。在 2015 年 12 月发布的新财年综合拨款法案中,"商业乘员"获 12.44 亿美元全额资助。

2015 年,NASA 通过若干项新计划与 30 多家美国商业公司结成新的公私合作伙伴关系,共同推动空间探索能力发展,包括:"下一代空间探索技术合作伙伴"、"利用公私合作伙伴关系推动引爆点技术"、"利用公私合作伙伴关系推动新兴空间技术能力"、先进深空电推进系统合作研制计划等。

三、新型载人航天器系统研制工作稳步开展

(一)美国在研"猎户座"飞船通过一系列研制试验

以 2014 年底首次无人试飞成功为基础,新载人飞船"猎户座"在 2015 年又经过了若干项严苛的技术和计划评审。3 月,飞船发射中止系统通过试验;8 月,飞船样机降落伞系统通过试验,验证了再入过程中降落伞仅部分展开情况下的执行能力;9 月,飞船通过关键决策点 - C 里程碑,乘员舱主结构焊接工作启动。

(二)俄罗斯新飞船研制进展缓慢,同时升级现役飞船型号

俄罗斯用于接替"联盟"系列飞船的新一代载人飞船 PTK NP 已于 2010 年完成初步设计,2013 年正式获批研制。根据当前规划,将在 2024 年进行首次载人飞行,之后在 2025 年进行载人月球轨道飞行。2015 年 8 月,PTK NP 计划主承包商能源火箭航天集团发布了用在该飞船上的新对接口规格,能连接最重达 30 吨且装备任意对接系统的飞行器,将对接过程中的负载减掉30%,还可为乘员提供更宽敞的转移通道。

俄罗斯在 2015 年 12 月发射了新型号"进步"MS 的第一艘飞船——"进步"MS - 1。考虑到这是新货运飞船的首飞,因此采取常规的两昼夜交会飞行模式,于 12 月 23 日与国际空间站"码头"号对接舱进行对接。相比上一型号,更换了飞船上的遥测系统、无线电

通信系统和飞行控制系统,并配备了"全球定位系统"(GPS)和"格罗纳斯"(GLONASS)接收器;将"航向"-A 交会导航系统升级为"航向"-NA 系统;外部加装立方体卫星部署机构,从"进步"MS 系列第三艘飞船开始每次可携带 24 颗立方体卫星。俄罗斯将在 2016 年把载人飞船型号从"联盟"TMA-M 升级为"联盟"MS。

(三)欧洲发射无人太空飞机,与 NASA 合作研制"猎户座"

2015 年 2 月 11 日,欧洲航天局(ESA)用"织女星"运载火箭成功发射了无人太空飞机"过渡型试验飞行器"(IXV),执行亚轨道试飞任务。IXV 到达 413 千米高度后弹道式再入返回,亚轨道飞行共持续 100 分钟,最后在降落伞辅助下溅落在太平洋上并回收。IXV 的主要目的是在飞行中试验航天器再入技术。此次试飞取得巨大成功后,ESA 已开始规划 IXV 下一次飞行任务,IXV 项目经理称将在 2019 或 2020 年进行。ESA 局长让·雅克·多尔丹表示,ESA 及其成员国,与欧洲航天工业界一道,已准备好接受航天运输、无人探测和载人航天领域的新挑战。

"自动转移飞行器"退役之前,NASA 与 ESA 达成协议,由 ESA 在"自动转移飞行器"的基础上为"猎户座"第一次"探索任务"(EM-1)提供服务舱,称为"欧洲服务舱"。2015 年 11 月,"欧洲服务舱"全尺寸样机运抵 NASA,接下来几个月中将在格伦研究中心接受试验。

四、面向未来发展制定载人航天政策和规划

(一)美国加大载人航天投入,宣告开启"火星之旅"

1. NASA 2016 财年预算大幅增加

2015 年 12 月,美国国会发布了 2016 财年综合拨款法案。NASA 将获得 192.85 亿美元,比总统的预算申请多 7.85 亿美元,较 2015 财年增加了 12.85 亿美元,大赢家包括"行星科学"、"探索系

统"和"商业乘员"预算项,分别得到 16.31 亿美元、36.80 亿美元和 12.44 亿美元,都达到或超过了预算申请水平。

近年来,美国载人航天领域的总预算一直处于增长态势,由此可以看出,美国依然将载人航天长远发展作为国家发展战略的关键组成部分,在财政上持续投入,扩大载人航天活动规模。

2. 发布《火星之旅:开拓太空探索新篇章》报告

2015 年 10 月,NASA 公开发布《火星之旅:开拓太空探索新篇章》报告,概要介绍了美国分三个阶段实施载人火星探索系列任务的设想,重申将在 21 世纪 30 年代实现载人登陆火星的终极目标。该报告确定了未来探索者面临的挑战,同时认为这些挑战是"可解决的"。NASA 认为,火星是可达的目的地,实施载人火星探索,也是为了贯彻"2010 财年 NASA 授权法案"和"美国国家空间政策"的指示。为了到达火星、着陆火星、驻留火星,NASA 正在发展所需能力。

3. 载人小行星探索任务方案敲定

提出至今已近三年的 NASA"小行星倡议"计划亦获重大进展。2015 年 3 月,NASA 公布了"小行星重定向任务"(ARM)计划细节。针对 ARM 的无人任务部分,NASA 选定了从一颗较大的小行星表面取回一块巨石的任务方案。NASA 称这将对未来载人深空任务规划产生直接影响,并将开启载人航天的新纪元。NASA 计划最早在 2019 年公布目标小行星,之后,"猎户座"飞船将由"航天发射系统"(SLS)发射,执行载人小行星交会和探索任务。

(二)俄罗斯确定载人航天未来发展方向

2015 年 2 月,俄罗斯联邦航天局①科学技术委员会组织召开工作会,确定了俄罗斯载人航天未来发展主要基于以下两个关键领域:①在国际空间站计划框架之下扩大国内空间设施种类,对其进

---

① 该机构已于 2016 年 1 月 1 日正式撤销。

行现代化改造;②建造先进的空间设施,以保证国家轨道空间站的运行及深空探测计划的实施。俄航天局和联合—火箭航天集团发布的新闻稿称,支持国际空间站延寿至 2024 年,国际空间站寿命终止后,将在与其分离的俄舱段基础上建成俄属轨道基础设施。

截至本报告发布时,俄航天局在 2015 年底向政府提交的《2016—2025 年联邦航天活动发展规划》(草案)仍未获总统批复。

(三)日本继续支持国际空间站运行

根据日本宇宙开发战略本部在 2015 年公布的最新版《航天基本计划》,日本未来还将向国际空间站发射 4 艘 HTV 飞船。2015 年 8 月,日本文部科学省公布了 HTV 改进方案,将在保持现有运载能力的基础上大幅减轻飞船质量,并将制造费用从目前的 200 亿日元(约合 1.66 亿美元)减少至 100 亿日元(约合 0.83 亿美元)左右。这种改进型 HTV 有望应用于日本发往国际空间站的最后一艘飞船,未来还可能替换其货运部分用于登月等任务。

五、结束语

2015 年,美、俄新型载人航天器系统研制进展顺利,向实现载人航天长远目标更进一步。美国商业货运计划接连遭遇事故,快速发展的商业航天引起更多担忧。俄罗斯航天工业改革如火如荼,但货运飞船任务失败,载人飞船故障不断,引发对内部管理混乱和整体水平下滑的质疑。国际空间站主要合作伙伴国均批准其延寿到 2024 年,最大程度发挥其作为技术验证和科学实验平台的重要作用。

(北京空间科技信息研究所)

2015 国外航天员系统发展综述

2015 年,俄罗斯航天员根纳季·帕达尔卡创造了人类在轨驻留时间的最新纪录——878 天,国际空间站一年期任务乘组也顺利驻站,利用国际空间站开展一年期七大类的人体研究实验,同时,各类地面模拟试验也按计划顺利实施。

一、长期航天飞行对航天员选训工作提出更高要求

(一)一年期任务乘组顺利抵达国际空间站

2015 年 3 月 28 日,第一个为期一年的国际空间站长期考察组顺利抵达国际空间站。俄罗斯航天员米哈伊尔·科尔尼延科和 NASA 航天员斯科特·凯利即将执行为期一年(342 天)的国际空间站任务,其主要目的是更好地了解人体对太空恶劣环境的反应和适应性。长期考察组获得的数据将被用来确定是否有方法进一步降低未来长期任务的风险。

一年期任务乘组的研究工作包括大量的科学应用研究和实验,涉及到航天生物技术、生物医学研究、地球远程探测等领域。他们将开展 72 项实验,其中 54 项是延续之前乘组已开始进行的实验,12 项为新实验。目前医学生物学研究大纲中,俄方有 14 项空间飞行实验,属于航天医学和航天生理学范畴,而 8 项实验计划在飞行之前和之后进行。

一年期人体研究的数据和样本将从一系列涉及斯科特和他的孪生兄弟、前 NASA 航天员马克·凯利的研究中收集。他俩也是仅

有的双胞胎航天员,该研究将从基因完全相同的凯利兄弟身上进行数据比较,以确定长期航天飞行所带来的任何微妙变化。

(二) NASA 最新一批航天员圆满完成训练

2015 年 7 月 8 日,NASA2013 级航天员班学员佩戴航天员徽章在约翰逊航天中心合影,航天员徽章的颁发象征着他们圆满完成了航天员训练。

该批航天员于 2013 年 8 月到约翰逊航天中心报到,并开始接受航天系统技术训练、机器人操作、专门化硬件及科学操作。在已经顺利完成了历时两年的高强度训练后,现在他们在等待接受飞行任务指派,同时将协助执行任务操作和技术支持工作。他们已做好在国际空间站上进行尖端科学实验,以及为美国新的空间发射能力及火星之旅铺平道路的准备。这 4 男 4 女的第 21 批预备航天员,经过了重重选拔,从 6300 余名申请者中脱颖而出,而这也是 NASA 有史以来申请人数第二多的一次选拔。

(三) NASA 发布首次商业太空飞行乘组名单

2015 年 7 月 9 日,NASA 局长查尔斯·博尔登宣布 NASA 已选出 4 名航天员作为 2017 年美国商业太空飞行的首个乘组进行训练和准备,这是美国结束单一依赖俄罗斯向空间站运送航天员并重返本土发射的重要里程碑,标志着近地轨道运输市场进一步向私营部门开放,也使 NASA 2030 年向火星运送乘员的目标进一步迈进。

NASA 为这次太空飞行选派了经验丰富的航天员和试飞员,他们是罗伯特·本肯、埃里克·博、道格拉斯·赫尔利、苏妮塔·威廉姆斯,这 4 名航天员将与承担 NASA 乘员运输系统并提供往返国际空间站乘员运输服务的波音公司和 SpaceX 公司的牵头团队紧密合作,了解波音 CST - 100 和 SpaceX 载人"龙"飞船的设计和操作方法,以支持他们的载人飞行试验和依 NASA 合同认证工作。

NASA 与波音公司、SpaceX 公司的商业乘员运输能力合同至少各需进行一次载人试验,每次试验至少需要一名 NASA 航天员在轨验证火箭与飞船系统的完全整合性、在轨操作、在空间站停泊、验证所有系统的预期性能，以及着陆的安全性。

为满足这一要求，两家公司也必须向乘员提供各自必要的飞船操作培训。NASA 正加强对他们培训计划的参与和审查。一旦测试程序圆满完成，并通过 NASA 验证，两家公司将执行 2~6 人的空间站乘员轮换任务，每次往返国际空间站可搭乘 4 名乘员和至少 100千克的加压货物往返。

（四）NASA 开始招募新一批航天员

在期望重新从美国本土完成载人航天发射以及准备载人火星任务时，NASA 宣布开始招募下一批航天员候选人。目前，在美国正在研发的载人航天器数量超出以往任何时候，未来的航天员将重新搭乘美国制造的商业飞船从佛罗里达航天发射场飞入太空，并执行深空探索任务，由此促进将来的载人火星任务。

NASA 将从 12 月 14 日开始接受应征，到明年 2 月结束，并预计于 2017 年年中宣布选拔出来的候选人。下一批 NASA 航天员在其职业生涯中将可能会搭乘 4 种美国航天器：国际空间站、美国私人公司正在开发的两种商业载人飞船，以及 NASA 的"猎户座"深空探索载人飞船。

另据加加林航天员训练中心主任尤里·隆恰科夫透露，俄罗斯新一轮航天员选拔也将于 2016 年进行。隆恰科夫称，俄罗斯已经决定延长国际空间飞行任务至 2024 年，为此有必要进行下一轮航天员选拔。

隆恰科夫还表示，俄联邦现有航天计划包括了未来探测近地轨道和近月轨道。俄打算于 2030 年开展登月任务、在月球建立月球基地，以及建立未来深空探测载人平台，并计划于 2050 年探测火星。为此，今后航天员选拔的一些标准可能还会有变化，选拔方法也将有所不同，总之，参加月球和火星飞行的航天员的选拔标准将更加严格。

（五）NASA 开展长期任务航天员训练研究

训练航天员绝非易事。航天员经历多年的严格的技术、健康和安全训练,还要学习在典型的半年任务中需要完成的简单和复杂的工作。他们需要掌握的技能包括操作系统、机械臂、航天器、航天工程活动,甚至学习俄语。NASA 为其火星之旅发展深空探索任务,同时也正在研究当前的训练方法,以满足越来越长期的任务需求。

数据表明,人类在太空停留的时间越长,所造成的不利影响越大。例如,在前往火星的旅途中,人类将面临近一年的微重力和辐射暴露;与 3 ~ 5 位同伴呆在隔离封闭的环境中;远离故乡;经历昼夜/光照周期的改变;还将不可避免地忘记一些离开地球时通过训练所获得的技能。

NASA 艾姆斯研究中心人—系统集成部心理学家以马利·巴什正在进行一项名为"训练保持"的研究,针对火星任务对乘组绩效的影响程度进行研究,同时还提供了一个新颖的视角,为人类在地球上进行的职业训练提供帮助。巴什与 NASA 约翰逊航天中心的同伴一起,将对航天员斯科特·凯利国际空间站一年期任务的绩效进行研究,并与 6 个月任务航天员,以及地面航天员在相同的一年中进行对比。

巴什的研究将与科罗拉多州大学训练研究中心的研究工作相结合,比较来自太空与地面的航天员,以及大学本科生的技能保持数据。很多对于人们如何学习和如何保持信息或技能的了解,都是基于大学的研究。这样的比较对于将地面的假设应用到航天运营,特别是了解长时间太空旅行如何影响乘组非常重要。

本研究的结果不仅会有助于研发航天员发射前、在轨和后续训练的选择方案,还可以满足其他专业职业的培训要求。

（六）丹麦首名航天员执行 10 天 iriss 任务

丹麦首名航天员安德烈亚斯,现年 38 岁,于 2015 年 9 月 2 日搭乘"联盟"TMA - 18M 载人飞船飞抵国际空间站。此次任务命名

"iriss"，为期10天，任务的重点是测试新技术和运行复杂航天任务、提高空间操作的方法。

安德烈亚斯称，他在国际空间站上开展了专用座椅和新航天服的实验。他还完成了很多欧洲及丹麦的实验，用于完善国际空间站及未来星际考察飞行所需的新技术。据介绍，其中一项新实验是测试"紧身衣"——Skinsuit，该服装用以研究微重力对肌肉系统的影响，以减轻航天员在太空中出现的背部疼痛问题，同时使用可穿戴设备，允许地面控制人员监测工作情况。此外，他还开展一项独特的名为Mares的欧洲实验。实验中航天员需要坐进一个专用座椅，以研究微重力对人体的影响，所获取的数据对于未来的星际飞行十分重要。安德烈亚斯的任务还包括测试具有净水功能的新型纳米膜；他还为空间站带去丹麦著名的乐高玩具公司特制的26块拼插积木。

二、NASA 人体研究计划稳步推进

（一）利用国际空间站开展一年期七大类人体研究

自国际空间站首批一年期任务乘组驻站以来，开始了七个大类的研究项目，包括：功能、行为健康、视力损害、代谢、体能、微生物以及人因。

（1）功能类，包括执行月球和火星操作任务中的功能性变化研究，包括现场测试和功能性任务测试。返回地球后，一些航天员发生站立活动困难等问题，这些研究项目将检查航天员从12个月的失重状态返回地球时的机体变化。

（2）行为健康类，包括更多地了解人的大脑以及它与太空应激和疲劳的相关性研究。

（3）视力损害类，包括体液转移和眼部健康研究，用于研究失重期间体液上身转移后所发生的状况，这种转移可能引起视觉改变，将采用无创方法来收集生理数据，用来研究长期失重引起的视力损害和颅内压。

（4）代谢类，将研究长期航天飞行对人体能化学、心脏系统及免疫系统的影响。

（5）体能类，包括提高关于失重对骨骼、肌肉和心脏影响认知的研究。

（6）微生物类，包括研究长期太空驻留期间航天员体内外的益生菌变化，并评估微生物对乘员健康的潜在影响。

（7）人因类，包括评估航天员如何与空间站环境相互作用的研究。

这些研究将帮助 NASA 和国际社会更好地了解航天飞行对人的影响，而且对于准备深空探索，包括载人火星任务至关重要。

此外，研究人员还将对斯科特·凯利及其双胞胎兄弟马克·凯利进行大量对比研究，涉及双胞胎的遗传学、生物化学、视力、认知以及其他方面。

（二）空间辐射研究开展多项照射实验

1. NSRL 束流继续提供洞察空间辐射环境的条件

NASA 空间辐射实验室（NSRL）是当前最先进的辐射研究设施，它由位于纽约长岛的布鲁克黑文空间辐射（SR）国家实验室管理。NSRL 用高能重离子束模拟典型的空间辐射环境和太阳粒子事件（SPE），研究者利用它可以开展地基的空间放射生物学、屏蔽和剂量的研究。2014 财年，由 SR 资助的主要研究人员参加了 NSRL 的三大战役。参加实验的有 50 个研究小组，进行了 13000 多个生物标本的照射，其中包括组织和细胞。设施提供 1000 小时以上的暴露光束时间。这些研究的结果在各大期刊，如癌症研究、致癌基因、辐射研究、干细胞、临床癌症研究和神经病学杂志上发表了 75 篇同行评议的文章。

特别是 NASA 专业研究中心的空间辐射实体瘤研究结果，继续支持了空间发现的高线性能量转移（LET）重离子与地球低 LET 伽马 X 射线在诱导致瘤性方面不同的看法。新的数据表明在细胞和组织模型中，两者在基因组、蛋白质组和由重离子曝光引起代谢变化是不同的。这些区别为风险模型和今后生物标志物的鉴定提供了有用信息。

此外,进一步的证据出现在低剂量下非靶向效应所引起的非线性响应。这些响应可能混淆传统范例和重离子与伽马射线相比较的相对生物学有效性评价。与飞行中潜在或急性中枢神经系统有关的证据证明较长时间地暴露在空间辐射环境下,可以使小鼠模型中海马脑区域成熟神经元生成减少。虽然这些结果与航天员发病率关系的意义尚未确定,但成人神经元生成的减少与学习、记忆和情绪的功能不足是有关的,仍有需要确定慢性低剂量速率的重离子暴露是如何影响此过程的。

2. 董事会同意空间辐射容许接触限值(PEL)

为了更新空间辐射标准,空间辐射研究项目向 NASA 人系统风险委员会递交了一份信息通报,其内容是 30 天和 1 年造血器官(BFO)和皮肤的空间辐射允许暴露限值(PEL)。根据 NSBRI 中心急性辐射研究(CARR)结果,提出者提供了 SPE 引起的急性辐射风险最新研究结果。具体来说,他们集中研究当前流行的 250mGy – Eq PEL 对造血器官的影响和 1500mGy – Eq PEL 对皮肤的影响。这些限制的目的是防止航天员出现急性辐射综合症,其中包括恶心、呕吐、厌食、乏力的前驱风险,造血系统的改变和大剂量 SPE 引起的皮肤损伤。

董事会一致认为,所建议的造血器官和皮肤的短期允许暴露限值目前保持不变,计划在研究完成后,由 NSBRI 新建立的空间辐射研究中心对与短期允许暴露限值有关的主要研究结果再进行一次外部审查。

(三)乘员健康防护措施取得多方面研究成果

1. 航天飞行引起的视觉问题可能与基因相关

从 ISS 乘员参加的营养状况评价实验,初步发现在一些航天员中,营养的生物化学成分与视力问题之间有潜在的联系。约翰逊航天中心的斯科特·史密斯博士发现航天员血液中 4 种代谢物浓度的增加与航天员的视力有关。目前,航天员的生物代谢与视力差异,不仅出现在飞行过程中,也出现在飞行前,这使研究小组提出遗传差异或多态性,或许能部分解释某些乘员出现的视力问题。

接下来的追踪研究开始评估航天员"一碳代谢途径"的遗传差异,并确定如将何这些差异与视力和眼部检查联系起来。几乎所有 1~48 长期考察组的乘员都同意参加这项研究。继续进行生化和统计分析,初步的数据是惊人的。重复生物化学分析证实有视力问题的航天员具有较高与"一碳代谢途径"有关的更高代谢物浓度。

此外,基因数据的初步结果表明,所有有一个特定多态性的航天员,或多或少的出现视力问题。换句话说,没有视力问题的航天员,都没有这种特殊的遗传多态性。但是,并不是每个有视力问题的航天员都有这种基因的多态性,因此这种情况比单一多态性的参与更加复杂。

继续分析,调查人员希望未来一年能带来更清晰的结果。这项研究对于 NASA 和更广泛的医学和科学界来说,意义深远。

2. ISS 心血管研究详述航天飞行对心脏的影响

综合心血管(ICV)研究项目在 ISS 上历时 4 年,完成了所有实验。这项研究的主要目的是观察长时间太空飞行是否会引起心肌萎缩,是否会影响心脏的结构和功能,这些变化是否可能造成航天员的心脏节律异常。这些研究数据证实循环血量的减少可以反映心脏充盈的改变。舒张功能和心肌应力的详细测量表明心脏功能得以维持。

每位 ISS 乘员都参加到激烈运动训练计划中,以保证 ICV 尽可能多地验证对抗措施的有效性。事实上,ICV 表明航天飞行中心脏功能的改变与在地面时的工作有关,它直接关系到任务期间心脏质量的损失或获得。

在以前航天飞行和 ICV 过程中看到心脏节律紊乱。通过严格监测,其结果表明航天员中出现期外收缩的情况有较大的个体差异,而且在地面上或在太空中每位航天员出现期外收缩的总数是相似的。每位被试者在着陆后,立即接受静脉注射生理盐水。随后的测试表明,乘组成员心血管系统能够容忍模拟火星重力,并无损害。总体而言,ICV 已经提供了长期太空飞行中人心脏最全面的描述之一。

3. 功能任务测试(FTT)研究完成

由约翰逊航天中心负责的功能任务测试的目标是确定空间探索任务中乘员完成体力训练的能力,以及微重力对他们绩效的影响。此外,该研究旨在确定与绩效降低有关的因素。微重力可引起多个系统出现适应性变化,其中包括肌肉骨骼系统、心血管系统和感觉运动系统。这些变化可以影响乘员在着陆到一个星球表面时执行关键任务的能力。

2014 财年,FTT 计划完成了 13 名 ISS 乘员的数据收集,同时收集了 28 名地面进行 70 天头低位卧床被试者的相同生理参数。测试方案包括一些功能的评价,例如,爬梯、开货舱、出舱、躲避障碍物和从坠落中恢复的评估。生理学测量包括姿势和步态控制、视觉灵敏度、精细运动、立位耐力不良,以及上身和下身肌力的评估。

初步研究数据表明对体位的动态平衡要求较高的实验,例如,从坠落中恢复或躲避障碍物,这些能力的下降最大。那些对姿态稳定性要求较低的实验,例如出舱、爬梯子或手动操作,能力的下降较少。数据表明在飞行前和飞行中的平衡训练时,提供身体轴向负载非常重要。

从此项研究中所获得的信息将被用来设计对抗措施,这些措施将专门应对飞行时生理功能出现的改变。2015 年提交了该项研究的最终报告。

4. 新的实地测试研究开始收集出舱后的即刻数据

航天引起航天员出现多种生理系统改变。这些变化包括感觉运动障碍、心血管功能失调、肌肉质量和强度损失。这些紊乱可以使长期飞行在失重环境下的航天员，在进入重力环境后，即刻出现明显的任务功能损伤。其中一个例子是在进行探索任务时，飞船在没有援助的情况下，降落在行星表面。

从历史上看，一项任务后，原始数据的收集被推迟，直到降落后的第二天才采集到数据。因此，对于长期飞行来说，收集的数据既不是着陆后的立即反应，也不能反应整个恢复期的真实特性。

实地测试研究的主要目的是确定航天员在长期飞行着陆后必须执行的功能任务绩效。第二个目标是评估新的梯度压缩服装，并将其与传统的俄罗斯 Kentavr 服装进行比较。在着陆后尽可能早地进行一组功能性实验，着陆当天进行两次连续的测量。

着陆后立即开始收集研究数据，并一直持续到乘员的感觉和心血管反应恢复到飞行前的正常值为止。这种恢复通常是出现在着陆后约 30 天。这些早期的测量将有可能得出一个功能执行程序的恢复时间常数，这是以前 50 年航天中没有获得的。此研究的发现将为未来独立着陆火星探测任务或者其他深空探索任务提供信息。

5. 将 ISS 锻炼成果和骨结果测量总结提交人体系统风险管理委员会(HSRB)

锻炼仍是航天任务中的主要对抗措施，它可以防止失重对心血管和肌肉骨骼系统的影响。乘员的医学数据可以用来监测标准运动程序的有效性，为今后的研究提供建议。HRP 支持进行作业研究，如综合性阻力和有氧训练研究(SPRINT)及最大耗氧量研究。

最大耗氧量的研究表明目前在轨估计的有氧代谢能力准确度是有限的。此外，现在 VO_{2max} 测量数据表明需要修改在轨医学实验。来自 SPRINT 和 VO_{2max} 组合的数据表明，高强度运动可保持 6 个多月 ISS 任务的有氧代谢能力，并且有可能改善飞行过程中最初损失后的有氧健康。

目前，很少有乘员能够保持他们的有氧能力，大约 15% 航天员的有氧能力低于 NASA 的标准,NASA 标准指出,有氧代谢能力的损失不应该超过25%。未来的 HRP 研究将侧重于优化运动项目,以减少乘组人员之间变化的差异,从而增强进行探索任务时所有乘员的信心。

此外,HRP 已经开发了一种新的测量大腿和小腿肌肉体积的方法,它是在地面的指导下,在飞行中采用超声的方法进行测量,现在作为 SPRINT 研究的一部分,已经在 ISS 上使用。研究人员正在评估便携式负载监控技术的使用和先进抗阻力运动设备(ARED)。快速、准确地测量 ARED 载荷的能力将可以加强操作研究的设计,以确定哪些负荷对于维持肌肉性能更合适。关于这方面的卧床实验也取得进展,已经证明小腿肌肉比大腿肌肉的保护更困难。这些研究成果将能更好地指导骨骼肌的训练。

目前,约25%的乘员没有达到 NASA 的健康和健身标准,此标准规定肌肉力量的丧失不超过20%。等速肌力数据表明在6个月的任务期间,有可能维持甚至提高肌肉的力量。然而,对于有氧能力,有必要了解如何将这些积极的成果扩大到更多的乘组人员。下一步的工作是细化运动的强度、频率和持续时间,使所有乘员都取得更好的效果,以及获得与探索任务性能相配套的健身参数。

此外,十余年的航天员医学数据证实,典型的承重骨出现骨密度下降,数据还证实骨密度下降是迅速的,它们是侵袭性的细胞活动,用当前的成像技术无法观察到。而且,使用定量计算机断层扫描(QCT)技术研究的结果显示,无论是在空间和返回地球后的恢复期,不同区域的骨密度(BMD)——皮质骨与松质骨或骨小梁的变化速率是不同的。这一发现说明单靠骨密度来评估骨折风险是不足的,特别是对于非典型的骨损失,也就是说,没有考虑到年龄问题。因此,将骨的结果外加到概率断裂模型中,可以改变现在对长期飞行人员的骨折评价。

6. 完成广泛的 ISS 营养研究

营养 SMO 的研究始于2006年,后来扩大到飞行中血液、尿液收集和额外的生化标志物收集。这个实验的数据提供了宝贵的飞行前中后生化数据,其中包括维生素和矿物质状况、骨和蛋白质化学、炎症、氧化损伤、内分泌学和一般的化学数据。大量的数据已提供给生命科学数据存档,并已成为飞行医师、HRP 和 ISS 计划管理者进行决策不可缺少的数据。营养 SMO 揭示的知识也有助于一般医学和科学界。2014 年,最终的冷冻样品由 SpaceX – 3 从 ISS 带回地面,最终的分析正在进行中。

研究数据记录了 ARED 在维持骨密度的有效性和该装置的对骨代谢的影响。数据表明,男女在 ISS 的骨丢失和肾结石风险之间没有差异,研究者发表的数据也表明飞行早期铁在体内增加与身体组织的氧化损伤有关,并且还说明了一些骨区域骨丢失的量。数据还显示,在真实或模拟失重情况下,睾酮和相关激素不变。这些观测结果与以前有限的数据得出飞行中睾酮含量降低的结果是矛盾的。

7. 完成在轨航天员的脊椎超声检查(SAVE)

航天员脊椎损伤的发生率高于非航天员,许多乘员报告在飞行的最初几周出现背部疼痛。航天员脊椎超声检查研究,也称为脊柱超声,以了解导致飞行背部疼痛和飞行后受伤的机理。

7 名乘员进行了飞行前后的磁共振成像和超声检查。使用"just – in – time"训练软件和远程指导方法,在飞行中重复了 3 次检查。这项研究表明这种新颖的方法可以用于其他极端环境,而不用使用 MRI。

初步实验结果表明,脊椎不同部分的椎间盘(IVD)的高度与角度会发生不同变化。整个飞行过程中,腰椎间盘的总体高度都会增加,但是飞行到 30 天时,颈椎间盘的高度会下降,而且一直保持到飞行后。飞行中,椎间盘之间的角度都变直。MRI 分析表明无临床症状,但影像学显示在飞行前 6 名航天员脊椎的结构或几何形态出现明显偏移,在着陆后,所有 7 名乘员都出现了明显偏离。

总体而言,实验数据表明航天飞行任务过程中,脊椎的形态和病理发生动态变化,这些变化可能与飞行中的伤害有关。此信息将被用来更好地定义脊椎损伤的危险,提出缓解这种风险的对策。

(四)探索任务医学能力取得新进展

1. ISS SpaceMED 系统自动采集航天生物医学数据

在国际空间站上,已经部署了大量的生物医药和环境监测设备,它们能够评估航天员的心率、血压和睡眠/觉醒活动。这些设备也可以监测环境参数,例如,航天器 CO_2 和辐射水平。但是,这些装置是由不同制造商制造的,在大部分的装置设计时,在决策支持或治疗设计上没有考虑到可以进行互操作、同步数据流或协调的问题。其结果是,大部分的飞行数据首先被发送到地面控制器,进行费时的分析和处理。对于星际探测任务来说,需要改变这种操作理念,因为通信的延迟有可能不能及时地获得医学和环境数据。

在国家航天生物医学研究所的支持下,来自马萨诸塞州总医院和哈佛总医院的加里·斯特兰曼博士领导的研究小组提供了一个解决此问题的方案,该小组开发了一个原型平台,称为"SpaceMED"或航天医学与环境设备,它可以集成不同的生物医学和环境传感器。

该平台通过不断地"收听"被打开或插入的新设备进行操作。它可以无需人的干预,自动地进行收集、同步、存储和显示数据。飞行中的航天员或与网络连接的任何位置的用户,都可以通过网络获取所有实时和存档的数据。已证明 SpaceMED 能够处理所有探索阶段任务的大量数据。

2. 超声移动肾结石开始临床试验

由于飞行中的微重力、脱水及航天相关骨代谢的改变,航天员患肾结石的风险增加。当肾结石通过或阻塞尿流时,可导致尿道感染、败血症、肾功能衰竭,甚至死亡。目前除了手术外,没有其他办法可以清除肾结石。

NSBRI 资助华盛顿大学应用物理实验室开发一种无创、非电离、基于超声的技术来重新定位肾或输尿管里的肾结石,以促进肾结石的清除。通过对 NASA 灵活的超声系统进行软件升级,可实现该技术。将超声探头放在患者皮肤上,操作者首先可以看到肾结石,然后聚焦超声波到肾结石的精确位置,诱导肾结石的移动。

该技术正在进行美国食品药品管理局批准的第 1 次临床试验。结果是非常大的结石被成功清除,这表明可以立即缓解患者的疼痛,不需要进行紧急手术。五分之四的患者通过此方法可以将结石自然排出,而且被试者没有出现不适或不良事件。一家初创公司——Sonomotion 公司,目前已经将这项革命性的技术商业化,不仅仅应用于空间,同时也应用到地球上的患者。

(五) 空间人因工程及适居性研究力求新的突破

1. 研究提出了对最大允许横向振动的新要求

航天发射系统(SLS)的分析表明,在发射期间系统固体火箭助推器的推力振荡可能导致乘员体验到一侧到另一侧频率为 12 赫的振动。这种振动可以影响航天员进行关键性的、与视觉有关的任务。由于缺乏相关的航天经验或地基数据,HRP 资助了一个横向振动视觉能力要求的研究项目。

此项研究由艾姆斯研究中心的伯纳德·阿德尔斯坦博士负责,使用的是在振动座椅上有固定显示器的装置。被试者进行的实验内容与 2008 年的实验相同,通过让被试者完成相同数量的阅读任务,来研究胸部到脊椎 12 赫振动对视觉的冲击。研究结果发现胸到脊椎振动低于 $\pm 0.5g$ 幅度时,可引起读数的减少。相反,研究的新发现是对于一侧到另一侧的振动,在最高达 $\pm 0.7g$ 振幅时,仍不影响任务的错误率和响应时间。这个水平超过了目前最坏情况预测的 SLS 推力震荡的振动。这些新的结果使 SLS 及"猎户座"计划将 $0.7g$ 作为 $10\sim13$ 赫波段横向振动的最大容许频率。

2. 为长期任务寻求更高质量的空间食品

采用当前空间食品工艺处理食材,有一定的稳定性,即使将食品长期储存在常温下,也不会出现微生物腐败现象。但不幸的是,采用这种处理方法会导致营养的降级和质量变化。对于长期载人航天任务来说,一个不适合的食品系统是长期载人航天的关键风险之一。

高级食品研究已检验了两种新兴的食品加工技术,以最终确定无不利影响的稳定的湿包装食品途径。研究评估了两种灭菌方法,即微波辅助加热灭菌(MATS)和压力辅助热灭菌(PATS)工艺,以确定是否在处理过程中降低热输入,可以产生具有更高质量微量营养素和较长保质期的产品。MATS 产品最初有更鲜亮的颜色和较好的质地,但这些优势并没有持续下去。在这个过程中使用的非金属化包装薄膜有可能提供一个不充分的氧气阻隔。MATS 与传统加工食品之间维生素的稳定性无明显差异。

研究人员还检查了有可能影响冻干食品质量的 5 种处理因素,其中包括食物微结构的完整性。在冷冻干燥玉米的测试中,初始冷冻速率和初级冷冻干燥温度和压力分别与最终产品的特性相联系。

3. 航天员史上首次品尝太空栽种的食物

国际空间站美国航天员在太空栽种和收获红叶生菜,首次品尝到了自己的劳动果实,对于未来太空探索来说,这是一个重要的里程碑。

NASA 航天员在尝过生菜之后说,认为"真好吃","味道像芝麻菜"。航天员凯利用小瓶子将轻榨优质橄榄油和意大利香醋撒抹在生菜叶上,就像在热狗上抹番茄酱和芥末一样。航天员们品尝了收获的一半生菜,将另一半冷藏并带回地球,以备深入分析研究。

该项目的首席研究员雷·惠勒称:"有证据表明,新鲜的食物,例如西红柿、蓝莓、红叶生菜,都是很好的抗氧化剂。"

美国航空周刊报道称,如同今年早些时候被带到轨道上的"espresso"浓咖啡机一样,逐渐的空间站已经变得更加"生机勃勃"和"适于居住",一些实用的技术和令人愉快的事物可以推动实现深空探索任务。

如果能够成功进行,"太空花园"对于载人航天任务具有至关重要性。而且对于未来在其他星球(月球、火星)建造居住地非常重要。新鲜的食物也对航天员的心理健康有诸多益处。

(六) 睡眠不足、通信延迟均影响航天员的行为健康与绩效

1. 调查结果表明航天员睡眠不足

行为健康与绩效研究者查尔斯·切斯勒和劳拉·巴格发表文章,透露尽管服用了安眠药,航天员在飞行中的睡眠时间仍少于飞行前和飞行后。此篇文章包括了短期和长期飞行任务中最广泛的睡眠研究。在许多休息活动或睡眠—觉醒周期的研究中,被试者佩戴活动监视器或在他们的手腕上戴着"活动变化记录仪"。睡眠—觉醒数据的分析来自于 21 名 ISS 乘员和 64 名航天飞机乘员的数据,结果是航天员平均每晚睡眠时间大约 6 小时。此外,研究结果表明,航天员面临着慢性睡眠不足,甚至包括发射前三个月左右,即使经常使用安眠药也出现睡眠不足。

幸运的是在过去的几年中,NASA 一直致力于开发基于证据的疲劳对策,并将其提供给飞行乘员和地勤人员。例如,通过飞行医生和研究人员的协同努力,编写了睡眠和昼夜节律困难评估的临床指南。这项工作导致了抗疲劳对策的实施,特别是对那些通宵工作轮换和航天飞行之前跨越时区人员的评估。乘员医生现在有一个标准化的方法进行治疗,如提供个性化用药和照明的建议,以及强调应该进行由精神病专家领导的管理培训。

2. 反应自我测试完成飞行研究

反应自我测试(RST)提供给航天员在警惕关注时,神经行为改

变的客观反馈、精神运动速度、状态稳定性和冲动性。它也记录在一定工作量时的主观评价、睡眠质量、疲劳、乏力、身体疲惫和压力。由于测试时间短暂,只需3~5分钟,非常适合重复使用。

RST研究由宾夕法尼亚大学戴维·丁格斯博士负责,目的是确定哪种工作能力测试可以反映航天员的疲劳、睡眠质量、睡眠时间及ISS任务的改变;可以感知工作负荷和疲劳、身体的疲惫和压力,以及总的任务时间。此外,还试图评估绩效反馈的有效性。

从2009年9月开始采集长期考察组21/22的数据,被试者为24名航天员,2014年完成数据收集。飞行中和飞行后总共进行了2964次测试。所有的数据是由质量控制验证,每个实验提取100个变量,从ISS下载的数据中没有出现数据丢失的现象。在执行任务期间,显示航天员数据的图形,以便了解测试情况和解释航天员在完成任务时的特殊活动和出现的事件。研究人员通过分析以上数据,于2015年6月提交了最终报告。

3. 研究通信延迟对个人和团队绩效的影响

2014年,由南加州大学BHP研究员劳伦斯·巴林卡斯负责的研究小组,研究了国际空间站乘组人员和任务控制中心之间通信延迟的影响。该研究主要集中在个人和团队的绩效、生活安宁和自主性。建立在以前NEEMO乘员研究结果的基础上,该研究观察了有延迟和没有延迟情况下,乘员与地面人员的任务绩效和相互作用。

在ISS长期考察组39/40飞行期间,3名航天员执行了10次任务,6次是在没有延迟通信的条件下,4次是在通信单向延迟50秒的条件下。每项任务完成后,参与者回答有关通信、自主性、士气、团队绩效的感知和收到的支持量。数据的初步分析表明,在一定的后勤和行动的约束下,通信延迟可能会有影响。此外,结果表明为了以一种独立的方式执行高度复杂的任务,需要更多的飞行前训练。

三、各类地面模拟试验按计划陆续实施

（一）FARU 卧床研究

FARU 是一个专门进行卧床研究的设施,它建在德克萨斯州,加尔维斯顿的德克萨斯大学医学分校内。该设施可以通过调节卧床的倾角,模拟不同重力场对人体的作用。通过调整卧床的位置和其他可变因素,FARU 团队可以收集实验数据和研发对抗措施,以减少低重力对未来参加长期太空探索任务乘员的影响。

2014 年开始了一项新的卧床实验,被试者 18 名。这项研究的目的是检验血管顺应性的作用和观察视力障碍综合征中增加饮食钠摄取量的作用。老年人和较年轻的人将进行 14 天头低位倾斜卧床实验。

每组实验的被试者分为两个亚组,两个亚组的受试者将给予较低或较高含量盐的饮食。这项研究的结果将表明增加膳食钠和血管顺应性是如何改变眼结构和功能的。

（二）多国航天员参与 NEEMO – 20 模拟任务

2015 年 7 月,NASA 派遣 NEEMO – 20（NASA 极端环境任务实施）国际探险队,在大西洋底完成了为期 14 天的海下任务,以为未来的深空任务做准备。

NEEMO – 20 的重点是评估用于未来太空行走的工具和技术,测试分别在模拟小行星、火星卫星和火星等不同的表面和重力水平下进行。

NEEMO 项目主管比尔·托德称,NEEMO 小组已经在过去 15 年中完成了 19 项科学探索任务,本次是第 20 次,代表着 NEEMO 任务的一个里程碑。在“宝瓶座”海下实验室——这一非常接近航天飞行的极端环境里,进行高强度运营、隔离状态下的生活和工作,可以为载人航天飞行提供重要的科学和工程益处。

本次任务对因任务目的地遥远而造成的通信延迟进行了测试。

乘组还评估了 ESA 提供的硬件设备,该设备使用平板电脑、智能耳机和头戴界面,能够让乘员无需使用手部操作和眼部注视,就可以读出下一步任务程序。

ESA 航天员卢卡·帕米塔诺担任 NEEMO - 20 任务的指令长。NASA 航天员赛丽娜·奥诺恩、NASA 出舱活动管理办公室工程师大卫·科恩和日本航天局航天员金井宣茂参与了本次任务。

此外,加加林中心航天员奥列格·阿尔杰米耶夫和出舱活动教员马克西姆·扎伊采夫不但编入了操作控制小组,还完成了熟悉性下潜。据称,加加林中心已开始建设试验训练综合设施,以饱和式潜水方法为基础,实施月球和火星探索计划。

(三) 俄罗斯启动"月球 - 2015"地面模拟试验

2015 年 10 月 28 日,俄罗斯科学院生物医学问题研究所开始了一项名为"月球 - 2015"的载人月球飞行模拟试验。试验共进行 8 天,参试成员全部为女性。

"月球 - 2015"试验是以俄罗斯科学院生物医学问题研究所主导开展的,6 名乘员全部是女性。试验主要目的是,研究女性机体在星际飞行中适应密闭隔绝环境的机制,利用国际空间站上完全相同的仪器获取乘员健康状态的数据,以及其他的试验任务。

"月球 - 2015"试验计划由 30 项研究项目组成,试验分为三个部分:心理研究;适应密闭环境过程中免疫和代谢研究;卫生保健研究。该项目在生物医学问题研究所综合试验舱内进行,该试验舱曾作为 2010—2011 年为"火星 - 500"的试验舱,此次试验使用了其中两个舱段。

(四) 美国开展一年期火星模拟任务

2015 年 8 月,美国及欧洲科学家在美国夏威夷休眠火山莫纳罗亚山山坡上的太阳能圆顶基地内,开始进行为期 365 天的全封闭隔离试验,模拟载人火星飞行。试验方案是 NASA 与夏威夷大学联合制定的。

最新一批"夏威夷航天探索模拟任务"(HI－SEAS)乘组由6位科学家组成:3男3女,年龄均在30岁以下,乘组指令长是卡梅尔·约翰逊,在蒙大拿州从事土壤科学及生态研究。其余5名年轻参试者来自美国和欧洲,分别是物理学家、工程师、生物学家、医生和建筑师。

这个科学家团队是自2013年以来第4支参试小组,也是迄今为止时间最长的一次HI－SEAS任务。前两个小组在夏威夷的隔离设施里生活了4个月,第3个小组的隔离时间为8个月。

此次任务由NASA资助并由夏威夷大学莫纳罗亚研究项目具体负责,任务关注的焦点是乘组凝聚力和绩效研究,将继续研究乘组在火星探测飞行中可能遇到的医学和心理学问题。为此,参试人员需要根据试验大纲要求开展相当复杂的科学研究。并且,只有在穿着航天服的情况下才能走出试验设施。

HI－SEAS研究者致力于开发有效的团队构成,并制定能够让乘组成功往返火星的策略。任务期间通过摄像机、身体移动跟踪器、电子勘测器和其他方式监测乘组。莫纳罗亚项目研究人员及其合作者将研究乘组长期的凝聚力,大范围收集会影响团队绩效的认知、社交、情感因素的数据。

目前,HI－SEAS任务时间变得越来越长,任务首席研究员夏威夷大学教授吉姆·宾斯泰德认为,这对理解航天飞行的风险颇有益处。组织者希望隔离试验对NASA计划于2030年前后实施的人类首次载人火星飞行的准备有所帮助。

(五)ESA将在南极开展航天行为健康研究

由15人组成的ESA研究小组将在遥远的肯考迪娅南极站度过一年时间,为准备火星任务进行科学研究。

肯考迪娅科考站附近的气温可以下降到-80°C,冬季太阳会完全消失4个月。该站坐落在海平面3200米以上的白色南极高原,属于极端环境,而且伴随着低气压。ESA资助的医学研究者的任务是研究乘组如何适应这个充满挑战的环境,并在期间工作和生活。

　　航天员在太空中执行长期任务需要在地面训练后几个月甚至几年才能够熟练地驾驶飞船,并执行复杂的操作。"Simskill"实验需要将飞船模拟器运送到南极洲,肯考迪娅乘组将在驻留时进行飞船驾驶相关课程实验。

　　飞船驾驶训练后,乘组将会模拟各种常见的"联盟"号飞船任务,如交会对接任务。他们的测试结果将会与相关的心理和生理数据共同记录下来。同样的研究也将在英国"哈雷"-6南极考察站开展。

　　另一个计划开展的实验,将关注人体免疫系统如何对隔离环境产生反应。血液、尿液和唾液样本将被收集起来并与压力测试结果相比较,以了解压力如何影响免疫系统。进一步的实验还包括观察特殊的灯光如何在黑暗的冬季中帮助保持正常模式的睡眠。其他还有检查骨骼健康,以及通过对团队活动进行监控和测试,研究乘组在隔离期间如何互动并形成组织。

四、结束语

　　一年来,国际空间站长期考察组乘员在站开展丰富了科学研究与实验,获取了大量的人体实验数据,与此同时,地面研究人员也进行了为期4个月到一年不等的极端环境模拟,相信所取得的这些成果都将帮助人类向更长期的航天飞行迈进。

　　　　　　　　　　　　　　（中国航天员科研训练中心）

2015 国外空间科学与应用发展综述

　　2014 年 9 月至 2015 年 9 月,航天员在国际空间站上共完成了 4 次长期考察任务,分别是 2014 年 9 月至 2015 年 3 月开展的第 41/42 次和 2015 年 3 月至 9 月开展的第 43/44 次长期考察任务。4 次任务在人体研究、技术开发与验证、生物学与生物技术、教育活动和推广、物理科学及地球与空间科学 6 大研究领域开展了 346 项科学研究实验,本文就整体研究情况及各领域研究进展和新变化进行综合分析。

一、科学研究与应用概况

　　在这 4 次长期考察任务中,美国国家航空航天局(NASA)、俄罗斯航天局(Roscosmos)、日本航空航天探索局(JAXA)、欧洲航天局(ESA)和加拿大航天局(CSA)在 6 大研究领域资助开展的实验项目数如表 1 所列,项目数据来自 NASA 和俄罗斯中央机械制造科学研究所。

表 1　国际空间站第 41—44 次长期考察任务中各航天局在各研究领域资助开展的实验项数(括号中为新实验项数)

	人体研究	技术开发与验证	生物学与生物技术	教育活动和推广	物理科学	地球与空间科学
NASA	50(33)	44(15)	27(23)	40(25)	14(6)	10(5)
Roscosmos	29(17)	20(2)	24(5)	5(1)	3(1)	9(0)
JAXA	6(4)	8(7)	15(8)	0(—)	7(2)	4(1)
ESA	7(1)	6(1)	5(5)	3(2)	10(1)	2(0)

（续）

	人体研究	技术开发与验证	生物学与生物技术	教育活动和推广	物理科学	地球与空间科学
CSA	3(2)	2(0)	0(—)	1(1)	1(0)	0(—)
总计[1]	87(49)	80(25)	71(41)	49(29)	34(9)	25(6)

① 因存在合作项目,总计项目数可能小于各航天局项目数总和

在第 41—44 次长期考察任务所开展的全部 346 项实验中有 159 项为新实验,体现出国际空间站科研活动的活跃性。NASA 资助的实验达 185 项,超过全部实验项数的 1/2,以人体研究、技术开发与验证、教育类项目为主。其次是 Roscosmos,资助实验共计 90 项,以人体研究、生物学与生物技术和技术开发与验证类为主。其中,Roscosmos 与 NASA 合作开展了 8 项人体研究实验,与 ESA 合作开展了 1 项物理科学实验。其他各航天局也开展了多项研究,其中 JAXA 在生物学与生物技术研究方面、ESA 在物理科学方面的实验项目数相对较多。

二、科学研究与应用进展

（一）人体研究实验

1. 研究概况

人体研究是实验项数最多、也是新实验大量涌现的研究领域,在全部 87 项实验中,49 项为新实验,其中包括备受关注的 NASA 与 Roscosmos 合作开展的 8 项一年期人体研究项目实验和由 NASA 资助开展的 10 项双胞胎实验。

2. 研究进展和新变化

2015 年 3 月,NASA 与 Roscosmos 各派出 1 名航天员合作开展了包括 8 项实验的一年期人体研究项目,旨在评估长期空间飞行对人的影响。①"认知"实验研究疲劳对复杂神经认知功能的影响。②"精细动作"实验研究失重状态对人感觉运动功能的影响。

③"视觉器官健康"实验研究颅内压视力障碍的产生机制及其预防、治疗措施。④"反应自检"实验研究航天员的心理变化。⑤"睡眠监控"实验监测、记录航天员的梦,研究其与环境光线的关系。⑥"协作实验－2"研究国际空间站多国航天员间的人际和互动关系。⑦"体液转移"实验研究长期空间飞行之前、期间和之后体液转移与颅内压和视力损伤的关系。⑧"飞行员－T"实验通过记录航天员完成复杂操作任务的情况,评估和预测航天员的专业可靠性。

参与上述研究的 NASA 航天员还与其位于地面的同卵双胞胎开展 10 项双胞胎实验,旨在通过双胞胎对比研究获得关于长期空间飞行为航天员带来的医学、心理学和生物医学挑战方面的重要数据。①"双胞胎研究—端粒和端粒酶差异"实验探究空间环境对染色体端粒缩短速度和端粒酶活性的影响。②"认知能力"研究空间环境对人体完整认知能力的影响。③"表观遗传差异的综合全基因组分析"实验旨在寻找空间飞行因素对 DNA 甲基化和染色质结构的影响。④"动脉粥样硬化的代谢组学和基因组标记物"实验研究空间飞行对心血管系统的影响。⑤"空间飞行前、期间和之后的DNA 和 RNA 甲基化"实验研究 DNA 甲基化变化情况。⑥"免疫组"实验探究空间飞行对免疫系统的影响。⑦"体液转移及与之相关的视力障碍和颅内压的蛋白质组评估"实验评估空间飞行对视力障碍和颅内压症状的影响。⑧"生化分析"实验利用血液和尿液样本分析空间环境对营养和生理变量的影响。⑨"生物分子影响的纵向综合多组学分析"实验将采集其他 9 对双胞胎的样本,分析生物医学和分子数据,了解人体对空间飞行的生物物理反应。⑩"胃肠道细菌的宏基因组测序"实验研究航天员胃肠道细菌数量的变化情况。

NASA 资助了另外 15 项新实验。①"空间任务中唾液标记物的代谢变化"实验将验证唾液测试可否作为一种可靠的航天员健康监测手段。②"利用纳米粒子治疗微重力造成的骨质疏松"实验旨在研究羟基磷灰石(Hydroxyapatite)纳米粒子应对骨密度流失的效果。③"脑排液实验的应变仪体积描计分析以及微重力环境下的评估"实验通过测量血液从脑部的流出量,探究体内补偿重力缺失的物理过程。④"结构化运动训练作为空间飞行导致的立位耐受不良的对策"实验将测试航天员空间任务前后的立位耐力。⑤"用于微重力环境睡眠的可穿戴监测系统"实验将测试一种可用于监控航天员睡眠时心律和呼吸方式的新型穿戴式设备。⑥"用于空间飞行疲劳评估的个性化实时神经认知评估工具包"实验旨在开发验证实用的系列测试软件,验证其对疲劳和对抗疲劳的应对措施的敏感性。⑦"一年期国际空间站睡眠—苏醒记录仪和光照实验"实验将研究环境光照对睡眠的影响。⑧"长期空间任务中影响食物接受和消耗、情绪以及压力的因素"实验研究空间飞行期间情绪、压力和饮食之间的关系。⑨"长期微重力环境对精细动作的影响"实验研究航天员对微重力适应的不同阶段,以及返回地面后感觉运动功能的恢复。⑩"国际空间站的宜居性评估"实验将收集航天员与国际空间站居住环境间关系的观测数据,帮助航天器设计者了解需要多少宜居空间等。⑪"在轨航天器中短距、盲眼活动—非引力动力学中的空间高度参考"实验研究空间环境下航天员的身体感知和运动变化情况。⑫"长期空间飞行后感觉运动功能的恢复"实验将研究平衡、协调障碍以及心率、血压和神经方面变化的复杂性、严重程度和持续时间的关系。⑬"空间飞行对神经认知的影响:范围、持续时间和神经基础"实验研究长期空间飞行是否会导致大脑结构和功能的改变。⑭"长期飞行前、期间、之后的体液转移,及其与颅内压和视障的关系"实验旨在表征空间飞行导致的体液转移,帮助确定长时间飞行造成的眼部结构与视力变化的原因。⑮"评估航天员的端粒长度和端粒酶活性"实验分析空间飞行对染色体端粒缩短速度和端粒酶活性的综合影响。

Roscosmos 资助了另外 9 项新实验。①"Algometriya"实验对空

间飞行中承受疼痛极限变化进行综合研究。②"生物卡"实验研究微重力环境中负压对下肢的影响。③"DAN"实验研究由失重引起的颈动脉血压与中枢呼吸机制敏感度变化的关系。④"内容"实验通过分析航天员与飞行控制中心的通信,评估航天员的心理生理状态和多国航天员之间的关系。⑤"校正"实验确定空间飞行期间骨质流失机制及其严重程度。⑥"空间卡实验"获取空间飞行条件下心肌层电生理特性的变化及其与血液循环自主调节的关系。⑦"MORZE实验"获取空间飞行条件下新陈代谢功能、循环、心理生理状态的数据和周围环境对人体器官影响的参数。⑧"神经免疫力"获取不同应激因素对免疫系统影响的数据。⑨"UDOD"实验研究血循环动力学变化校正的可能性。

JAXA 资助开展了 4 项新实验。①"空间飞行时颅内压及相关视力障碍的无创评估"和②"一年期项目中空间飞行时颅内压及相关视力障碍的无创评估"实验均对颅内压和大脑血液循环变化进行评估,并验证颅内压升高是否是造成航天员视力障碍的原因。③"空间生态系统中人体微生物代谢串扰的多组学分析"实验评估空间环境和益生元对航天员免疫功能的影响。④"对长期空间任务后姿态控制的重新适应的阐述"实验通过检查航天员腿部的血流量和骨骼肌的电活性,确定如何使航天员快速恢复直立和行走能力。

CSA 资助开展了 2 项新实验。①"利用三维高分辨率外周定量计算机断层扫描(HR-pQCT)评估空间飞行对骨质的影响"实验利用新技术研究空间飞行对骨质的影响。②"长期空间飞行下的心脏和血管结构与功能及其恢复"实验研究航天员在空间飞行期间及返回地球后心脏和血管的结构及功能变化。

ESA 资助开展了 1 项新实验。"气道监测"实验利用高灵敏度的气体分析仪分析呼出气体,并依此作为航天员气道炎症的指示器。

此外,"生物化学检测清单""昼夜节律"等 38 项实验继续开展。

（二）技术开发与验证实验

1. 研究概况

技术开发与验证实验共计 80 项，实验项数最多的 3 个研究方向依次是小卫星和控制技术、航天器材料以及测试实验硬件。

2. 研究进展和新变化

小卫星和控制技术研究方向共开展 6 项新实验，全部为 NASA 资助，其中 4 项实验利用纳米机架装置完成。①"AAUSAT5 立方体卫星"实验验证自主识别系统接收机对海上船只信号的跟踪。②"1U 立方体卫星的地基钠激光导星"实验验证一种自适应光学系统，可改进用于卫星避碰的成像系统。③"GomX－3 立方体卫星"实验测试一种先进的天线指向系统和多种通信能力。④"行星资源公司－Arkyd－3 立方体卫星"实验验证未来探测近地小行星资源等深空任务所需的核心技术。另外 2 项小卫星实验为：①"SPHERES－通用对接端口"利用同步定位、保持、轨道预定与再定向实验卫星（SPHERES）的通用对接端口可使多个 SPHERES 自主对接和分离，可以对更加复杂的场景开展研究，如在轨服务和机器人组装任务等。②从国际空间站释放的"St. Thomas More 教会小学卫星－1"将拍摄图像并向地面传输，开展教育活动。

航天器材料研究方向共开展了 5 项新实验，JAXA 资助了其中 4 项。①"轻量化、高精度碳复合镜面的空间环境暴露测试"实验研究碳纤维增强复合材料（CFRP）复制镜面暴露在空间环境下的退化和长期效应。②"材料降解监测器的空间环境暴露测试"实验将近地轨道卫星所用的材料暴露在空间中，然后带回地球分析，以了解近地轨道空间环境对材料的影响。③"聚醚醚酮和全氟烷氧基树脂材料样本的空间环境暴露测试"实验将这两种航天器布线和管道材料长时间暴露在空间中，了解其结构退化过程。④"太阳帆功能薄膜器件的空间环境暴露测试"实验研究空间辐射对薄膜太阳能电池和其他薄膜器件的影响。NASA 资助开展了 1 项新实验。"带有无线传感器的再入解体记录仪"实验测试一种用于开展再入危险预测研究的器件。

　　测试实验硬件研究方向共开展了 4 项新实验,其中 3 项为 NASA 资助,1 项为 ESA 资助。①"空间站轨道有效载荷系统集成动力学发射器硬件验证演示"可实现纳卫星的天基发射。②"纳米机架—微重力下的荧光偏振"实验研究微重力对荧光偏振的影响。③"特殊用途廉价卫星"实验测试小卫星利用微推进器技术进行移动和定位的能力。④"ESA－触觉－1"实验研究航天员如何远程操控地面机器人。

　　NASA 还资助了其他 5 项新实验。①"测试自主交会对接的航天器低地球轨道导航实验"利用两颗从国际空间站释放的卫星 AggieSat－4 和 BEVO－2 开展互相通信、交换数据、链接 GPS 实验等。②"国际空间站咖啡机"实验测试一个可为航天员制作各种热饮的咖啡机。③"尿液处理器组装硬件改进"实验测试对国际空间站尿液处理设备的改进。④"零重力下的 3D 打印技术验证"实验验证 3D 打印机能否在空间中正常工作。⑤"月球图像"实验将从国际空间站拍摄月球照片,以细化"猎户座"载人飞船的光学导航算法。Roscosmos 资助了 2 项新实验。①"振动实验室"检测并控制俄罗斯舱段进行技术、科学、工艺实验时的微振动加速度水平。②"击穿"实验旨在开发一种在轨系统,可在国际空间站飞行条件下快速确定被击穿点位置。JAXA 还资助了其他 3 项新实验。①"空间机器人目标识别器的在轨验证"实验验证带有特殊涂层的新型视觉目标识别器 Array Mark 承受空间恶劣环境的能力。②"用于空间生命科学实验的自由空间被动剂量计"实验测量国际空间站外的辐射剂量,验证国际空间站舱体对辐射的屏蔽作用和效果。③"利用位敏组织等效正比室确立国际空间站放射量测量技术"实验验证该技术在空间辐射环境下的有效性,以及实时辐射监测精确性。

此外,"激光通信科学的光学有效载荷""Robonaut"机器人航天员等55项实验继续开展。

(三)生物学与生物技术实验

1. 研究概况

生物学与生物技术实验共计71项,其中细胞生物学、植物生物学和动物生物学研究方向的实验最多。

2. 研究进展和新变化

细胞生物学方向共开展了10项新实验,NASA资助了其中5项。①"微重力和细胞:形态类型和表型相关性"研究微重力如何改变细胞的物理结构,以及是否会影响细胞功能。②"二甲双胍作为抗肿瘤剂:微重力下的酿酒酵母研究"实验研究微重力环境下酿酒酵母中二甲双胍的药物代谢。③"白色念珠菌对空间飞行的基因型和表型反应"实验评估空间环境对白色念珠菌细胞在基因表达、形态和致病性方面的影响。④"纳米机架—减重力环境下的共生结瘤"实验研究微重力对宿主植物和共生菌之间的细胞—细胞信号传导和结节形成的影响。⑤"骨细胞和机械性转导"实验研究微重力对骨细胞功能的影响。ESA资助了另外5项新实验。①"空间飞行对内皮细胞功能的影响"实验研究培养的内皮细胞对空间飞行的响应。②"球状体"实验研究微重力对内皮细胞功能的影响。③"干细胞分化"实验研究人体间充质干细胞在长期(约2周)微重力环境下的反应。④"基因、免疫和细胞对单一和复杂空间飞行条件的响应－A"实验研究空间辐射和微重力对细胞功能的协同影响以及空间环境对免疫功能的破坏。⑤"基因、免疫和细胞对单一和复杂空间飞行条件的响应－B"实验研究空间飞行和辐射对脊椎动物细胞免疫功能的影响。

植物生物学方向共开展了8项新实验,NASA资助了其中6项。①"高等植物实验－02－2"研究酵母菌细胞适应空间环境的独特机制。②"高等植物实验－03－1"研究微重力对拟南芥幼苗根和细胞发育的影响。③"幼苗生长－2"研究微重力和光照对植物生长发育、细胞增殖/细胞周期的影响。"罐中生物学研究"系列研究开展了3项新实验,分别研究空间中萌发的拟南芥的生长、发育和基因活性的变化;植物如何调整和适应微重力环境,确定在微重力条件下生长的植物细胞中存在哪些蛋白质(即酶);测定微生物对抗生素的存活率以及自发的抗药性突变。JAXA资助开展了2项新实验。①"利用微重力条件检验重力感应器形成的细胞过程和重力感应的分子机制"研究微重力条件下生长的植物是否可以感知重力加速度的改变,以及植物细胞内钙浓度的变化。②"植物螺旋生长及其对重力响应的依赖"研究微重力对植物螺旋生长的影响。

动物生物学方向共开展了10项新实验,NASA资助了其中6项。①"KS5:重力和地磁场对扁形虫再生的作用"研究微生物在微重力条件下组织再生时的信号传导机制。②"果蝇实验室－01"实验研究空间环境对果蝇先天免疫系统和微生物致病性的综合影响。③"纳米机架－Ames果蝇实验"研究空间飞行中果蝇神经行为变化。④"骨骼密度硬件验证"评估空间飞行对小鼠骨骼密度的影响。⑤"啮齿类动物研究－1"实验研究微重力环境对啮齿动物的影响。⑥"啮齿类动物研究－2"实验研究空间环境对肌肉骨骼系统在分子水平上的影响。JAXA资助了4项新实验。①"空间飞行中秀丽隐杆线虫的表观遗传学"实验探究秀丽隐杆线虫是否可以在不改变基础DNA条件下,通过单个细胞一代代地适应失重。②"微重力下线虫肌纤维的改变"使用秀丽隐杆线虫研究微重力条件下肌无力、骨密度降低和代谢变化的产生原因。③"空间飞行对秀丽隐杆线虫衰老的研究"研究空间飞行对秀丽隐杆线虫诸多生理变化的影响。④"国际空间站长期空间辐射下小鼠胚胎寿命的遗传效应"研究空间辐射环境对整个动物机体的影响。

大分子晶体生长方向开展了4项新实验,NASA资助了其中的3项。①"空间科学促进中心—蛋白质晶体生长－3"是一项人单克隆抗体结晶实验。②"纳米机架—埃及抗丙型肝炎病毒微重力蛋白质晶体生长"实验制备构成丙型肝炎病毒的蛋白质晶体。③"纳米机架—用于治疗研究的微重力蛋白质晶体生长"实验研究微重力是否可以提高两种未来可用于治疗心脏疾病和癌症的蛋白质的结晶过程。JAXA 资助的"JAXA 高质量蛋白质晶体生长演示实验"研究如何最大限度地减少杂质,获取高质量蛋白质结晶。

微生物学方向开展了 4 项新实验,NASA 资助了其中 3 项。①"宿主—病原体相互作用研究"实验探索航天员在长期空间飞行中感染的风险。②"微生物观察–1"实验在为期一年的时间里监测国际空间站上存在的微生物类型,了解国际空间站微生物群落的多样性及其变化情况。③"俄罗斯联合研究强化微生物采样"实验搜索国际空间站上经过仔细清洁仍残留微生物的区域,为更好监测和减少微生物提供决策依据。JAXA 资助的"国际空间站微生物检测 – KIBO 实验舱"对国际空间站内空气中的微生物环境进行取样研究,检测空气洁净度。

Roscosmos 资助开展 5 项新实验。①"生物膜实验"研究空间飞行因素对细菌生物膜形成的影响。②"'恒量 –2'实验"获取空间因素对人类淋巴细胞和小鼠骨髓细胞成活率和遗传组织状态影响的新数据。③"激活体实验"将菌株暴露在空间飞行环境下以得到最佳性能,从而提高产量和遗传稳定性,改善生长特性。④"Fagen实验"确定空间飞行条件下太阳辐射和宇宙辐射对噬菌体遗传组织的影响。⑤"凤凰"实验获取空间环境对遗传结构、人类淋巴细胞和小鼠骨髓细胞影响的新数据。

此外,"蔬菜硬件验证测试""重力对斑马鱼肌肉质量的影响"等 30 项实验继续开展。

(四)教育活动和推广实验

1. 研究概况

教育类实验共计 49 项,其中 29 项为新实验。

2. 研究进展和新变化

新实验中 NASA 资助 25 项,ESA 资助 2 项,CSA 和 Roscosmos 分别资助 1 项。NASA 资助的新实验全部为利用纳米机架开展的,其中学生开发的研究实验多达 24 项。这些利用纳米机架开展的学生开发实验研究内容非常宽泛,包括流体、材料等物理学研究,动植物、蛋白质、微生物等生物学研究,辐射监测、新能源等技术类研究等。这些实验都是通过美国国家实验室的途径获得飞行机会的,参与机构包括美国及其他国家的多所学校和研究机构。

其他新实验还包括:3 项教育示范实验,2 项是 ESA 资助开展的"ESA – 教育载荷运行"实验,将科学素养推广与航天员演示相结合;另 1 项是 CSA 资助开展的"番茄种子 – IV"项目,将 60 万个番茄种子暴露在空间环境随后返回地球,并与地球对照组一起播种,在学生不知道两组种子区别的情况下测量番茄植物发芽率、生长模式和种子活性等信息。此外 Roscosmos 资助开展了 1 项新实验,"化学教育"在微重力环境下测试通过聚合方法得到复合材料外壳和空心结构的可能性。

此外,"SPHERES – 零 – 机器人""国际空间站业余无线电"等 20 项实验继续开展。

(五)物理科学实验

1. 研究概况

物理科学实验共计 34 项,其中材料科学、流体物理和复杂流体研究方向的实验最多。

2. 研究进展和新变化

NASA 资助开展了 6 项新实验。①"先进胶体实验—显微 – 3"实验从悬浮在流体介质中的微小粒子设计和组装复杂的三维结构,这种自组装胶体结构对于先进光学材料的设计非常重要。②"微重力环境下饮水的毛细管效应"实验采用特殊设计的、利用流体力学模拟重力作用的杯子研究在空间中喝水的过程。③"火焰熄灭实验–2–JAXA"实验研究液滴间的相互作用,了解实际燃烧过程中的物理学,包括火焰在液滴间的传播以及火焰如何影响液滴的运动等。④"纳米机架–COBRA PUMA 高尔夫公司–电镀"实验检验用于高尔夫产品的各种银涂层和铝材料,研究微重力对醋酸银涂覆铝的影响。⑤"空间中近晶岛的观测和分析"实验研究微重力下液晶的独特行为,包括整体流体的运动、扩散和近晶岛的出现等。⑥"人造肌肉"实验检测 Ras 实验室开发的电活性聚合物——人造肌肉的抗辐射能力,未来有望用于开发更加类人的机器人。

JAXA 资助的新实验"随机分布的液滴云的火焰蔓延和组燃烧激励机理研究"实验将验证燃料喷雾的燃烧是从局部蔓延至组燃烧的理论。"界面能–1"实验利用静电悬浮炉研究钢材加工过程中高温液体的界面现象和热物理性质,找出防止加工过程中渣粒落入钢水的方法。

ESA 和 Roscosmos 合作开展的"等离子体晶体–4"并非一项特定的实验设备,可开展多种与复杂等离子体有关的实验,其主要研究领域是复杂等离子体的液相和流动现象。本次实验研究高频电容放电时气体排出的等离子尘埃结构和直流辉光放电时等离子体中的等离子尘埃结构;紫外线对宏观离子的影响;在受紫外线、等离子体流和电离辐射的影响下,宇宙空间里等离子尘埃的结构。

此外,"火焰熄灭实验–2""毛细管流实验–2"等 25 项实验继续开展。

(六)地球与空间科学实验

1. 研究概况

地球与空间科学领域共开展了 25 项实验,其中地球遥感实验最多,其次为空间天文学和近地空间环境实验。

2. 研究进展和新变化

NASA 资助开展了 5 项新实验。①"云—气溶胶输运系统"实验采用激光雷达系统来测量大气中的污染物、尘埃、烟、气溶胶等颗粒物体的位置、成分和分布情况,可以帮助研究大气成分对全球气候的影响,建立更好的全球气候反馈过程模型。②"IMAX 纪录片:完美星球"实验拍摄一部记录地球与人类关系和航天员日常生活的影片。③"国际空间站 – RapidScat"是一台天基散射计,将接替QuickSCAT 卫星上已无法运行的海风有效载荷,测量海洋上空的风速、风向,预测天气、监测飓风、观察大尺度气候现象,与国际上其他散射计交叉检验数据。④"纳米机架—微重力下粒子和聚合体的碰撞演化"实验旨在探索微重力下的低能量碰撞,揭示微行星的形成过程,可以为从宏观上理解行星形成演化提供定性和定量的依据。⑤"从国际空间站测量气旋强度"实验将验证测量热带气旋强度的新技术。JAXA 资助开展的"量能器型电子望远镜"新实验是一项旨在寻找暗物质的任务,将对宇宙线电子能谱开展能量最高的直接测量,对我们所在的银河系区域中离散高能粒子加速源头进行观测。该实验已于 2015 年 8 月抵达国际空间站,安装于"希望"号实验舱外部设施上,开展至少为期 2 年的观测。

此外,"阿尔法磁谱仪 –02""全天 X 射线成像监测仪""沿海海洋超光谱成像仪"等 19 项实验继续开展。

三、结束语

国际空间站已经全面进入应用时代,各研究领域开展的科研活动规模持续扩大,研究方向不断拓展,带来更多新的实验项目、科研设备和研究能力,有利于解决未来深空探索所面临的各种问题和挑战,获得新的科学发现,并为地面应用带来效益。

在 2015 年 7 月召开的第 4 届国际空间站研究和发展大会宣布了国际空间站 2014 年度的最佳研究成果和最佳创新研究工作,3 项年度最佳研究成果包括:微重力蒸发和冷凝物理学研究有望开发更加高效的微电子冷却系统;利用植物作为一种实时生物传感器,确定周围环境质量;甲状腺癌细胞的在轨生长实验以确定新的治疗方法。3 项最佳创新研究工作包括:利用影像引导自动机器人(IGAR)诊断和治疗乳腺癌;利用蛋白质晶体生长方面的研究进行商业化和非政府化利用,帮助促进科学知识发展,引发新的疾病治疗方案设计;"零重力下的 3D 打印技术验证"成功在轨测试微重力 3D 打印机。

本文通过对国际空间站过去一年开展的科学研究实验项目以及最新、最受瞩目的科研成果的全面回溯,希望为我国空间站应用规划提供借鉴和参考。

(中国科学院文献情报中心)

2015 国外载人航天发射场发展综述

2015 年,国外载人航天发射场的建设发展仍以美国的肯尼迪航天中心(KSC)和俄罗斯的东方航天发射场为主。同时,美国商业乘员开发项目的合作伙伴也加快了各自发射场地面设施的适应性改造以及配套设施系统的测试。

一、美国 NASA 探索系统与商业航天项目齐头并行

(一)肯尼迪航天中心 SLS/MPCV 地面设施进行改造后的测试

1. KSC 4[#]点火间进行改造后的首次使用测试

KSC 发射控制中心内的 4[#]点火间(FR4)在经过多用途化的适应性改造后于 6 月 3 日进行首次项目配合测试。KSC 探索研究与技术项目部成为 FR4 投入使用后的首个用户,主要结合资源勘探者(RP)有效载荷飞行项目对拟于 2020 年发射进入空间的"风化层及环境科学与氧气和月球挥发物提取"(RESOLVE)实验装置进行测试。项目模拟操作期为 6 个月。通过 RESOLVE 的测试,掌握技术团队的实际需求,以此再进行控制间的功能配置。RP 技术团队认为改造后的 FR4 能使人感觉到身临在真实的飞行环境中,而此观点正印证了 NASA"如同你飞行式的测试"的研发原则。

2. 首批 SLS 火箭 9 个脐带部件进行安装前的测试

KSC 于 8 月在其发射设备测试厂房(LETF)内对 SLS 火箭的 9 个脐带部件进行了安装前的测试。这 9 个安装在活动发射平台的

部件主要为发射台上的 SLS 火箭提供起飞前的电力与数据连接。技术人员在 LETF 内采用数据采集系统和火箭移动模拟装置对脐带部件进行一系列的测试。

测试目标包括:对 80 种信道进行监测和记录;对运载火箭从组装厂房到发射台直至脐带断开的整个过程中的全部移动状态进行预测性模拟;收集相关数据进行比较以对模型进行分析;运行操作规程并做出相应修订与检测,以确保脐带装置能够按设定要求正常工作;针对 SLS 火箭起飞进行一系列发射与分离测试;发射团队的培训。这些脐带部件在本次测试后被安装到活动发射平台上。

3. KSC 新数据中心投入使用

新数据中心的使用面积仅有 1486.4 平方米,将取代原使用面积为 4180.5 平方米的 5 个传统型数据中心和技术技术保障区。

该数据中心的落成是 KSC 升级改造中的一个重要里程碑,是 KSC 向多任务、多用户的航天发射场转型的一个重要组成部分。将原先若干个数据中心集成为一个数据中心将使信息技术操作流程更加精简、效率更高、连续保障能力更强。一旦该中心进入全部使用状态,其效率将是原数据中心的 3 倍,可使 KSC 承担更多的工作。此外,该中心建成后的另一个收益是可以减少 KSC 的设施覆盖面,从而可以将原先老旧的设施进行拆。

4. SLS 火箭运输驳船"飞马"完成改装

改装后的"飞马"驳船将长 94.4 米,宽 15.24 米。其可用载货甲板长 73.15 米,可轻易装载 64.9 米长的 SLS 火箭主芯级。此外,该驳船的可用载货甲板宽度为 10.97 米,高度为 12.49 米。

"飞马"驳船的主要运输路线流程:2016 年,改装后的"飞马"驳船将装载着 SLS 火箭的结构测试部件(STAs)实施首次航行,从米楚德装配设施(MAF)至马歇尔航天中心(MSFC),为期约 7~10 天。行程范围首先向北穿过路易斯安娜州抵达密西西比河,然后沿着路易斯安娜、密西西比、阿肯色、密苏里和肯塔基等各州的边界河域上行驶。在到达密苏里和肯塔基两州间的河域时,"飞马"驳船驶入靠近肯塔基州的威克利夫镇、密西西比河与俄亥俄河之间的汇合处,驳船在此转向东沿俄亥俄河河域行驶数公里,抵达肯塔基州的帕迪尤卡镇,即田纳西河与俄亥俄河分岔之处,驳船在此沿着田纳西河河域行驶并穿过肯塔基州和田纳西州回到南部,然后进入阿拉巴马州,抵达距该州滑铁卢镇北西北向数公里之处。"飞马"驳船从该处沿田纳西河河域向东进入亨茨维尔镇,最终抵达 MSFC。在 MSFC,技术人员将 SLS 火箭的 STAs 从驳船上卸载,然后进行结构荷载测试以验证硬件的每个部分所可承受的荷载,而不会对运载火箭或乘员产生任何不利影响。2017 年秋,"飞马"驳船将用于首次飞行任务的 SLS 火箭主芯级从 MAF 运到斯坦尼斯航天中心,行程为 1 天,进行最后的测试,然后于 2018 年初将主芯级运到肯尼迪航天中心。

(二)商业航天项目按进度开展各项地面设施建设与测试

1. SpaceX 公司进行"龙"飞船乘员逃生系统的测试

这是 SpaceX 公司第一次在真实的发射台中止状况下对配置全套 8 个 Super Draco 发动机的全尺寸研发性飞船进行的测试。包括温度传感器、加速仪在内约有 270 个专用测量仪器布置在航天器的内部和周围,以测量各种应力加速影响。在飞船内设置了配备传感器的测试模拟器,以便对人体所承受的影响进行测量。为了使测试效果最大化,还在乘员舱内的乘员座椅处安装了配重,以代替乘员在发射时的重量。在此次测试中,安装在"龙"飞船乘员舱底部的 8 个 Super Draco 反推火箭发动机同时点火,持续 6 秒,每个发动机瞬间产生 6810 千克的推力,将飞船推进到距大西洋海面大约 1524 米的高空,然后乘员舱与推进器部分分离,两部分各自在 3 副降落伞的帮助下降落到海面上,打捞船将乘员飞船打捞回收并返回陆地以进行后续的分析研究。整个测试从发动机点火到飞船溅落,耗时约 90 秒。

由于没有采用抛弃方式,Space X 公司的新型 LAS 比以往系统更为安全,更具优势,8 台发动机能够提供充足的保障,如 1 台出现故障,其余发动机仍可继续成功完成任务。此次测试的成功证明了"龙"飞船具备在发射台出现危及生命的情况下能够将宇航员运送到安全地点的能力。

2. 波音 CST - 100 飞船乘员进入臂设施破土建造

波音与联合发射联盟(ULA)在卡纳维拉尔角空军基地(CCAFS)的 41 号发射场建造用于 CST - 100 飞船的第一个乘员进入臂,以保障国际空间站的乘员飞行测试与相关任务。CST - 100 飞船的乘员进入臂高 60.96 米,呈金属网格结构状,模块化设计可使技术人员能够在发射台之外建造较大的部件,然后用卡车将相关部件运抵发射场,最后在发射任务实施前完成相应的组装并投入应用。

这是自 20 世纪 60 年代以来在 CCAFS 建造的第一个载人类型的设施。目前 41 号发射场只能实施非载人发射任务,虽然经验证能够适用发射诸如 NASA 的"海盗"火星探索机器人等极其复杂的航天器和探测器任务,但是要处理载人型飞船的能力还远无法达到,如:火箭无法在宇航员进入火箭后驶向发射台并进行燃料加注;需考虑在火箭发射起飞之前若出现紧急情况时,解决快速逃离火箭的安全措施。因此,乘员进入臂投入使用对于现将启动的美国载人航天任务而言是意义重大的。

3. SpaceX 对"猎鹰"火箭起竖运输车进行行驶测试

SpaceX 公司在 KSC 的 39A 发射工位进行了"猎鹰"9 与重型火箭运输车/起竖发射装置(Transporter/Erector/Launch,TEL)的首次行驶测试,以为 2016 年的发射任务做准备。

此次开展的 TEL 测试工作将完全按照实际任务中"猎鹰"9 火箭或重型火箭从 HIF 驶向 39A 发射工位的状态实施。根据操作规程,一旦 TEL 抵达发射工位坡道,技术人员将用两根大型绳缆系结在 TEL 的定位系统上,然后通过设在发射工位上的 2 台卷扬机将

TEL 从坡道拖曳而行。在 TEL 驶抵发射台架上后,技术人员将从发射台架上将一对液压缸的缆绳接到上述系统的构件中。液压缸缆绳的作用是 TEL 以其为枢轴而转动的铰链销,使 TEL 起竖至发射台架上。随后,技术人员再将一对液压缸连接到 TEL,将整个装置起竖呈垂直状态。在 TEL 呈垂直状态后,再使用一对液压缸缆绳将 TEL 进行锁销。在实际任务实施时,TEL 呈垂直状态后,"猎鹰"9 或重型火箭将与发射台架的液压式牵制杆(HDP)对接。在发射前,TEL 缩回并与火箭相距 2.5 度角。但在牵制杆夹具被释放后,TEL 则将完全缩回并向后下放到地面上。

4. 应急逃生车的发射场区测试

NASA 与波音、ULA 及特种航空航天服务公司在 CCAFS 的 41 号发射场,对用于航天员和地面操作人员应急逃生的防地雷反伏击(MRAP)车进行了实地测试,以确定其在 2017 年发射任务中的应急方案的时间配置。该测试工作主要是根据波音公司实施 CST - 100 飞船的发射台载人和无人飞行试验而展开的。

测试结果显示,MRAP 车的救援速度要比技术人员所计算的快,即使以 74.4 ~ 80.5 千米/小时的速度行驶,也比航天飞机项目时期所应用的 M - 1133 型坦克车的速度快。此外,其运行噪声较小,在其内部可进行正常状态的对话。此外,为了验证测试项目的完整性,技术人员对不同的逃生路线进行测试,并以此确定主要和辅助性方案。

5. KSC 在 39B 发射工位建造小型箱式发射台

KSC 于今年年中在其 39B 发射工位建造完成了一种可配置型发射系统(DLS)。DLS 采用箱式发射台设计方案,主要设备包括发射支座、火焰导流器以及推进剂伺服系统等。利用垂直总装厂房(VAB)的转运通道进行 DLS 的垂直处理与装配,并通过平板拖车将火箭运送至发射台。DLS 采用通用型推进剂伺服系统(UPSS),配置了液氧和液体甲烷压力馈送推进剂输送系统,能够为三级型运载火箭进行伺服。UPSS 系统还可适用于诸如液氢和煤油等其他推进剂。

DLS 可为 NASA 和商业性用户实施推力小于 90 吨的小型运载火箭发射系统提供使用 KSC 地面设施设备的任务保障。

6. KSC 39C 小型火箭发射工位建设完工

KSC 在其 39B 发射工位区域内的东南角建造完成了一个称为 39C 的新发射工位。建造工程于 2015 年 1 月开始并于 6 月完工。混凝土发射台宽约 15.24 米、长约 30.48 米,能够保障加注燃料后的运载火箭与有效载荷总重量约为 59928 千克的发射任务。脐带塔、燃料加注管线、线缆以及脐带臂的总重量约为 21338 千克。GSDO 还研发了一个通用型推进剂伺服系统,具备为各类小型火箭加注液氧和液体甲烷的能力。此举将能够让更多的小型航天公司有能力参与空间探索任务,使未来发射任务更具多样化,从而使 KSC 成为名符其实的多用户型航天港。

7. 联合发射联盟采用离场垂直对接缩短火箭组装时间

联合发射联盟(ULA)在其"德尔它"操作中心(DOC)首次应用离场垂直组装(Off – site Vertical Integration,OVI)方法完成地面操作流程验证。OVI 方法的介入能够有效地减少在 VIF 内的工作量,同时还能大大地减少在 VIF 内的吊运次数、主要部件在关键路径中的移动次数以及缩短各发射任务之间的间隔时间。

OVI 方法主要涉及"宇宙神"5 火箭的某些结构性部件和"人马座"上面级的离场垂直组装。通过 OVI 方法,ULA 的技术团队对操作流程进行了创新性设计,从而使"宇宙神"5 火箭的发射操作更加安全、有效。此外,将相关操作过程设置到 DOC 中,不仅能够降低归因天气延误而存在的风险,同时可为操作人员提供一个更加安全的工作环境。为了更好地应用 OVI 方法,技术团队还研发了一个由卡车拖曳的专用平板式运输车,以此能够将火箭与有效载荷的组合体从 DOC 运送到 9.7 千米之外的 VIF。运输车内还设置了一个用于"人马座"上面级的储罐压力控制系统。测试验证显示,采用 OVI

方法后可使地面操作流程的时间缩短 1 周左右。ULA 认为所节省的 1 周时间足以更好地服务于用户的发射需求。

二、俄罗斯"东方"航天发射场进入地面设施安装与测试阶段

2015 年,俄罗斯新建的"东方"航天发射场进入了各项地面设施设备的安装与测试阶段,特别是发射场指挥所(控制中心)内的地面设备制导系统和信息供给系统以及新建造的活动勤务塔,在俄罗斯航天史上均为第一次应用。

(一) 完成运载火箭进场前的准备工作

俄罗斯航天局(FSA)于今年年中在"东方"发射场完成了运载火箭接收前的技术设备安装等准备工作。接收运载火箭所需的技术设备安装主要是在组装测试厂房、火箭部件存储区以及发射场技术区的交界廊道等场所内开展。

来自俄航天局地面设施设备操作中心的专家和技术人员先后完成了不间断供电、技术性消防与压缩气体以及回转缆式勤务塔等系统的安装。在火箭部件存储区,气体系统已准备完毕。交界廊道内的专用设备也已安装完毕。下一步将对这些系统进行试运行和自主测试。同时,技术人员开始对组装测试厂房内的实验室进行地面设备和检测设施的安装。

"东方"发射场共有 29 套系统用于运载火箭的发射任务,目前已有 12 套系统完成安装并交付试运行,而其中有 5 套系统(发射系统、缆式加注塔、上部缆式加注塔、不间断供电系统和勤务操作间)已完成试运行并准备开展自主测试。

(二) 进行指挥所控制台的设备安装

FSA 于 9 月初在发射场指挥所安装包含火箭发射控制台在内的地面设备制导系统。"东方"航天发射场共配置了 23 个智能化系统,其中有 14 个都设置在指挥所内。这些设备和系统均已完成了

工厂内的测试。

在发射场的指挥所内,将安装2种用于运载火箭射前操作和发射控制的设备,即:地面设备制导系统和信息供给系统(均由发射监控官控制),这在俄罗斯航天史上均为第一次应用。这些设备和系统在发射前1.5分钟发送"开始"指令,然后继续实施射前操作和发射执行动作的自动操作过程。此外,还提供检测模式、射前操作、发射执行动作、发射操作以及火箭空中飞行等信息内容。

(三) 进行活动勤务塔的试运行测试

FSA于9月初对"东方"航天发射场对新建的活动勤务塔(MST)进行了试运行测试。MST高约52米,重约1600吨,其内置工作平台能够进入"联盟"ILV火箭的最大高度为37米。其主要地面设备包括:升降机与起重机、内/外置式楼梯、不同平面的环形工作平台、上部组合构件温度控制系统、电气系统和控制系统的气体管线以及通信、报警和视频监控系统的设备。此外还设置一个紧急逃生系统,以保护塔架内各个工作平台上的人员逃离塔架。

此次试运行测试的目的是对MST的主控与备用移动机械装置进行测试。技术人员将MST设定在运载火箭呈垂直发射状态模式,并以12米/分钟的速度沿2条100米长的铁轨运行了约10分钟,主控电机状态下行走约20米,备用电机状态下行走约数米。

(四) 发射场测量站首次接收"联盟"飞船飞行数据

今年9月初,俄罗斯航天系统公司在对设在"东方"发射场信息接收与处理设备综合体(IRPMC)的移动测量站(MMS)进行系统连接性测试时,距"东方"航天发射场约300千米、设在阿穆尔州的费夫拉尔斯克居住点附近的MMS测量点则第一次接收到了来自"联盟"TMA-17M载人飞船的遥测数据。

IRPMC下设多个MMS,MMS由若干个存放仪器和天线模块的集装箱组成,并放置在2台KAMAZ-63501型集装箱运输车上。在俄罗斯各个州区的地基自动飞船操作区的数据通信与传输服务系统、海上测量综合装置、指挥测量站以及"东方"航天发射场的 IR-PMC 中,都设置了各种海上和陆上 MMS。"东方"航天发射场通过 IRPMC 的天线、测量、遥测、信息系统以及综合设备装置,进行遥测数据的可靠接收,并对地基制导综合装置进行应用性扩展。

三、结束语

美国计划于 2018 年在改建后的肯尼迪航天中心实施 SLS 火箭的首飞任务,而俄罗斯则计划于 2016 年在新建的"东方"航天发射场实施新型"联盟"2 火箭发射任务。这 2 个航天大国为了能够继续保持在航天技术领域的领先地位或重塑优势,不断根据各自航天发展规划,加快完成对发射场系统的升级改造和新建工程,推动实现未来空间探索目标。

(北京特种工程设计研究院)

2015 国外载人航天大事记

1. 1月1日,美国国家航空航天局(NASA)航天员巴里·威尔莫尔在国际空间站上操作"力反馈"操纵杆,完成了通过使用"力反馈"操纵杆进行的第一轮试验,这是太空机器人技术的又一里程碑事件。

2. 1月9日,NASA 在斯坦尼斯航天中心对航天发射系统(SLS)的 RS-25 发动机进行了第一次点火试验,试验取得成功。

3. 1月10日,美国空间探索技术(SpaceX)公司的"猎鹰"9火箭携带"龙"飞船从卡纳维拉尔角发射升空,执行国际空间站货运补给任务。12日"龙"飞船为国际空间站带来 2.5 吨物资,包括科学实验品、食物、饮用水等补给物品。此次发射火箭第一级在海面浮动平台的回收试验失败。2月10日,"龙"飞船携带太空实验样本和一些陈旧设备从国际空间站返回地球,其第五次国际空间站运输任务顺利完成。

4. 1月21日,俄罗斯总理梅德韦杰夫签署命令,免去奥斯塔片科俄联邦航天局局长职务。俄罗斯计划合并联邦航天局与联合火箭航天集团公司以统管俄罗斯航天业,并任命现任联合火箭航天集团公司总裁的科马罗夫担任新机构的主管。这是俄罗斯航天机构的又一次重大调整。

5. 2月2日,NASA 提出 2016 财年 185 亿美元的预算需求,其中包括科学任务经费 52.89 亿美元,载人任务经费 85.10 亿美元,空间技术 7.25 亿美元,航空学研究 5.71 亿美元,教育 8900 万美元,其他 33.08 亿美元。

6. 2月4日,欧洲航天局(ESA)接纳爱沙尼亚共和国成为第21个成员国。

7. 2月7日,7名航天员开始在美国犹他州汉克斯维尔镇附近的火星沙漠研究站进行为期两周的模拟登陆火星演练。这些航天员是"火星一号"项目的候选人,该项目旨在2024年将4名航天员送往火星,作为开发人类永久性居住地的先驱。

8. 2月11日,ESA的过渡性试验飞行器(IXV)在法属圭亚那发射中心升空,飞行器经过约1小时40分的飞行后成功返回地球,按计划溅落在太平洋中。ESA期望借这艘由先进技术打造的太空船向全世界展示欧洲在太空探索领域的最新进展。

9. 2月15日,ESA向国际空间站发射的第五艘也是最后一艘自动货运飞船(ATV)——"乔治·勒迈特"号完成为期6个月的空间任务,按计划在南太平洋无人区上空的大气层中焚毁。

10. 2月17日,俄罗斯联邦航天局在拜科努尔发射场用"联盟"U运载火箭成功将"进步"M-26M货运飞船发射入轨。6小时后,飞船与国际空间站成功对接,为国际空间站运送超过2吨的物资,包括水、食品、空气过滤器和气体分析仪等。

11. 2月21日,国际空间站两名美国航天员进行了6小时41分的出舱活动,完成了架设104米长的电缆等任务。这是NASA为商业载人飞船跟国际空间站无缝连接而进行的第一次出舱活动,也是空间站历史上的第185次出舱活动。

12. 2月25日,国际空间站两名航天员进行了6小时43分的出舱活动,完成了架设电缆等任务,这是NASA为商业载人飞船跟国际空间站无缝连接而进行的第二次出舱活动,此次出舱活动中一名航天员的头盔出现漏水现象。

13. 2月24日,俄罗斯联邦航天局宣布,将继续使用国际空间站到2024年。2024年以后,俄罗斯舱段将从国际空间站分离,并基于分离出的舱段为基础建造本国的低地球轨道空间站。

14. 2 月 26 日，国际空间站进行了轨道调整。"进步"M - 26M 货运飞船将国际空间站高度提升到 402.39 千米。

15. 3 月 1 日，国际空间站两名航天员进行了 2 小时的出舱活动，完成了架设 244 米电缆的任务，这是 NASA 为商业载人飞船跟国际空间站无缝连接而进行的第三次出舱活动，出舱活动中一名航天员头盔再次出现漏水现象。

16. 3 月 3 日，日本小行星探测器"隼鸟"2 号初期性能确认工作已顺利结束，进入正式飞行的巡航运行状态。"隼鸟"2 号距离地球约 3600 万千米，飞行状态良好。

17. 3 月 4 日，轨道科学公司在 NASA 和洛·马公司的协作下，完成了"猎户座"飞船发射逃逸系统控制发动机的试验。发射逃逸系统的作用在于当飞船在发射阶段或上升段出现问题时将航天员带至安全的地方。

18. 3 月 6 日，NASA 2007 年发射的"黎明"号小行星探测器在 2012 年离开灶神星后，抵达谷神星轨道，成为第一个造访太阳系两颗天体的无人探测器。

19. 3 月 11 日，NASA 测试了 SLS 运载火箭助推器发动机(QM - 1)，整个静态点火测试过程持续 126 秒，试验过程进展顺利。

20. 3 月 12 日，执行国际空间站驻站任务的 3 名航天员乘坐"联盟"TMA - 14M 飞船安全返回地球。

21. 3 月 25 日，NASA 宣布其小行星重定向任务将采取巨石捕捉方案，即利用无人航天器从一颗较大的小行星表面采集一块巨石，然后将其挪至月球附近供航天员采样研究，该任务预算为 12.5 亿美元。

22. 3 月 28 日，俄罗斯联邦航天局与 NASA 就延长国际空间站使用期限制定联合提案，该空间站将工作到 2024 年。

23. 3 月 27 日，俄罗斯联邦航天局在拜科努尔发射场用"联盟"FG 火箭成功发射"联盟"TMA - 16M 载人飞船，之后采用快速对接模式,约 6 小时后"联盟"飞船抵达国际空间站,并成功实现对接。9 月 12 日,3 名国际空间站航天员搭乘俄罗斯"联盟"TMA - 16M 飞船顺利返回地球,成功在哈萨克斯坦境内着陆。其中俄罗斯航天员根纳季·帕达尔创造了执行太空任务 879 天的新世界纪录。

24. 3 月 30 日,NASA 宣布已选择 12 项"空间探索伙伴关系下一代航天技术"(NextSTEP)项目开展概念研究和技术研发。这 12 项技术分属先进推进、深空居住和小卫星三个领域。

25. 4 月 1 日,日本航空航天探索局(JAXA)进行了机构调整,新增了任务规划部等部门,并将加强研究与开发职能。

26. 4 月 14 日,SpaceX 公司的"猎鹰"9 火箭从卡纳维拉尔角空军基地发射,执行国际空间站第六次货运任务,"龙"飞船为国际空间站运送 2015 千克物资。此次发射中"猎鹰"9 火箭第一级再度尝试在大西洋中的"自主无人航天港船"着陆回收试验,试验并未取得完全成功。5 月 21 日,"龙"飞船与国际空间站分离返回地球。

27. 4 月 24 日,为躲避空间碎片,国际空间站升轨 550 米,轨道机动是由"进步"M - 26M 飞船完成的,前后总共持续了 140 多秒。

28. 4 月 28 日,俄罗斯"进步"M - 27M 货运飞船从拜科努尔发射场成功发射升空,为国际空间站运送补给物资。火箭第三级分离后飞船出现故障,29 日,俄方宣布发射失败,此次失败造成 3 亿多元的损失。

29. 5 月 6 日,SpaceX 公司首次成功试验"龙"载人飞船的发射中止系统,该系统可在紧急状态下,使飞船携带航天员安全地逃逸。

30. 5 月 11 日,NASA 公布《2015 NASA 技术路线图》草案。该路线图草案是对原 2012 年技术路线图的扩展与更新,提供了更多 NASA 期望达到的任务能力与相关技术研发需求的细节。

31. 5 月 11 日,NASA 的 SLS 火箭在马歇尔航天中心完成了关键性评审。此次评审的成功证明,SLS 火箭的设计可以接受的风险满足系统要求,可继续进行全面生产、组装、集成以及测试工作。

32. 6月3日，加拿大宣布支持国际空间站延期至2024年，加拿大的这一承诺将保证未来十年内加拿大航天员在国际空间站上有两个席位，两次驻站时间分别不晚于2019年和2024年。

33. 6月3日，ESA利用即时视频和力反馈进行了首次天地远程控制试验验证（Haptics-2）。国际空间站上的航天员特里·弗茨与ESA专家安德烈·希尔实现了远程"握手"，本次试验验证了通信网络、控制技术和天地连接软件。

34. 6月11日，国际空间站第43长期考察团的3名航天员搭乘"联盟"TMA-15M飞船安全返回地面。在此次太空飞行中，意大利女航天员萨曼莎·克里斯托弗雷蒂创造了女性不间断太空飞行时长199天的新纪录。

35. 6月14日，ESA称其彗星探测器"菲莱"已经"苏醒"并和地球取得了联系。"菲莱"是历史上首个登陆彗星的飞行器，2014年11月由"罗塞塔"号送上彗星67p，在彗星上工作了60个小时后，由于太阳能燃料不足而"冬眠"。

36. 6月16日，NASA局长查尔斯·博尔登在巴黎航展分别与法国和西班牙的航天机构签署协议，共同推进探索火星的任务。

37. 6月28日，SpaceX公司的"猎鹰"9火箭搭载"龙"货运飞船在卡纳维拉尔角空军基地发射升空，火箭在起飞后约2分19秒时忽然发生爆炸，"龙"飞船也随之在空中解体。此次任务是SpaceX公司执行的第7次空间站商业货运补给（CRS-7）任务，"龙"飞船携带了约1.8吨的加压货物。

38. 7月1日，欧洲航天局新局长约翰·迪特里希·沃尔纳上任。

39. 7月3日，俄罗斯"进步"M-28M货运飞船搭乘"联盟"U运载火箭从拜科努尔发射场发射升空。7月5日，飞船顺利与国际空间站自动对接，为国际空间站送去2.4吨的补给物资。这是"进步"号飞船今年4月份发生事故后的首次航天发射。

40. 7月7日,为期3天的第四届国际空间站研究与发展大会在美国波士顿召开。会议由美国宇航协会(AAS)、NASA和航天科学进步中心(CASIS)联合主办。

41. 7月10日,俄罗斯联邦航天局控制中心的工作人员利用"进步"M－26M货运飞船将国际空间站运行轨道提升2.1千米。

42. 7月10日,新版《空间站造福人类》报告面世,该报告总结了国际空间站上取得的科学、技术和教育成果,这些成果已经或者将对地球生活产生影响。

43. 7月13日,俄总统普京签署了关于建立俄罗斯航天国家集团公司的总统令。该联邦法律旨在完善航天领域管理系统,保持和发展导弹航天工业单位的科研和生产能力,目的在于加强国防建设,保障国家安全。

44. 7月14日,NASA"新视野"号探测器掠过冥王星,前所未有地近距离实拍冥王星画面,揭露太阳系中这个未曾被探索过的疆域。"新视野"号探测器飞行时间九年半、飞行距离超过50亿千米。

45. 7月16日,印度空间研究组织(ISRO)完成了大推力低温火箭发动机连续800秒的热试验,该发动机可产生19吨的推力,比飞行所需的普通发动机能多运行25%的时间。

46. 7月21日,NASA称重启已停止运行两年的"机器人在轨燃料加注任务"(RRM),RRM是一种开创性的卫星服务技术。五天内,RRM团队使用新型模块硬件完成了一系列的技术演示验证,并测试了一种新型、多功能检测工具。

47. 7月22日,国际空间站第44长期考察团的3名航天员搭乘"联盟"TMA－17M飞船,从哈萨克斯坦拜科努尔发射场升空飞往国际空间站,飞船于当晚与国际空间站顺利对接。

48. 7月24日,NASA完成了对"航天发射系统"Block 1型火箭的关键设计评审。此次关键设计审查的成功证明,SLS火箭的设计可以接受的风险满足系统要求,可继续进行全面生产、组装、集成以及测试工作。

49. 8 月 3 日, NASA 在约翰逊航天中心开始对"猎户座"飞船进行关键设计评审。此次具有里程碑意义的关键设计评审旨在确保该飞船能搭乘航天发射系统火箭执行深空探测任务。

50. 8 月 4 日, 美国参议院通过了 S. 1297《美国商业航天发射竞争力法案》。该项法案是 5 月 20 日全商业委员会以口头表决方式通过的修订案——将国际空间站的运行使用延长至 2024 年, 并为确保美国商业航天及其他航天活动持续发展与增长创造良好的管理环境。

51. 8 月 5 日, ESA 通过"欧洲数据中继系统"(EDRS), 低地球轨道上的"哨兵"-1A 对地观测雷达卫星与地球同步轨道上的"阿尔法"(AlphaSat)卫星之间, 已成功执行了第 100 次高速激光通信链接。

52. 8 月 5 日, NASA 正式通知国会, 由于国会削减商业乘员项目预算, 迫使其与俄罗斯联邦航天局续签 4.9 亿美元合同。该合约计划在 2018 年生效, 用于购买"联盟"号飞船的 6 个座位将美国航天员送往国际空间站, 平均每个座位价值 8170 万美元。

53. 8 月 5 日, 俄罗斯总统普京签署了"关于俄罗斯航天国家集团公司总经理"的命令, 任命伊戈尔·科马罗夫(Игорь Комаров)担任集团公司总经理一职。

54. 8 月 10 日, 美国休斯敦负责运营国际空间站科学研究平台的企业 NanoRacks 称, 日前与中国院校达成"历史性"协议, 允许中国一项生命科学实验在国际空间站上完成。这意味着国际空间站将迎来首个来自中国的研究项目。

55. 8 月 10 日, 国际空间站两名航天员进行出舱活动, 完成了安装软扶手, 清理服务舱舷窗玻璃, 为服务舱间机载无线电电路安装天线支架等任务。

56. 8 月 19 日, JAXA 成功在种子岛航天中心向国际空间站发射运送物资的货运飞船 HTV－5,该飞船由日本最大型运载火箭H－IIB发射升空,这是2015年日本执行的唯一一次国际空间站任务。

57. 8月19日,美国航空喷气发动机—洛克达因公司宣布绿色推进系统已开发完成。该系统将在NASA 2016年的"绿色推进剂注入任务"(GPIM)发射中接受试验。

58. 8月31日,JAXA称日本首颗金星探测器"拂晓"号已通过了近日点,"拂晓"号将在今年12月7日再次尝试进入金星轨道。

59. 9月2日,搭载3名航天员的"联盟"TMA－18M飞船由"联盟"火箭从拜科努尔发射场发射成功,飞船于9月4日抵达国际空间站并成功对接。

60. 9月5日,波音公司宣布将它未来的商业航天器CST－100更名为"星际客车"(Starliner)。

61. 9月7日,国际空间站上的航天员通过触觉感知技术对地球上的机器人进行远程遥控。这种触觉技术有巨大的应用前景,人类可通过触觉感知的方式在复杂的任务中指导机器人。

62. 9月21日,2名一年期国际空间站驻站任务的航天员进行为期5天的驻站后的首次大型医学检查。检查结果给科学家提供了对长期航天飞行人体变化的新认识,所获得的数据将影响载人火星之旅。

63. 9月21日,SpaceX公司升级版"猎鹰"9火箭完成首次静态点火试验。此次试验在德克萨斯州的一个新型地面试验台上进行,持续点火时间超过15秒。

64. 10月1日,俄罗斯"联盟"U火箭在拜科努尔航天发射场搭载"进步"M－29M货运飞船升空,执行国际空间站货运任务。

65. 10月5日,JAXA宣布,关于公开征集的"隼鸟"2号探测器目标小行星"1999JU3"的名称定为"龙宫"(Ryugu)。

66. 10月8日,NASA发布报告《NASA的火星之路:先驱太空探索下一步》，详细概述了火星之路计划，该火星之路计划分"依赖地球"、"月地空间试验场"和"不依赖地球"三个阶段实施。

67. 10 月 7 日，来自国际空间探索协调小组（ISECG）14 个航天成员机构的高层主管在位于德国达姆施塔特市的 ESA 欧洲空间运行中心进行了会晤，对《全球探索路线图》实施过程中具有潜在共性的后续计划进行了探讨，并承诺广泛促进国际合作，助力太空探索与太空利用。

68. 10 月 12 日，第 66 届国际宇航大会在以色列耶路撒冷开幕，来自全球 58 个国家和地区的航天局、航天科技公司、科学研究机构、高等院校的 2000 多名代表出席开幕式。本届大会以"太空——通向人类未来之门"为主题，由各项会议、专题研讨、各国航天成果展览三大部分组成。将围绕空间科学与空间开发、太空技术新应用、太空探索与人类生活等多个议题进行 7 场国际宇航联合会全体会议，3 场专题讲座以及多个研讨展示活动。

69. 10 月 16 日，NASA 与以色列航天局（ISA）签署了合作协议，将在 NASA 的火星之旅计划和未来深空探索方面开展合作。

70. 10 月 26 日，NASA 与洛克希德·马丁公司已经完成了"猎户座"飞船关键设计评审（CDR）的主要工作。这表示飞船设计已足够成熟，可以进行全规模的制造、装配、集成与测试。同时也意味着，该项目已针对 NASA 的"探索任务"-1 完成了对"猎户座"的设计开发。

71. 10 月 28 日，NASA 的 SLS 火箭临时低温推进级（ICPS）的结构测试体在联合发射联盟（ULA）完成制造。

72. 10 月 30 日，NASA 发布了国际空间站运行以来所取得的在医疗、环境及教育等领域的十五项科学与技术突破，包括低地球轨道商业化，支持世界水净化工作，培养高品质蛋白晶体，在边远地区应用超声波诊断，使用空间硬件设备改善眼科手术，使用机械臂衍生技术切除肿瘤，通过饮食与运动防止骨质流失，了解骨质疏松症的机制,开发改良疫苗,为学生在太空开展科学研究提供机会,改进乳腺癌检测与治疗技术,监测水质,监测自然灾害,通过研究流体运动改进医疗设备,改善室内空气质量。

73. 11 月 2 日,国际空间站迎来了人类连续驻留 15 周年。

74. 11 月 5 日,波音公司表示 NASA 已经将其排除在国际空间站的运送货物和补给任务(CRS – 2)竞标公司名单之外。这一决策意味着该合同目前只剩下三家公司参与竞标:内华达山脉,SpaceX 和轨道 ATK。

75. 11 月 23 日,蓝色起源公司的"新谢帕德"(New Shepard)亚轨道飞行器第二次试验发射达到近地空间边缘,乘员舱和推进模块都成功实现着陆。这标志着"新谢帕德"成为了首枚在发射后成功实现软着陆并回收的火箭。

76. 11 月 27 日,俄罗斯副总理罗戈津表示,俄罗斯与哈萨克斯坦就拜科努尔航天中心的运作达成了五项政府间协议,并将选定巴伊捷列克(Baiterek)航天综合设施所采用的火箭运载器类型。

77. 12 月 7 日,美国轨道 ATK 公司的"天鹅座"货运飞船搭载联合发射联盟(ULA)的"宇宙神"5 火箭,在佛罗里达州卡纳维拉尔角空军基地 41 发射台成功发射,为国际空间站运送补给和科研设备。该"天鹅座"飞船经过了改进,向国际空间站运送超过 7000 磅的食物、水、衣物和科学载荷。其运载重量比之前的飞船多 25%,新飞船的特点是升级版的 Ultraflex 太阳能电池阵,它可以从扇形展开成圆形,且质量更轻。

78. 12 月 7 日,日本的金星大气轨道探测器"拂晓"号进入金星轨道,它在最大高度约 30 万千米的椭圆轨道上用 8 ~ 9 天环绕金星一周,在未来 2 年内对金星进行观测。"拂晓"号成为目前环绕金星的唯一人造探测器,同时也是亚洲第一颗金星人造卫星。

79. 12 月 8 日,日本首相安倍晋三宣布日本将支持国际空间站运营至 2024 年。作为亚洲仅有的国际空间站成员,日本此举的条件是向亚洲各国提供使用日本"希望"号实验舱开展科学实验的机会,以帮助日本提升在亚洲的影响力。

80. 12月9日,ESA和全球第二大航天企业空客防务与航天公司,签署了一份3.5亿欧元的合同,以研制ESA的"木星冰卫星探测器"(JUICE)飞船。JUICE是ESA"宇宙愿景"计划中的首个大型任务,预计将于2022年发射。

81. 12月12日,NASA地面系统研发与运营项目(GSDO)已顺利完成关键设计评审,NASA的"火星之旅"准备工作步入正轨。评审委员会完成对肯尼迪航天中心设施和地面保障系统计划的深入评估,这些系统和设施将用于NASA的SLS火箭和"猎户座"飞船深空探索任务。

82. 12月13日,英国航天局发布了其首部《国家航天政策》,根据《国家航天政策》,英国的目标是成为欧洲商业航天及相关空间领域技术的中心,同时在世界航天市场中占据更大份额。

83. 12月15日,国际空间站第46长期考察团3名成员乘坐俄罗斯"联盟"TMA-19M载人飞船搭载"联盟"FG火箭从哈萨克斯坦境内的拜科努尔发射场顺利发射升空。3名航天员分别是来自NASA的蒂姆·科普拉,俄罗斯航天员尤里·马连琴科以及英国航天员蒂姆·皮克,他们将在国际空间站工作和生活6个月。

84. 12月16日,美国参议院和众议院通过了2016财年拨款法案的最终版本。法案为NASA拨款近193亿美元,大多数项目投资都达到或超出了机构最初申请的金额。同时,该法案包含一项解除对俄制RD-180发动机禁令的条款,使联合发射联盟(ULA)的"宇宙神"5运载火箭至少在2016年10月1日之前能够使用该发动机,保持ULA和SpaceX两家公司竞争国防部发射合同。

85. 12月18日,NASA授予波音公司第二个认证后的国际空间站乘员任务订单。

86. 12月21日,SpaceX公司"猎鹰"9运载火箭从卡纳维拉尔角 40 号发射台起飞,成功为轨道通信公司发射了 11 颗小型通信卫星。这是"猎鹰"9 火箭自 6 月 28 日国际空间站货运任务发射失败以来的首次发射,也是升级版"猎鹰"9 火箭的首次任务。最具重要意义的是,"猎鹰"9 火箭成功实现了第一级的地面回收,在人类历史上首次验证了运载火箭的可重复使用能力。

87. 12 月 21 日,俄罗斯航天国家集团公司领导层讨论确定了国家集团公司的结构:共设有 31 个部门。2016 年国家集团公司将彻底替代自 2004 年起开始存在的联邦航天局。

88. 12 月 21 日,第一艘改进型"进步"MC-01 货运飞船在拜科努尔发射场第 31 号场地使用"联盟"2.1a 火箭发射升空,为国际空间站运送 2.5 吨补给。"进步"MC 飞船是"能源"火箭航天公司在"进步"M 系列飞船基础上经过深度的升级改进后研制的最新型号。

2015 NASA 技术路线图（节选）

——总论、交叉技术

一、引言

NASA 的技术投资活动使其在航空、科学、航天等领域占据着知识与能力的前沿，并为美国工业界与学术界带来新的机遇、市场和产品。2012 年，NASA 梳理出的 14 个技术领域的路线图指引着航天技术的发展。《2015 NASA 技术路线图》扩大并增加了原有路线图的技术领域，更详细介绍了预期的任务能力需求和相关技术发展需求。NASA 认为，在更大范围内发布这些文件将促使大众提高认识，为空间探索与科学发现提供创新能力，并激励更多的人参与到美国的航天计划中来。

NASA 正在引领着空间探索、航空与科学研究协调发展的方向，以丰富人类知识、提升教育与经济活力，以及加强地球事务管理。技术的创新与发明对于促进技术进步与创造未来是必不可少的。NASA 的技术将使我们完成国际空间站运行，并为低地球轨道以远载人航天探索做准备。这些技术还将推动我们探索地—日系统、太阳系和整个宇宙。这些技术也将帮助我们建立更安全、更可靠、更高效与环境更友好的航空运输系统。

NASA 的非凡使命要求扩展我们的前沿技术能力，以解决所遇到的困难与问题。就空间探索而言，在空间构建适宜人类生活与工作的环境、在更远的星球导航与旅行、在太空制造产品、登陆并飞离行星表面、在航天系统与地球之间建立快速通信等，都是人类首次登陆火星之前必须攻克的技术难题。在航空领域我们面临的挑战依然严峻:建立高保真、一体化、分布式仿真系统,下一代空中交通管制,研制下一代飞行器,以及在确保美国和世界不断增长的航空商业运输更安全更高效的同时,减少噪声与碳排放等。

成功履行 NASA 使命需要基于现有能力,并形成新的能力,以应对这些及更严峻的技术挑战。新能力的形成必须建立在前沿技术发展的基础上。技术路线图列出的"候选技术"涉及到这些前沿技术,具有推动和增强 NASA 完成使命的潜力。

《2015 NASA 技术路线图》由一整套文件组成,每个文件都认真考量了各领域所涉及的候选技术和未来 20 年(2015—2035)的发展途径。路线图主要关注应用研究与研发活动。整个路线图包括总论部分(主要讨论关键交叉技术),以及 15 个独立的技术领域(TA)路线图。第一部分包括技术路线图的总论和一些特定的候选技术,这些候选技术会在多个技术领域中出现。这一部分还列出了候选技术的索引,所有候选技术都可能推动或增强单个规划任务和概念设计参考任务(DRM)的完成。这些技术既保障 NASA 完成其任务,也为商业航天工业界和其他政府机构实施的科学与探索任务提供保障。此外,NASA 技术研发成果的应用将给民众的健康、医疗、运输、公共安全与消费品带来效益。

《2015 NASA 技术路线图》是 NASA 一体化技术研发管理进程的重要体现。技术研发接受来自总统行政办公室的行政指令、"国家科学与技术发展优先次序",以及《NASA 战略规划》等自上而下的指导(见图 1)。《NASA 战略技术投资规划》(STIP)明确了技术研发的优先次序与投资的指导原则。

NASA 技术投资包括来自每一个任务委员会和技术开发办公室的技术发展计划和项目。技术投资延展到整个技术成熟的生命周期,包括:早期概念研究阶段,发现全新技术(技术成熟度为 1 ~ 2);快速竞争发展与地基试验,以确定技术可行性(技术成熟度为 3 ~

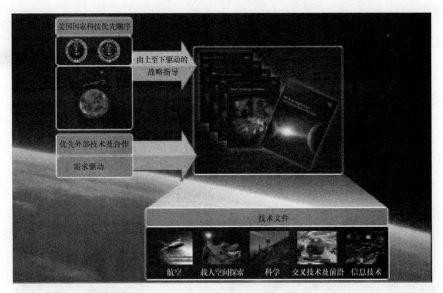

图 1　NASA 的技术文件内容(自上而下,分别为科学技术及政策
管理机构,NASA 任务的技术需求以及相关投资方)

5);相关环境中的飞行演示验证,以完成任务应用最后步骤(技术成熟度为 5～7)。技术投资由近期与远期发展的内容组成,推动新发展和所需技术的改进,这将从根本上改进我们生活和探索世界与宇宙的方式。

为优化技术投资工作,NASA 正在调整其任务委员会的技术投资,在减少重复与降低成本的同时,提供保障 NASA 履行各项使命和国家长远需求的关键能力。NASA 正在确认与描述完成每项任务所需能力类型和性能目标,比较现有技术与潜在的技术,确定是否存在能力差距。如果存在能力差距,NASA 将确定能够弥补这些差距的技术。技术路线图对能力发展现状、性能目标、弥补差距建议的技术,以及这些技术的潜在效益进行了描述。路线图还建立了任务列表,明确描述了特定候选技术可能适用的任务。

《2015 NASA 技术路线图》是 NASA 技术研发管理过程的一个基础要素。这些路线图包括了 NASA 可能将要发展的候选技术(如图 2 所示)。但是,仍有很多候选技术是 NASA 难以负担的。因此,

NASA 必须明确候选技术的发展优先次序,以确定哪些技术可以给 NASA 和美国带来最大的利益。这种发展优先次序反映在《战略航天技术投资规划》(SSTIP)文件中。

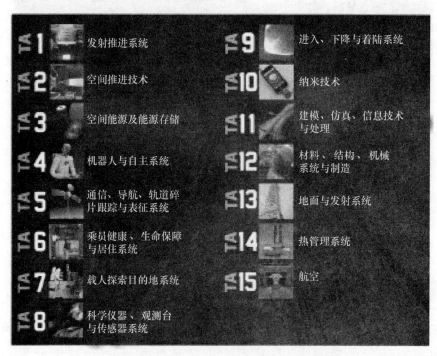

图2　NASA 技术路线图涵盖的领域

《战略航天技术投资规划》是在国家研究委员会(NRC)对 2012 年技术路线图草案进行认真评估后由 NASA 制定的,既反映了国家研究委员会推荐的发展优先次序,也充分吸取了广大公众和主要决策者的意见。《战略航天技术投资规划》每两年更新一次,以反映技术的发展和 NASA 需求的变化。新版《战略航天技术投资规划》将包括 NASA 研发的所有技术,并将名称改为《NASA 战略技术投资规划》(STIP),且增加了修订后的技术路线图的内容。

随着技术发展优先次序的确定,NASA 将由高级别决策制定机构——NASA 技术执行委员会(NTEC),对 NASA 的技术政策、发展优先次序和战略投资做出决策。该委员会每个季度召开一次会议,对技术研发情况、优先次序权重、能力需求差距和技术解决方案等做出评价,并评估满足能力需求的技术进步,明确新的技术解决方案战略。《NASA 战略技术投资规划》(STIP)与技术执行委员会(NTEC)的决策将通过 NASA 内部预算程序,以及外部信息征询(RFI)、商机公告(AO)、NASA 研究公告(NRA)、助学金、奖学金、奖励与竞赛等直接影响 NASA 的技术投资。

一旦做出技术投资规划,NASA 将采用"技术港"(TechPort)进行跟踪与分析。TechPort 是一个基于网络的软件系统,发挥着 NASA 一体化技术数据资源和决策支持工具的作用。相关数据库推动着 NASA 对当前研发情况与其优先权重进行比较,为 NASA 技术执行委员会和其他决策机构提供结论,确保对研发内容的有效管理(如图 3 所示)。

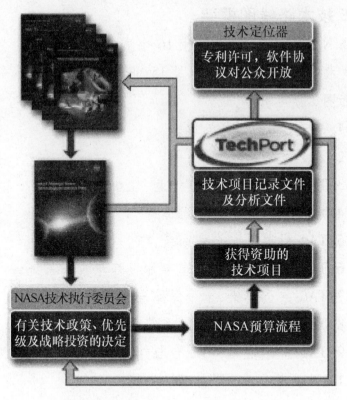

图 3   NASA 技术工作管理流程

TechPort 是公众了解 NASA 拨款技术研发活动的首要综合性信

息源。当 NASA 发布航空、空间探索与科学发现任务所需的技术时,该系统可供公众浏览 NASA 技术研发需求情况,了解技术发展项目和计划。该系统还可向研究人员、科学家、工业界和其他政府机构提供如下信息,包括技术发展概要、研究团队情况、技术成熟度、预期效益、对合作者的贡献、研究场所等。可从 http://techport. nasa. gov 网址进入 TechPort。

NASA 的未来成就主要取决于我们在科学研究与技术领域的投资与创新。NASA 将关注重点始终放在发现、创造和演示验证新技术上,其目的是推动美国探索空间,改进航空,提高地球上人类的生活质量。这既是我们的热情与愿望,也是驱动我们不断努力的梦想与使命。

2015 技术路线图框架

《2015 NASA 技术路线图》由 16 个文件组成:第一个文件是《总论、交叉技术与索引》,其余文件是 15 个相对独立的技术领域(TA)路线图(如图 2 所示)。

文件 1:总论、交叉技术与索引

文件 2:TA1 发射推进系统

文件 3:TA2 空间推进技术

文件 4:TA3 空间电源与能源储存

文件 5:TA4 机器人与自主系统

文件 6:TA5 通信、导航、轨道碎片跟踪与表征系统

文件 7:TA6 乘员健康、生命保障与居住系统

文件 8:TA7 载人探索目的地系统

文件 9:TA8 科学仪器、观测台与传感器系统

文件 10:TA9 进入、下降与着陆系统

文件 11:TA10 纳米技术

文件 12:TA11 建模、仿真、信息技术与处理

文件 13:TA12 材料、结构、机械系统与制造

文件 14:TA13 地面与发射系统

文件 15:TA14 热管理系统

文件 16:TA15 航空

文件 1 是路线图内容与发展过程的总体概述。它还包括交叉技术领域的描述,如航电、自主技术、信息技术、空间辐射与空间天气等,但并不局限于上述内容。由于每项交叉技术要横跨多个技术领域,文件 1 列表说明了每个候选交叉技术在各技术领域的分布情况。

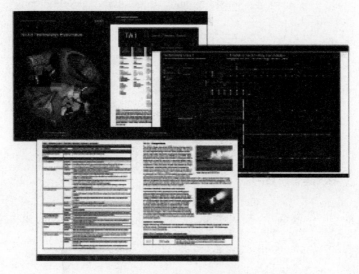

图 4　路线图文件总览

其余文件是 15 个技术领域的发展路线图。每个技术领域的内容包括摘要、顶层目标与挑战、路线规划图、技术领域分解结构图、细节讨论与相关候选技术概况。另外,每个技术领域路线图的文件还包括了缩略语及相关附录内容。

每个技术领域包括一整套的候选技术概况(见图 5)。每项候选技术有一个独立的技术名称,将对 NASA 的计划任务或概念设计参考任务提供潜在支持。候选技术概况包括以下技术发展相关信息:

(1)技术描述、挑战、所属领域、技术发展现状和技术性能目标;

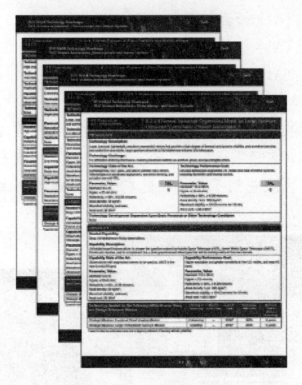

图 5　候选技术概况

（2）能力需求包括描述、能力发展现状、能力发展目标等；

（3）与任务关联信息，包括发射日期（若已确定）、技术需求日期，以及技术成熟预估时间。

对每项任务来讲，各候选技术都具有使能（牵引技术）或增强（推动技术）作用。使能候选技术通过在可接受成本与风险范围内提供所期望的性能，以满足空间任务与航空路线图提出的能力需求。增强候选技术在当前技术水平基础上可产生重大效益，但并不针对特定任务与航空路线图的需要。这些推动候选技术一般都是新兴的或者采用完全不同的理念或方法，往往都需要耗费多年时间才能取得进展，但它们能够激发新的、不同的任务和任务架构，以实现长远战略目标。每个候选技术概况包括了所有相关任务和航空内容，可能对于某些任务具有使能作用，而对于其他任务则有增强作用，这取决于所要求的能力、性能水平和需求时间。对于概念设计参考任务来讲,性能目标在候选技术概况中只进行了粗略的界定。

　　除了 NASA 任务规划模板中的计划任务外,NASA 载人探索与运行任务部和科学任务部还提供了"概念设计参考任务"列表。载人探索任务类别和设计参考任务,来自于 NASA 能力驱动框架与载人飞行架构研究。科学任务类别与相应的设计参考任务,则是来自于"科学十年"(见图6)和后续"科学计划"。航空领域的任务则源于"推进领域"和"航空研究与发展计划"。

NASA依靠科学界对前沿科学问题和所需的观测进行识别与和优先排序。NASA科学任务部与科学界合作从事这项任务的主要手段是通过美国国家研究委员会（NRC）。

2013—行星科学的愿景和旅行

2012—太阳和空间物理：技术社会的科学

2010—天文学和天体物理学的新世界与新地平线

2007—地球科学和空间应用：未来十年及以后的国家要务

图6　科学十年

二、技术路线图制定过程

(一) 2012 航天技术路线图制定过程

　　该技术路线图制定工作始于 2010 年,当时 NASA 确定了 14 个技术领域,内容包括各技术领域面临的挑战,以及技术对载人飞行任务的可能影响与促进作用。该《NASA 一体化航天技术路线图(草案)》涵盖载人与无人航天技术,于 2010 年 12 月向公众发布。同时,NASA 与国家研究委员会(NRC)签订合同,由后者对路线图草案进行独立评审。国家研究委员会建立了评估准则、确定了能力差距,并提出发展优先次序建议。该委员会的最终报告——《NASA

航天技术路线图与优先次序:重建 NASA 技术优势与辅平航天新纪元之路》,于 2012 年初对外发布。之后,NASA 丰富了路线图的内容,增加了国家研究委员会对各技术领域意见和建议的摘要。路线图的最终版本于 2012 年 4 月对外公开发布。同时,国家研究委员会关于技术发展优先次序的建议对 NASA 2013 财年的《战略空间技术投资规划(SSTIP)》产生了重要影响,该规划对路线图列出的技术给出了投资的优先次序。

图 7 NASA 局长博尔登(中间)于 2015 年 1 月 9 日视察位于宾夕法尼亚州巴利市的提花织机,该机正在织造一个 3D 石英材料,该材料是"猎户座"飞船热防护罩的关键部件

(二) 2015 技术路线图制定过程

针对如何推进制定过程和改进路线图的范围与内容,NASA 开始考虑更新技术路线图的工作。NASA 召开了一系列"NASA 技术执行委员会(NTEC)"会议,讨论路线图制定进程,确定技术领域 15——航空的范围,以及技术领域 11——建模、仿真、信息技术与处理中信息技术的范围。

2013 年 6 月,NASA 主持召开了技术交流会,会议代表来自学术界、商业界工业机构和政府机构,研究了 NASA 技术研发管理过程,包括技术路线图制定与未来工作的优先次序。与会代表针对技术发展进程进行了审查,提出了改进建议,提高了 NASA 可能获得的效益。同样,NASA"中心技术委员会"(CTC)对 2012 年路线图制定过程与内容提出了相应的反馈意见。

根据"NASA 技术执行委员会"的决定和"中心技术委员会"与外部管理人员的反馈意见,NASA 决定改进路线图的制定过程、内容与形式。为加强路线图的制定,由 NASA 各中心、任务委员会与办公室推荐选定路线图制定小组成员,并对路线图草案进行评审。另外,还通过增加外部联邦业务局评审来改进制定过程。

2014 年,NASA 组建了路线图制定小组。该小组采用系统论过程形成路线图草案(如图 8 所示)。

图 8　路线图制定过程

NASA 载人探索与运行任务部(HEOMD)、科学任务部(SMD)提供的计划任务和概念设计参考任务,以及航空研究任务部(ARMD)提供的航空推进任务列表,都提供给路线图制定小组。根据这些任务列表与载人探索与运行任务部载人设计小组、系统生成小组、"科学十年"及"航空研究规划"等提供的详细支持信息,路线图制定小组拟制了 NASA 未来 20 年任务的能力需求文件(对于载人探索与运行任务部而言,载人设计小组与系统生成小组为支持"设计参考任务"构架,完成了大量相应能力确认的工作。路线图制定小组与这些组织密切配合,确保将这些能力正确转入到 2015NASA 技术路线图相应技术领域中)。各小组共同进行能力差距评估,并确定了最可能获得所期望能力的潜在技术。对每一项潜在技术,路线图制定小组拟制了技术发展现状(SOA)和相应的候选技术文件。

**图 9　技术人员在 NASA 飞行载荷实验室准备"甜甜圈"测试,
将测试高超声速气动充气减速器的结构负荷**

　　针对每一项候选技术,路线图制定小组描述了发展概况,拟制了技术实现目标、能力建设目标、相关任务,以及由技术发展可获得的航空战略推进效益等文件。路线图制定小组描述了 15 个技术领域所有候选技术概况。针对所形成的路线图草案,NASA 组织其他联邦业务局召开了多次会议,审查并确认了与"发展现状"相符的候选技术概况文件。这将促使 NASA 获得可能因疏忽而未重视的一些技术上的建议。NASA 对路线图进行了广泛的审查,主要由 NASA 各中心组织对 15 个技术领域路线图的每项技术内容进行审查。综合各中心审查意见后,由 NASA 总部对整个路线图进行审查。

2015 年春季,路线图对公众发布,征求各方审查意见。这将使 NASA 进一步收集其他政府机构、商业工业界、学术界和公众的意见。这种审查方式将确保 NASA 更准确地把握技术发展现状与需求,促使其确认其他需要改进的文件。公众审查还将推动 NASA 认清其技术投资可给公众带来的潜在效益。到 2015 年夏季中期,国家研究委员会(NRC)还将对《2015 NASA 技术路线图草案》进行独立评审。

三、2015 技术路线图的亮点

《2015 NASA 技术路线图》对 2012 路线图的内容进行了补充和完善,以适应 NASA 需求变化与技术进步,并吸收国家研究委员会与其他机构的改进意见。路线图所关注的技术主要集中在应用研究与发展活动,并不包括基础研究的内容。路线图更新的内容充分反映了载人探索与运行任务部、科学委员会基于"新科学十年展望与规划"的变化、载人设计小组与系统生成小组的工作,以及航空推进领域所涉及的研究与发展计划。与《NASA 战略技术投资规划》相一致,路线图将形成实现 NASA 目标的能力:保持和扩大人类在空间的存在与活动;丰富人类认识地球与宇宙的知识;探索其结构与起源,太阳系的演进,探寻过去和现在的生命;激发商业航天发展活力,拓展国家在空间领域的利益。

主要改进的内容如下。

一是扩大范围(新增),包括:

(1)技术领域 15 航空;

(2)7 个新的 2 级技术领域;

(3)66 个新的 3 级技术领域;

(4)1273 个候选技术概况(4 级技术);

(5)更详细的交叉技术内容。

二是拓展内容,包括:

(1)对 NASA 任务概念、能力需求与航空战略推进的描述;

（2）新的总论、交叉技术与索引部分，描述了路线图的相关背景和用途、交叉技术领域，以及与 NASA 任务概念相关的候选技术；

（3）各技术领域的标准结构、定义与图表。

除技术领域 15 航空外，《2015 NASA 技术路线图》的其他技术领域都基于 NASA 的能力驱动框架（见图 10）。该能力驱动框架基于一组核心创新能力，这些能力并非针对特定的"设计参考任务"（DRM），而是可有效推进任务完成或用于其他任务。这组核心能力是以增量的方式通过形成、试验、改进、验证并最终形成飞行系统，以实现对各种目的地的探索与科学发现。这一系列目的地探索构成了任务的等级。开发体系化能力将推动多项任务发展，形成更强大、负担得起与可持续的航天计划。另外，在 NASA 完成的任务距地球越来越远且更加复杂的同时，其能力也得到进一步提升，并为完成更遥远的任务铺平道路。如果希望了解关于"能力驱动框架"更多的信息与所有相关能力列表，请参考 NASA《航天：绘制持续载人航天探索途径》报告。

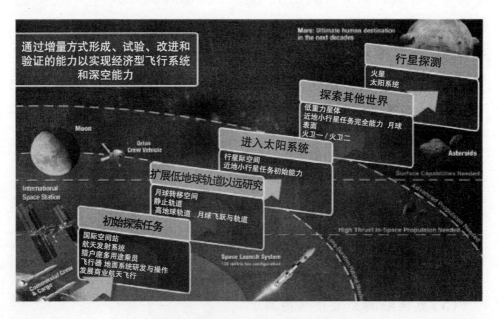

图 10　NASA 的能力驱动框架

NASA 正在集中精力研发一体化的空间探索与科学发现核心能力。每种能力具有特定功能,可用于解决探索中的挑战,并具有使能作用,即与其他能力有机融合形成对太阳系进行先期探索的独特能力。为建设一体化核心能力,NASA 必须发展和提升这 15 个技术领域的技术水平。路线图确定的技术将推动 NASA 实现计划任务和"设计参考任务"提出的目标,获得完成 NASA 进行空间探索、科学与航空任务所需要的能力。

另外,除了能力驱动框架外,路线图还增加了一个技术领域——TA15 航空,新增了 7 个 2 级技术领域和 66 个 3 级技术领域。国家研究委员会提出应重点关注以下这些领域(不局限于这些领域):航电、自主、信息技术、空间辐射与空间天气等,它们都将在交叉技术讨论中作为重点内容进行详细介绍。

所有技术领域都按统一格式绘制了发展路线图,并说明了每个领域的技术都可牵引 NASA 的"设计参考任务"。用于增强任务能力的候选技术并没有在发展路线图中说明,但可在索引(附录 E)与候选技术概况中找到。大量新的候选技术概况在各个路线图中都提供了一致的信息与详细的介绍。

技术领域分解结构的变化

《2015 NASA 技术路线图》的制定工作是按照"技术领域分解结构"进行组织的。"技术领域分解结构"采用四级结构对候选技术进行分类和组织。图 10 描述了《2015 NASA 技术路线图》完整的"技术领域分解结构"。1 级代表技术领域,即每个路线图的名称(如 TA1:发射推进系统);2 级是子领域列表(如 TA1.1:固体火箭推进系统);3 级是子领域之下的技术集(如 TA1.1.1:推进剂);4 级代表单个候选技术(如 TA1.1.1.1:端羟基聚丁二烯推进剂)。

《2015 NASA 技术路线图》的结构与 2012 年版的结构类似,其中技术领域的编号也一致。但"技术领域分解结构"有几个重要的变化和一些小的调整,最大的变化是增加了技术领域 15 航空和 4

级技术(候选技术),并新增 7 个 2 级技术领域、66 个 3 级技术领域。

为避免混淆并减少重复,路线图中的技术名称也做了一些调整。例如,某项技术在 2012 年技术路线图中可能属于两个或多个技术领域,但在《2015 NASA 技术路线图》中只属于 1 个技术领域,以便于读者直接找到该技术所处的位置。

在某些情况下,随着 2012 年之后技术的发展或 NASA 需求的变化,之前的某些技术可能已不存在。为保持与 2012 年技术路线图"技术分类结构"的编号相一致,《2015 NASA 技术路线图》的"技术分类结构"采用了相同的编号,并给出简短的注释。

四、跨多技术领域的技术专题

《2015 NASA 技术路线图》沿用了 2012 年版技术路线图的技术领域分解结构(TABS)。分类法(如技术领域分解结构)一直是用于描述大块信息的结构。若采用适合的分类法,可以使信息更容易被理解。不过,组织信息有多种方法可以采用,但若不使用技术领域分组将导致出现互斥列表。本质上,某些技术可以被视为同时属于多种分组。对于《2015 NASA 技术路线图》而言,我们将跨多个路线图技术领域的技术称为交叉技术。

国家研究委员会在对 2012 版技术路线图进行评估时认为,许多技术跨多个技术领域,只归于 1 个领域并不均衡也并不完整。针对上述意见,《2015 NASA 技术路线图》通过使用候选技术概况提供每一种技术的完整信息;并增加本章节内容,高度关注那些跨多个技术领域的技术,以提供更多的补充信息,同时列出每个交叉技术在该路线图中的编号。

主要关注的技术领域包括:

(1) 自主系统与人工智能;

(2) 航电;

(3) 舱外活动;

（4）信息技术；

（5）原位资源利用；

（6）轨道碎片；

（7）辐射与空间天气；

（8）传感器；

（9）热防护系统。

（一）自主系统与人工智能

自主性是指系统不依赖外界控制、可独立操作达成某种目标的能力。自主性是通过自动化来实现的，自动化是指仪器、程序或系统使用预先计划的一套指令（即命令序列）完成自动控制的操作。自主性也可以通过人工智能技术得到增强，人工智能技术可使系统进行推理并以合理的方式实现特定的目标。自主性是一种关键的交叉技术，可提高性能并降低各种 NASA 载人探索活动、机器人和航空活动的风险。自主性可提供重大的性能改进与提高操作效率，并有益于《2015 NASA 技术路线图》中几乎所有的技术领域。

当航天员执行深空探索任务时，在脱离地面控制独立操作时，自主系统将使航天员和航天器更有效率和效能地工作。特别是，目前的操作概念（CONOPS）高度依赖于手动和地面控制，因此更加需要在各个层面引入自主系统。当与地球通信出现大的延迟或不可能实现时，深空载人任务需要航天员自行决定。

未来的机器人任务将更加复杂和更具交互性，这需要越来越可靠的自主性。深空任务将主要在互动、动态或时变环境中进行，这就要求机器人根据变化的环境而自适应调整其配置与行为，并能有效处理各种非预期情况。近地小行星的机器人任务需要决策与监视过程的能力，目前这些工作由地面控制完成，未来将由航天器配置自主系统完成。

在航空领域，由于民用空域、机场与飞机的操作对经济可承受性、效率与可靠性要求的提高，因此对自主性的需求不断增加。

NASA 对于自主能力的使能技术开发主要关注 3 个领域,包括:

(1) 新型自主系统技术。探索新的技术与应用以支持自主功能模型与概念的开发,包括支持航天器控制、健康管理、自适应与多航天器协同。

(2) 综合推理与决策制定。利用认知计算与机器学习领域的最新成果,将自主性功能有效集成到人机认知体系中,以提供系统最大的灵活性与应急能力。

(3) 验证与确认自主系统。对系统认证、验证和确认等相关内容进行调查,以推动自主系统的发展与公众的认可度。

(二) 航电设备

航电设备是指挥、控制与监视能力的核心电子系统,占用了航天系统总质量和总功耗的很大一部分,如航天飞行电子仪器、通信、跟踪和人机接口等。在"能力驱动框架"背景下,NASA 希望实现航天飞行和地面支持系统航电设备的通用性,并同时保持高度弹性、可升级性与灵活的体系结构。航电设备的通用性可使备件和升级工作充分利用后勤和训练的先进性,以完成维护和保障工程工作。

航电设备的关键目标包括提高可靠性和增强自主性。长期载人任务、天基观测与探索太阳系需要高可靠性和高容错性系统。通信延迟、近地小行星动态变化且充满挑战的轨道环境,以及极端困难的科学任务,都需要航天器配置的决策系统增强自主性。

(三) 舱外活动

所有载人探索任务都需要航天服,既可以在各个飞行阶段提供乘员保护,在非正常状态下提高乘员生存力,又可以用于航天员舱外活动(EVA)以执行探索任务或在航天器外执行维修操作。航天服实际上是适合人员身体的航天器缩小版,由许多与航天器有共通性的系统组成,如生命支持系统、热控制系统、航电设备、动力配置、储能系统、冲击防护系统、推进系统与通信系统等。除了航天服本身之外,还有很多正在开发的系统用于与航天服的接口,如物理与机械接口、生命支持系统的补给与再生、粉尘处理等。舱外活动能力不仅影响着航天器与居住地的体系结构,如气闸,还影响着用于执行微重力与行星探索、样本采集、维修外部加压舱等任务的各种工具的开发。

(四) 信息技术

信息技术(IT)几乎是所有 NASA 系统中的重要组成部分。《2015 NASA 技术路线图》让 NASA 能识别通用的信息技术需求。NASA 是一个数据驱动的组织,对来自多个不同来源的更大数据集的需求不断增加,这些数据来源经常发生高速变化。大数据在 NASA 信息技术系统中的应用已有数十年时间,主要用于数据的生成、编目、管理以及数据挖掘、获取和理解。为支持数据密集型操作和实现 NASA 的目标,需要在数据管理和通信、人工智能、统计、仪器仪表、可扩展的网络基础设施、可视化、分析算法等领域取得技术进步。对于 NASA 的大数据支持而言,自动损坏检测、大规模自愈或快速生成数据集是必不可少的。

随着信息技术的发展,必须建立网络安全技术,以确保 NASA 数据的保密性、完整性和可用性。NASA 需要数据分离技术,以区分向公众公布的数据与访问受控的数据,以避免可能释放错误的数据或需要仔细考虑的数据。同样,需要保护数据和技术以避免无意或未经授权的人/组织对数据恶意更改或破坏,特别是在长时间数据收集或飞行任务等情况下。

在今后数十年,信息技术将是 NASA 长期任务取得成功的关键。重点是提高目前应用的独有技术以及开发应对 NASA 未来挑战的新技术。其目标是在整个 NASA 充分利用和开发一套信息技术成熟、综合的方法。

(五) 原位资源利用

任何扩展人类在地外星体生存和运行的计划,都需要我们了解如何利用当地资源。原位资源利用的目的在于对探索地点的资源

（包括自然和废弃材料）进行定位、控制和利用，为后续开发提供产品和服务。潜在的空间资源包括水/冰、太阳风衍生物（氢、氦、碳、氮等）、金属和矿物质、大气成分、太阳能、永久光照与黑暗的区域、航天员产生的垃圾和废弃物，以及完成了主要用途后丢弃的硬件。

与从地球上带去所有产品相比，从这些资源中获得产品，可降低机器人和载人探索的质量和成本，通过实现自给自足降低风险和提高性能，或开展新的任务概念。原位资源资利用通过重复使用设备和航天运输器也可以进一步降低成本，而之前上述系统一旦使用就会被丢弃。

（六）轨道碎片

经过 50 多年的人类航天活动之后，轨道碎片已经成为近地环境中的一个严重问题。截止到 2015 年，在轨碎片的总质量超过 6000 吨。美国"空间监视网"目前跟踪着 2.2 万枚直径超过 10 厘米的碎片，另据光学与雷达数据显示，直径超过 1 毫米的碎片数量约 5 万枚，直径大于 1 毫米的碎片超过 100 万枚。由于在轨碰撞时的极高速度，即使是直径为 0.2 毫米的碎片也会对近地环境下的载人航天飞行任务和机器人任务产生现实威胁。不幸的是，近期的模型显示，国际社会所采取的碎片减缓措施不足以阻止碎片数量的增加。

正如美国政府 2010 年《国家航天政策》所强调的，轨道碎片对空间态势感知和美国空间资产安全构成严重挑战。为应对这个挑战，需要多个领域的技术与技能，以更好地保护关键空间资产、实现空间环境的可持续性。

以下领域的技术可用于应对轨道碎片挑战，包括：

（1）雷达、光学和原位测量可以更好地描述从低地球轨道到高地球轨道的轨道碎片，其直径可从 10 厘米到小于 0.1 毫米。目前缺少位于低地球轨道直径在 0.5～3 毫米之间轨道碎片的数据。

（2）对目前和未来轨道碎片环境的模型。

（3）对卫星爆炸、碰撞所产生碎片的质量、密度和形状分布的模型。

（4）对物体进入大气层时生存性评估的模型。

（七）辐射与空间天气

当执行深空和长期任务时，无论是航天员还是航天器都无法得到地球磁场的保护，将面临有害辐射影响的高风险。航天员长期暴露在辐射环境是有问题的，空间辐射对航天器电子和软件的影响也同样具有挑战性。拥有预测空间辐射事件以及保护航天员与人造系统免受上述事件影响的能力，是 NASA 的关键利益所在，以实现对低地球轨道以远的探索。纵观《2015 NASA 技术路线图》，有多个技术领域和辐射与空间天气技术相关。为了获得科学的测量数据，在使用更好的算法来分析捕获数据的同时，科学家们需要使用准确、全面的技术来预测空间天气事件。人体辐射和放射生物学技术应关注辐射防护剂、个体放射敏感性工具包以及先进成像等领域的探索。放射量测定技术应使用更低的功率需求，使体积变得更小，又不损害其性能或收集数据的质量，以便能为航天器和航天员提供更大的空间。在辐射传输和建模领域应加大研发，以改进预测辐射暴露及对人体影响的模型。

在空间辐射科学测量领域，有必要对一些技术加强研发和进一步投资，主要包括开发和测试新的模型，对太阳活动明显活跃的区域进行基于经验和基于物理的分析，上述区域可导致太阳耀斑或太阳离子事件。与之相对应，有必要针对空间辐射和空间天气制定一个更完整的太阳系统范围表征系统。"日地关系观测台"（STEREO）航天器、"太阳动力学观测台"（SDO）和"太阳与太阳风层探测器"（SOHO）将首次对太阳进行三维成像。然而，这些能力任务期限都很有限，而且没有计划中的任务可以取代这些资产。随着低地球轨道以远载人任务的增多，这种更广泛的成像将变得更加必要，这对于机器人探索和对地球影响的评估同样重要。

空间天气探测技术和预报服务的范围和实时性不强，滞后于空间天气事件发生和等级的预测,导致为执行长期任务进行的空间天气事件预测和减缓能力显著下降。在这些领域的技术进步将有助于减少这些限制。

由于传输编码的辐射效应,导致对人体、电子设备和材料的模型存在差异,使得该技术领域的情况更加复杂。由于任务本身的差异——小型/短期与大型/长期,因此对于电子设备的要求是不同的,需要不同级别的资格认证。此外,高性能耐辐射部件的数量有限,未来的成效也是十分有限的。

需要进一步技术开发的另一个领域是评估由于太阳事件导致航天器充电的影响。首先,地面测试和表面模拟、辐射诱导充电以及表面与内部静电放电(IESD)编码的开发是必要的。其次,表面充电和内部静电放电的原位测量技术和减缓技术的开发也是必要的。这些领域的需求主要是由于新型航天器相关技术的进展和低地球轨道以远任务数量的增加。

随着高氢含量材料或其他创新方法的使用,改进被动或主动辐射防护仍然是一个重要挑战。此外,有必要将太阳粒子事件(SPE)防护系统的开发整合到航天器和其他技术开发活动中。太阳粒子事件防护系统对于短期低地球轨道以远任务而言,是十分必要的;对于长期任务如火星任务而言,则将成为一个关键途径。

空间辐射技术领域的改进是 NASA 长期任务持续成功的关键,重点是对目前已使用的技术进行改进,并开发新的技术以应对 NASA 未来将要面对的挑战。目标是开发一个从人员到设备的成熟、一体化的方法,并从预测扩展到防护。下表列出了路线图中与辐射和空间天气相关的候选技术。

(八) 空间辐射

(九) 空间天气

(十) 传感器

传感器是对外部刺激如运动、热或光产生响应的器件,并且以特定的响应方式将刺激转换成可测量数值如模拟或数字表示。传感器的主要用户之一是 NASA 的科学任务部。为实施科学任务,无论是对行星表面进行原位测量或利用轨道卫星和探测器进行远程测量,NASA 的科学家都需要各种类型的传感器。除科学任务外,支撑 NASA 系统的许多技术也都需要传感器。例如:火箭发动机正常工作所需要的流量传感器,用于检测国际空间站危险化学品泄漏的化学传感器,以及航空推进系统研究领域中用于恶劣环境表面测量的薄膜传感器。

传感器遍布整个《2015 NASA 技术路线图》,对于 NASA 满足其任务目标而言十分重要。

(十一) 热防护系统

热防护系统(TPS)在所有任务阶段保护航天器免受极高温和加热的影响,并且对于航天器整体而言,是一个是极低容错和关键的系统。很明显,热防护系统技术出现在 10 个技术领域中,因为它们都需要特殊材料及结构用于进入和推进系统,以及在进入过程中突破离子屏障进行健康监视和通信的高温传感器和电子设备。

当前许多热防护系统技术研发的目标都是由设计系统所驱动的,以实现从低地球轨道以远安全返回,或高速(大于 11 千米/秒)再入大气层,并以高质量效率方式最大限度地减少航天器的质量损失。所需的技术开发并不局限于技术解决方案如硬件,而且还要求推进分析能力和测试设施的发展以促进这些技术的开发。

其他热防护系统技术发展的目标源于环保法规要求的材料报废等问题,以及材料的可用性。在这种情况下,技术开发需要保持能力。

最后,热防护系统技术是涉及多学科和低容错的关键系统。因此,高温传感器和电子元器件对于实现健康监测以及在任务期间获得系统的性能数据十分关键,这些数据将帮助降低风险和优化系统执行未来任务。

五、支持渐进式火星系列任务的候选技术

渐进式火星系列任务

"渐进式火星系列任务"（EMC）是 NASA 正在进行的一系列任务架构趋势分析，以确定支持人类在火星表面生存所需要的能力和系统。"渐进式火星运动"将识别潜在的选项和关键决策点，以实现 21 世纪 30 年代人类进入火星系统的目标。这些分析将形成灵活的策略以适应能力的发展、科学发现和不断变化的政策环境。这项研究的目的是告知 NASA 短期的关键决策选择和投资重点。

NASA 正在为其载人航天战略采用一种能力驱动的方法，它基于开发一组不断发展的能力，以提供解决探索挑战的特定功能。这些对于初始能力的投资可不断被使用和重复利用，并随着时间的推移和对更遥远太阳系目的地的探索以实现更复杂操作。为了确保重点和缩小空间任务范围，"渐进式火星系列任务"将利用国际空间站（ISS）、航天发射系统（SLS）、"猎户"座乘员舱、小行星重定向任务（ARM）、地球轨道以远的居住等任务的投资，以及载人探索和运行任务部（HEOMD）、空间技术任务委员会（STMD）和科学任务部（SMD）在技术开发中的投资。

如图 12 所示，在技术发展中有四个主要的增量（对应相应的投资要求），每个增量都有独特和更具挑战性的目标，共同构成了"渐进式火星系列任务"的基础。

依赖地球：第一个增量的重点是利用国际空间站，进行大量的长期载人研究，主要涉及乘员健康和生命保障系统。

试验场：第二个增量侧重于利用环月球空间，开发和验证独立于地球所需要的能力。进行验证的主要内容是航天发射系统（SLS）、"猎户座"乘员舱和小行星重定向任务（ARM），包括：小行星重定向航天器（ARV）和太阳能电推进（SEP）技术；地球轨道以远的初始居所；火星栖息地航天器样机。由于需要提前 10～15 年来开

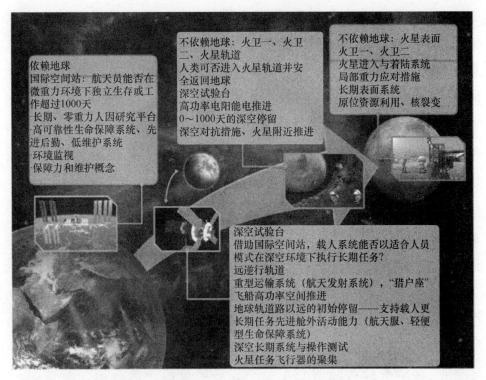

图12 "渐进式火星系列任务"进展水平

发所需要的能力,此增量也需要对进入、下降和着陆(EDL)的风险降低工作和长期火星表面系统进行投资。

独立于地球:第三和第四的增量主要是实现对火星附近的探索,这可能包括火卫一、火卫二、火星轨道和火星表面。在此增量中的载人探索任务需要火星运输系统,探索月球和对火星表面进行远程操作,以进行侦察和基础设施的部署以支持火星载人任务。

依赖地球国际空间站:航天员能否在微重力环境下独立生存或工作超过1000天·长期、零重力人因研究平台·高可靠性生命保障系统、先进后勤、低维护系统·环境监视·保障力和维护概念不依赖地球:火卫一、火卫二、火星轨道人类可否进入火星轨道并安全返回地球深空试验台高功率电阳能电推进0～1000天的深空停留深空对抗措施、火星附近推进不依赖地球:火星表面火卫一、火卫二火星进入与着陆系统局部重力应对措施长期表面系统原位资源利用、核裂变深空试验台借助国际空间站,载人系统能否以适合人员模式在深空环境下执行长期任务? 远逆行轨道重型运输系统(航天发射系统),"猎户座"飞船高功率空间推进地球轨道路以远的初始停留——支持载人更长期任务先进舱外活动能力(航天服、轻便型生命保障系统)深空长期系统与操作测试火星任务飞行器的聚集第四个增量将从探索到殖民的转变,延长人类在火星附近的存在并最终在火星的表面上不断减少对来自地球资源的依赖。

未来的"渐进式火星系列任务"分析工作将包括一系列的精密系统概念开发工作,以提供技术和性能指标、综合需求、配置布局与精细总体估计。这将包括长期居住系统、探索机动系统、表面供电、空间部分、着陆器、上升模块和运输系统等。所需的开拓者使命也将进一步细化。基于当前的工作,还需要评估计划的变化、目的地和投资的节奏。"渐进式火星系列任务"分析将基于持续更新的项目变化,并将继续告知 NASA 关于战略决策的新的风险及对策。

下表列出了《2015 NASA 技术路线图》中与"渐进式火星系列任务"相关的技术领域与候选技术。

候选技术领域	支持 EMC 的关键技术组合
TA 1 发射推进系统	先进、低成本重型运载火箭发动机技术;下一代助推器(固体或液体)
TA 2 空间推进技术	液氧/液态甲烷推进系统;液氧/甲烷反应控制发动机;电推进与电源处理;太空低温液体的制备
TA 3 空间电源与能源储存	10～100 千瓦级高强度/高硬度、可展开太阳能阵列;可自主展开的 300 千瓦太空阵列;用于执行火星表面任务的裂变发电;再生燃料电池,燃料电池与电解剂;高比能电池;长寿命电池
TA 4 机器人与自主系统	自主载具系统管理;近地轨道以远航天员自主性;近地轨道以远任务控制的自动化技术;精确着陆与危险规避;空间机器人遥操作系统延时控制;可与航天员并肩工作的机器人;机器人在火星表面的机动能力;空间自动/自主交会/对接,近距操作和目标的相对导航

（续）

候选技术领域	支持 EMC 的关键技术组合
TA 5 通信、导航、轨道碎片跟踪与表征系统	高速率正向链路通信;高速率、自适应、可接入互联网的近距通信;在太空中的授时与自主导航;光通信
TA 6 乘员健康、生命保障与居住系统	长时间太空飞行状态下的医疗护理;长时间太空飞行状态下的行为健康与执行能力;应对长时间太空飞行微重力状态的生物医学措施;应对微重力的生物医学措施——最佳训练装备;深空任务中的人类因素和可居住性;可长期保存的食品;更高闭合性的、高可靠性生命保障系统;飞行中的环境监测;深空飞行用航天服;行星表面登陆用航天服;防火、探测与减压;人体的银河系宇宙辐射防护;人体的太阳粒子事件的辐射防护;辐射照射防护
TA 7 载人探索目的地系统	火星原位资源利用技术:从大气中制取氧气;从星体表层土中萃取氧气/水;执行 μ-G 表面任务的锚固技术与舱外活动工具;航天服接口;粉尘治理
TA 8 科学仪器、观测台与传感器系统	无相关的 EMC 关键技术
TA 9 进入、下降与着陆系统	进入、下降与着陆技术——火星探索任务
TA 10 纳米技术	无相关的 EMC 关键技术
TA 11 建模、仿真、信息技术与处理	先进软件开发/先进软件工具;通用航电器件
TA 12 材料、结构、机械系统与制造	用于充气式太空舱的结构和材料;轻质高效的结构与材料;可执行长时间深空任务的机械装置
TA 13 地面与发射系统	地面系统:低损耗地面低温系统的贮存和输送
TA 14 热管理系统	太空中低温推进剂的贮存;热控制;强大的烧蚀隔热罩——热防护系统
TA 15 航空	无相关的 EMC 关键技术

注意:由于"渐进式火星系列任务"是一个持续的研究,能力和相关技术没有得到与其他设计参考任务相同级别的评估审查。因此,表中对应的 EMC 关键(使能)技术应是初步形成的,仅仅反映出正在进行的"渐进式火星系列任务"任务架构趋势研究的概况。"渐进式火星系列任务"的技术分析将随着任务架构的成熟继续向前推进,最终提供与路线图文件中设计参考任务相一致级别的细节。

国际空间站第 43 长期考察团乘组简介

（任务时间：2015 年 3 月—2015 年 5 月）

从右至左为指令长 NASA 航天员特里·沃兹（Terry Virts），飞行工程师俄罗斯航天员米哈伊尔·科尔尼杨科（Mikhail Kornienko），欧洲航天局航天员萨曼塔·克里斯托弗雷蒂（Samantha Cristoforetti），俄罗斯航天员安东·什卡普列罗夫（Anton Shkaplerov），NASA 航天员斯科特·凯利（Scott Kelly），俄罗斯航天员根纳蒂·帕达尔卡（Gennady Padalka）。其中斯科特·凯利和米哈伊尔·科尔尼杨科为一年期任务乘组。

指令长　特里·沃兹

现年 48 岁，航空学硕士，美国空军上校，NASA 航天员。早年在空军服役，2000 年入选航天员驾驶员。2010 年担任"奋进"号航天飞机 STS-130 任务驾驶员，负责在发射、着陆、交会对接和轨道机动期间辅助指令长完成飞行驾驶，还担任首席机械臂操作员，并负责"宁静"号舱段和"炮塔"瞭望台的内部装配。2014 年作为国际空间站第 42 长期考察团飞行工程师进入太空，后担任第 43 考察团指令长，期间完成 3 次出舱活动，总时长为 19 小时 2 分钟，为即将抵达空间站的国际对接适配器安装配线。

飞行工程师　安东·什卡普列罗夫

现年 43 岁，航空学院学士，俄罗斯空军上校，加加林航天员中心试飞航天员。2003 年入选航天员候选人，2003—2005 年参加航天员基础训练，2005 年获得试飞航天员资格。2007 年 4—10 月担任驻守在约翰逊航天中心的俄罗斯航天局运营主管。2011 年担任第 29 和 30 长期考察团飞行工程师。

飞行工程师　萨曼塔·克里斯托弗雷蒂

现年 38 岁，意大利人，机械工程学硕士，毕业后进入空军学院获得航空学学士学位。随后在空军服役，担任空军少校。2009 年入选欧洲航天局航天员，2010 年完成航天员基础训练，2012 年被指派参加意大利航天局国际空间站任务，2014 年进入太空，成为欧洲航天局航天员第八位参加长期考察任务的航天员，在轨驻留近 200 天，任务名称为 Futura，任务期间与航天爱好者在 Twitter 网站上积极互动。

（图片来源于美国国家航空航天局网站）

国际空间站第 44 长期考察团乘组简介

（任务时间：2015 年 6 月—2015 年 9 月）

　　从右至左为：飞行工程师俄罗斯航天员米哈伊尔·科尔尼杨科（Mikhail Kornienko），指令长俄罗斯航天员根纳蒂·帕达尔卡（Gennady Padalka），飞行工程师 NASA 航天员斯科特·凯利（Scott Kelly），日本航天局航天员油井龟美（Kimiya Yui），俄罗斯航天员奥列格·科诺年科（Oleg Kononenko），NASA 航天员谢尔·林德格伦（Kjell Lindgren）。

指令长　根纳蒂·帕达尔卡

　　现年 57 岁，军事航空学院毕业，后在空军服役担任一级驾驶员。1989 年入选航天员，1991 年获得试飞航天员资格。1996—1997 年作为"和平"-24/NASA-5 任务备份乘组指令长接受"联盟"TM 飞船/"和平"号空间站航天飞行训练。1998—1999 年，担任"和平"号空间站第 26 考察组指令长，在太空驻留 198 天。1999—2000 年，接受空间站应急乘组指令长训练。2002 年，担任国际空间站第 9 长期考察团指令长，期间驻留 187 天 21 分钟，出舱活动 15 小时 45 分钟 22 秒。2009 年，担任国际空间站第 19 长期考察团指令长。

飞行工程师　斯科特·凯利

　　现年 51 岁，航空系统硕士，美国海军退役上校。早年在海军担任飞行员，1996 年入选航天员。1999 年参加 STS-105 航天飞机任务，安装和升级"哈勃"太空望远镜。2007 年参加 STS-118 航天飞机任务，安装国际空间站结构部件。2010 年，担任国际空间站第 26 长期考察团指令长，目前担任航天员办公室国际空间站运营部主任。2015 年，入选国际空间站一年期任务乘组，担任第 44 长期考察团飞行工程师，第 45、46 长期考察团指令长，与其双胞胎兄弟航天员参与一系列生理对比试验，目的是为了了解长期太空旅行对人体产生的影响，为火星飞行做准备。

飞行工程师　米哈伊尔·科尔尼杨科

　　现年 55 岁，工程学学士，试飞航天员。1995 年进入"能源"公司担任工程师，负责舱外活动训练和软件测试等工作。1998 年入选"能源"试飞航天员。2001-2003 年，参加国际空间站飞行工程师训练，但由于"哥伦比亚"号事故搁浅。2006 年，作为备份工程师参加国际空间站第 15 长期考察团训练。2010 年，作为"联盟"TMA-18 和国际空间站第 23 长期考察团飞行工程师，参加任务，完成 6 小时 443 分钟的出舱活动，在太空飞行 176 天 1 小时 18 分钟。2015 年，入选国际空间站一年期任务乘组，担任第 44、45、46 长期考察团飞行工程师。

（图片来源于美国国家航空航天局网站）

国际空间站第 45 长期考察团乘组简介

（任务时间：2015 年 9 月—2015 年 12 月）

从左至右为：指令长 NASA 航天员斯科特·凯利（Scott Kelly），飞行工程师俄罗斯航天员谢尔盖·沃科夫（Sergey Volkov），俄罗斯航天员米哈伊尔·科尔尼杨科（Mikhail Kornienko），NASA 航天员谢尔·林德格伦（Kjell Lindgren），俄罗斯航天员奥列格·科诺年科（Oleg Kononenko），飞行工程师日本航天员油井龟美（Kimiya Yui）。

飞行工程师　奥列格·科诺年科

现年 51 岁，航空学院毕业，俄罗斯航天员。1996 年入选航天员，1998 年开始国际空间站计划训练，1999 年成为"能源"试飞航天员。2001—2002 年，参加国际空间站第 3 长期考察团备份乘组训练，2002—2004 年，参加第 9、11 长期考察团乘组训练。2006—2008 年，进行第 17 考察团指令长训练，2009 年，进行第 25/26 备份乘组训练。2008 年执行第一次航天飞行任务，担任第 25/26 长期考察团任务飞行工程师，完成 12 小时 15 分钟出舱活动，航天飞行时间为 199 天。

飞行工程师　谢尔·林德格伦

现年 42 岁，医学博士，NASA 航天员。早年在航天 NASA 埃姆斯研究中心生理学实验室从事心血管对抗措施的研究，2007 年进入约翰逊航天中心，2009 年入选第 20 批 NASA 航天员大队，完成两年训练和评估之后，担任飞船通讯员和出舱活动技术职务，完成了国际空间站第 30 长期考察团首席通讯员工作。

飞行工程师　油井龟美

现年 45 岁，日本国防部科学和工程学校毕业，日本航空航天探索局（JAXA）航天员。早年在日本防控自卫队服役，2008 年退役时为航空部中校。2009 年入选航天员，在 NASA 完成两年航天员候选人训练，2011 年获得国际空间站航天员资格。2012 年参加第 16 次 NASA 极端环境任务作业（NEEMO 16）。2012 年，被指派进入第 44/45 长期考察团任务乘组。

（图片来源于美国国家航空航天局网站）

国际空间站第 46 长期考察团乘组简介

（任务时间：2015 年 11 月—2016 年 03 月）

从左至右为：指令长 NASA 航天员斯科特·凯利（Scott Kelly），飞行工程师俄罗斯航天员谢尔盖·沃科夫（Sergey Volkov），俄罗斯航天员米哈伊尔·科尔尼杨科（Mikhail Kornienko），NASA 航天员蒂莫西·科帕拉（Timothy Kopra），NASA 航天员蒂莫西·匹克（Timothy Peake），俄罗斯航天员尤里·马连琴科（Yuri Malenchenko）。

指令长　斯科特·凯利

现年 51 岁，航空系统硕士，美国海军退役上校。早年在海军担任飞行员，1996 年入选航天员。1999 年参加 STS-105 航天飞机任务，安装和升级"哈勃"太空望远镜。2007 年参加 STS-118 航天飞机任务，安装国际空间站结构部件。2010 年，担任国际空间站第 26 长期考察团指令长，目前担任航天员办公室国际空间站运营部主任。2015 年，入选国际空间站一年期任务乘组，担任第 44 长期考察团飞行工程师，第 45、46 长期考察团指令长，与其双胞胎兄弟航天员参与一系列生理对比试验，目的是为了解长期太空旅行对人体产生的影响，为火星飞行做准备。

飞行工程师　谢尔盖·沃科夫

现年 42 岁，工程学学士，试飞航天员，早年在俄罗斯空军服役，1997 年入选航天员。2008 年任国际空间站第 17 长期考察团"联盟"飞船和空间站指令长，成为是迄今为止最年轻的空间站指令长，本次任务完成两次出舱活动。2011 年加入第 38 长期考察团乘组并完成第三次舱外活动，总太空停留时间为 1 年多，出舱活动时间累计 18 小时。

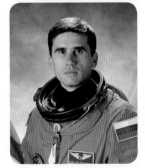

飞行工程师　尤里·马连琴科

现年 55 岁，俄罗斯空军上校，试飞航天员，毕业于空军工程学院。1987 年入选航天员。1994 年参加"和平"-16 任务，在站驻守 126 天并完成 2 次出舱活动。2000 年参加 STS-106 航天飞机飞行任务，为国际空间站运送大量补给并安装厕所、跑台等设备，执行 1 次出舱活动准备"星辰"号服务舱与空间站对接。2001 年参加国际空间站第 7 长期考察团。2007 年参加第 16 长期考察团，2012 年参加第 32/33 长期考察团，担任飞行工程师和飞船指令长，这两次飞行分别完成一次出舱活动任务。

（图片来源于美国国家航空航天局网站）